JN068798

本試験に合格できる問題集！

移動式クレーン学科試験

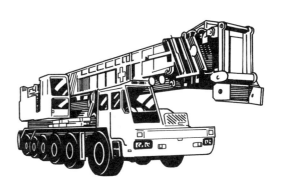

山本　誠一　著

弘 文 社

はじめに

　民間資格には，世間に認知されているものもあれば，資格の有効度に疑問符が付くものもあります。これに対して，法律によって認められた資格は，一定の社会的地位が保証されているため，社会的信頼性やニーズが高いという特徴があります。つり上げ荷重が 5 t 以上の移動式クレーンの運転の業務に従事することができる移動式クレーン運転士免許は，法律の裏付けのある国家試験によって知識や技能が判定され，合格した者に対して付与される資格です。国家資格が，あなたの夢や希望を必ずしも叶えてくれるとは限りませんが，夢や希望を叶えるための大きな一歩になることは間違いありません。また，就職や転職を希望し，資格に関連した仕事に就こうと考えている人には，この上ない味方となってくれます。

　移動式クレーン運転士免許は，トラッククレーン，ラフテレーンクレーン，クローラクレーン，浮きクレーン等のあらゆる移動式クレーンを運転することができる資格です。この資格を取得するためには，移動式クレーン運転士免許試験に合格しなければなりません。本書の「本試験に合格できる問題集！移動式クレーン学科試験」は，移動式クレーンの学科試験に合格できる実力を短期間で身に付けることができます。学科試験は「過去問題に始まり，過去問題に終わる。」といわれています。本書は，本試験に出題された過去問題のすべてを徹底分析し，本試験と同じ出題形式の試験問題を科目別に用意しています。また，出題の意図や学習のポイントを載せ，イメージしにくい部分にはイラストを用いて受験者の疑問を解決しています。本書を有効に活用していただければ，学科試験の合格率が飛躍的にアップし，苦もなく本試験に合格されるものと確信しております。本書を手にしたこの機会に，是非とも合格の栄冠を勝ち取ってください。

　終わりに，「本試験に合格できる問題集！移動式クレーン学科試験」の出版にあたり，株式会社　弘文社ならびに編集部の方々に尽力いただきましたことを，ここに厚くお礼申し上げます。

著者　　山本誠一

移動式クレーン等の免許制度

労働安全衛生法等の改正により，免許制度が幾度も改正されました。

◇　昭和37年11月以降の免許は，生涯有効です。また，免許制度が変わっても取得当時と同じ資格を現在も有しています。昭和47年4月以前のクレーン運転士免許を取得している場合，現制度のクレーン・デリック運転士免許〔クレーン限定〕，移動式クレーン運転士免許，玉掛技能講習の3つの資格を有しています。

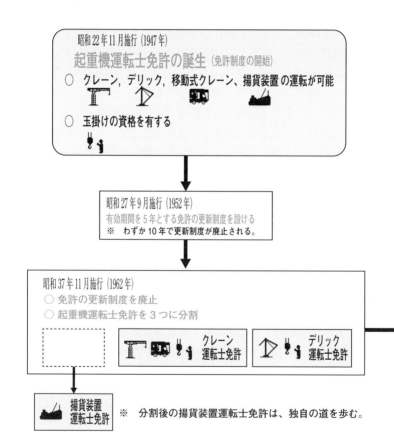

昭和22年11月施行 (1947年)
起重機運転士免許の誕生 (免許制度の開始)
○　クレーン，デリック，移動式クレーン、揚貨装置 の運転が可能

○　玉掛けの資格を有する

昭和27年9月施行 (1952年)
有効期間を5年とする免許の更新制度を設ける
※　わずか10年で更新制度が廃止される。

昭和37年11月施行 (1962年)
○　免許の更新制度を廃止
○　起重機運転士免許を3つに分割

クレーン運転士免許

デリック運転士免許

揚貨装置運転士免許　　※　分割後の揚貨装置運転士免許は、独自の道を歩む。

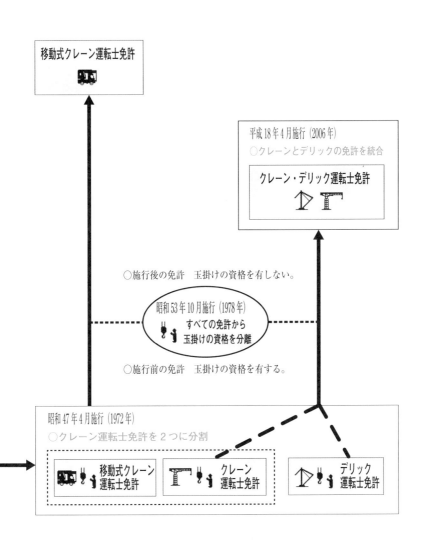

移動式クレーン運転士免許

平成18年4月施行（2006年）
○クレーンとデリックの免許を統合

クレーン・デリック運転士免許

○施行後の免許　玉掛けの資格を有しない。

昭和53年10月施行（1978年）
すべての免許から
玉掛けの資格を分離

○施行前の免許　玉掛けの資格を有する。

昭和47年4月施行（1972年）
○クレーン運転士免許を2つに分割

移動式クレーン
運転士免許

クレーン
運転士免許

デリック
運転士免許

本書の活用方法

1 本書の構成

本書には，次のような特徴があります。

● ここに登場するすべての問題は，本試験に出題された問題を基礎として，科目別に編集しています。本試験に出題される確率が高い問題を学習することにより，飛躍的に合格率をアップさせることができます。

● 各編の科目の初めごとに

 チャレンジ問題 を用意しています。

チャレンジ問題に挑戦して，学習の理解度や何が把握できていないのか確認しましょう。問題がたやすく解けるようであれば，理解できているといえます。ちょっと考え込んでの正解であれば，理解度は半分といったところでしょう。不明な点や，おやっと思ったところは「これだけ重要ポイント」を学習しましょう。

● 次は

 これだけ重要ポイント です。

これだけ重要ポイントでは，本試験に必要な学習すべき要点を分かりやすく整理しています。どれもが本試験に関わる重要な内容ですが，特に覚えていただきたい事柄は**太字**で表示しています。移動式クレーンについて初めて学ぶ方や学習があまり進んでいない方は，ここから学習を始めてください。

また，チャレンジ問題が分からなかった場合や不正解であった場合も「これだけ重要ポイント」をよく読み，十分に学習を行った上でチャレンジ問題に挑戦しましょう。

● 続いて

本試験に **よくでる問題** です。

よくでる問題により，知識の習得度を確認しましょう。間違った問題は解説を読み，「これだけ重要ポイント」に戻って繰返し学習しましょう。

● ゴールとして，本試験に出題された問題を模擬試験問題としてご用意しています。本試験同様，何ものにも頼らず解答し，科目ごとに8割以上の正解を目指しましょう。

2　問題文の形式と注意点について

　移動式クレーン運転士免許の国家試験は，各問とも五肢択一です。本書の問題も本試験の形式にしています。出題の方式には，選択式，穴埋め式，計算によって求めるものがあります。選択式は，選択肢の中から「誤っているもの」又は「正しいもの」を選択します。試験問題は，圧倒的に「誤っているもの」を選ぶ場合が多いのですが，「正しいもの」を選択する場合もありますので，解答にあたっては，どちらを選択する問題なのかを必ず確認するようにしましょう。

　設問によっては，どちらが正解なのか判断を迷うことがあります。このような場合は，「最も誤っているもの」あるいは「最も正しいもの」を選ぶという意識を持つと適切な判断を下しやすくなります。計算によって解答を求める問題は，出題された問題の単位と選択すべき解答の単位が異なっていることが往々にしてあります。計算問題は，双方の単位を見比べ，単位が異なっている場合は同じ単位に統一して問題を解くようにしましょう。

　本書は，すべての設問について学習することが重要です。これにより，「誤っているものはどれか」という問いが「正しいものはどれか」という問いになったとしても，簡単に正解を導くことができます。移動式クレーンについて初めて学習される方は，本書に意味の分からない用語が書かれていることがあります。受験に際して必要不可欠な用語は，関係科目において，その意味を解説していますので，理解できない用語があったとしても，そこで足踏みしないで学習を進めてください。枝葉末節にこだわらず，全体を把握するように努めるとスムーズに学習することができます。

目　次

受験案内

第1編　移動式クレーンに関する知識

目　次

第2編　原動機及び電気に関する知識

第3編　移動式クレーンの関係法令

目　次

第4編　力学に関する知識

目　　次

模擬試験問題

1 移動式クレーン運転士免許について

　移動式クレーン運転士免許は，学歴等の制約はなく，満18歳以上であれば，原則として，誰でも取得することができます。ただし，住民票又は自動車運転免許証の写し等の本人確認証明書が必要です。移動式クレーン運転士免許を取得すると，つり上げ荷重が５ｔ以上のトラッククレーン，ラフテレーンクレーン，クローラクレーン，鉄道クレーン，浮きクレーン等の移動式クレーンを運転することができます。ここでいう運転とは，移動式クレーンを操って操作することをいうもので，公道を走行させる等の運転には，別途，運転免許証が必要です。また，移動式クレーンの作業に付随する玉掛業務を行う場合は，玉掛技能講習を修了する必要があります。

2 試験科目の詳細

　移動式クレーン運転士免許試験は，つり上げ荷重が５ｔ以上の移動式クレーンを取扱うことができる資格を取得するための試験で，試験科目の詳細は次の表の通りです。実技試験には，つり上げ荷重が５ｔ以上のラフテレーンクレーン又はつり上げ荷重が５ｔ以上のトラッククレーンのいずれかが使用されます。なお，つり上げ荷重が５ｔ以上の移動式クレーンを取扱うことができる資格とは，つり上げ荷重に制限がないということです。したがって，あらゆる移動式クレーンを運転することができます。むろん，つり上げ荷重が５ｔ未満の移動式クレーンも運転することができます。

種　類	試験科目	出題数（配点）
学　科	移動式クレーンに関する知識 原動機及び電気に関する知識 移動式クレーンの関係法令 力学に関する知識	10問（１問３点） 10問（１問３点） 10問（１問２点） 10問（１問２点）
実　技	移動式クレーンの運転 移動式クレーンの運転のための合図	

　試験科目の一部が免除される資格を有している場合は，資格受験手続きのご案内や安全衛生技術試験協会のホームページをご確認ください。

3 合格基準

移動式クレーン運転士免許の学科試験（学科試験の一部免除者を除く。）の総合計点数は100点です。科目別に40％以上の正解率の上，全科目の合計点数が60点以上であれば合格です。安全衛生技術センターで実施されている実技試験は，移動式クレーンを安全，かつ，正確に運転するために必要な技能の有無を判定するもので，減点の合計が40点以下であれば合格です。

試験の結果は，試験日から10日以内に発表されます。合格の場合は「免許試験合格通知書」，実技試験を伴う学科試験の合格は「実技試験受験票」，それ以外の場合は「免許試験結果通知書」で受験者に直接通知されます。また，受験された安全衛生技術センターのホームページにおいても，合格者の受験番号を発表しています。

4 受験の申請

免許試験受験申請書は，安全衛生技術試験協会，各安全衛生技術センター又は免許試験受験申請書取扱機関で無料配布しています。郵送（送料は有料）をご希望の場合は，メモ（受験する試験の種類及び必要部数を明記）に免許試験受験申請書の郵送希望と記載し，返信用郵送料金分の切手を貼った宛先明記の返信用封筒（角型2号封筒縦34cm，横24cm）を同封して安全衛生技術試験協会又は安全衛生技術センターに申し込んでください。受験申請書取扱機関や申請書の送料につきましては，安全衛生技術試験協会のホームページをご確認ください。

受験申請書用紙等一式には，受験申請書の他に免許試験受験手続きのご案内，受験申請書の作り方が同封されており，申請書の記入の仕方や申請方法が詳しく書かれています。申請書類に不備がある場合は，受理されないことがあるため，申請書の書き損じ等に備えて受験申請書用紙等一式は2部以上入手しておきましょう。試験の日程は，安全衛生技術センターごとに定められており，試験日の2ヶ月前から受験申請書を受付けています。郵送の場合は，試験日の2週間前の消印のあるものまで受付け，直接持参の場合は，試験日の2日前まで受付けています。ただし，休日を除く2日前までとなっています。なお，定員に達した時は，受付期間内であっても受付けが締切られるため，受験申請書は余裕を持って提出しましょう。安全衛生技術センターに受験申請書を郵送した後，10日を過ぎても受験票が届かない場合は，受験第1希望日の前日までに申請先へご連絡ください。

5 安全衛生技術試験協会について

　公益財団法人　安全衛生技術試験協会は，厚生労働大臣の指定を受け，労働安全衛生法に基づく移動式クレーン運転士免許やクレーン・デリック運転士免許等の試験を国に代わって行っている厚生労働大臣指定の試験機関です。安全衛生技術試験協会は，出先機関として全国に7ヶ所の安全衛生技術センターを設けています。安全衛生技術センターによっては試験日が異なることがありますが，月に1度の割合で試験を実施しています。試験日につきましては，安全衛生技術試験協会のホームページで確認することができます。なお，安全衛生技術センターの試験を受けられる方は，受験地までの道順や交通手段を前もって確認されることをお薦めします。

指定試験機関	所在地	連絡先
安全衛生技術試験協会	〒101−0065　東京都千代田区西神田3-8-1 http://www.exam.or.jp/index.htm	03-5275-1088
北海道安全衛生技術センター	〒061−1407　北海道恵庭市黄金北3-13 http://www.hokkai.exam.or.jp/	0123-34-1171
東北安全衛生技術センター	〒989−2427　宮城県岩沼市里の杜1丁目1番15号 http://www.tohoku.exam.or.jp/	0223-23-3181
関東安全衛生技術センター	〒290−0011　千葉県市原市能満2089 http://www.kanto.exam.or.jp/	0436-75-1141
中部安全衛生技術センター	〒477−0032　愛知県東海市加木屋町丑寅海戸51-5 http://www.chubu.exam.or.jp/	0562-33-1161
近畿安全衛生技術センター	〒675−0007　兵庫県加古川市神野町西之山字迎野 http://www.kinki.exam.or.jp/	079-438-8481
中国四国安全衛生技術センター	〒721−0955　広島県福山市新涯町2-29-36 http://www.chushi.exam.or.jp/	084-954-4661
九州安全衛生技術センター	〒839−0809　福岡県久留米市東合川町5-9-3 http://www.kyushu.exam.or.jp/	0942-43-3381

　安全衛生技術試験協会は，国に代わって国家試験を実施することによって快適な職場作りのスペシャリストを数多く産業界に送りだし，産業の安全と労働衛生の向上に重要な役割を果たすと共に，労働災害の防止に貢献しています。

6 労働局長登録教習機関について

　移動式クレーン運転士免許の取得方法には，幾つかの選択肢があります。安全衛生技術センターで学科試験と実技試験を受験する方法もその１つです。しかし，安全衛生技術センターは指定試験機関であり，移動式クレーンをまったく扱ったことのない方には，安全衛生技術センターの実技試験に合格することは容易ではありません。確実な合格を目指す方には，労働局長登録教習機関で実技の教習を修了する方法があります。都道府県労働局長登録教習機関は，移動式クレーン等の運転に必要な免許に関する学科，実技教育等を行うことを目的として，都道府県労働局長によって登録された機関です。登録教習機関（クレーン教習所又はクレーン学校ともいう。）は，各地において移動式クレーン等の実技教習を行っています。

―労働局長登録教習機関（クレーン教習所）―

　クレーン教習所で移動式クレーンの実技教習を修了すると，安全衛生技術センターでは学科試験のみの受験で，実技試験が免除されます。教習所では，初めての方，女性，高年齢の方でも容易に免許が取得できるように懇切丁寧な実技教習を行っています。また，教習所によっては，安全衛生技術センターの学科試験の受験手続きの代行や，教習期間中の宿泊が必要な場合の相談等に応じている所があります。教習期間は１週間程度ですが，教習の日程や料金等は教習所によって異なります。受験者の都合のいい日程を選んで入校するためには，なるべく早く教習所にご相談ください。教習所の所在につきましては，各安全衛生技術センター，各都道府県労働基準協会，一般社団法人日本クレーン協会支部等にお尋ねください。なお，教習所で学科の学習はできますが，安全衛生技術センターの学科試験は免除されません。安全衛生技術センターの学科試験の合格率は50～60％程度です。受験者のうち再受験者を除くと，合格率は更に低くなります。このため，本書によって学習しておくことが大切です。

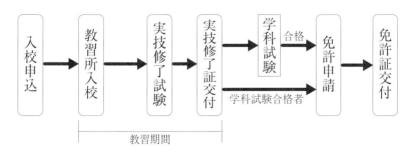

入校申込 → 教習所入校 → 実技修了試験 → 実技修了証交付 → 学科試験 →（合格）免許申請 → 免許証交付

（学科試験合格者）→ 免許申請

教習期間

7　合格通知等の有効期間

　安全衛生技術センターの免許試験合格通知書及び教習機関の実技教習修了証の有効期間は，試験に合格した日から1年間です。学科試験又は実技試験の一方だけ合格し，そのまま1年が経過すると，その合格は無効になります。合格を無効にしないためには，学科試験又は実技試験の合格の日から1年以内に実技試験又は学科試験に合格しなければなりません。

○　**免許試験合格通知書及び免許試験結果通知書**

　安全衛生技術センターの学科試験と実技試験に合格した者には「免許試験合格通知書」，それ以外の場合は「免許試験結果通知書」が郵送されます。

免 許 試 験 合 格 通 知 書	免 許 試 験 結 果 通 知 書
試験区分　　移動式クレーン運転士 受験番号　0000 氏　名　※※※※ 学科試験　平成　年　月　日　合格 実技試験　平成　年　月　日　合格	試験区分　　移動式クレーン運転士 受験番号　0000 氏　名　※※※※ 学科試験　平成　年　月　日　合格 実技試験　未受験

○　**移動式クレーン運転実技教習修了証**

　クレーン教習所の実技教習修了試験に合格すると，移動式クレーン運転実技教習修了証が交付されます。

様式第16号（第76条関係）

（　　　）運転実技教習修了証
第　　　　号
（ふりがな） 氏　名 　　　　　　　　　　　　　　年　月　日生
本 籍 地 住　　所
上記の者は、　年　月　日より、　年　月　日までの間に行った所定の（　　　）運転実技教習を修了したことを証する 　　　年　月　日
都道府県労働局長登録第　　号 登録教習機関　代表者　氏名㊞

備考1　様式中の（　）内には，揚貨装置，クレーン又は移動式クレーンの別を記入すること。
　　　2　床上運転式クレーンを用いて行うクレーン運転実技教習を修了した者は，その旨を付記すること。

8　免許の取得方法

移動式クレーン運転士免許試験を受験する方は，受験者のご都合や状況に合せて，次のコースより免許の取得方法を選択してください。

一般コース

教習所に入校して実技教習を修了し，その後，安全衛生技術センターの学科試験を受験する方法。教習所の学科教習は，僅かな時間でしかないため，問題集やテキスト等を繰返し学習しておく必要があります。教習所の実技教習及び実技修了試験は，安全衛生技術センターで実施されている実技試験に比べて難易度はそれほど高くないため，受験者のほとんどが合格できます。

教習所の実技修了試験合格→安全衛生技術センターの学科試験合格

お薦めコース

安全衛生技術センターの学科試験に合格し，その後，教習所に入校して実技教習を修了する方法。一般コースとさほど変わらないのではと思うかもしれませんが，学科試験合格後に教習所に入校するため，教習所で学科の教習を受ける必要がありません。このため，一般コースの受験者と比べて教習時間は短く，教習料を安く抑えることができます。また，教習所の実技修了試験合格後は直ちに免許申請を行って免許証を手にすることができます。ただし，安全衛生技術センターへの学科受験申請は自分で行う必要があります。なお，受験申請書には，学科試験についてのみ受験希望と記入してください。

安全衛生技術センターの学科試験合格→教習所の実技修了試験合格

経験者コース

安全衛生技術センターの学科試験と実技試験を直接受験する方法。免許取得に要する経費は最も少なく，短期間で免許を取得することができます。ただし，このコースは，実務経験者や実技に自信のある方に向く受験方法で，移動式クレーンの運転経験のない方にはお薦めできません。運転経験がない方は，安全衛生技術センターの実技試験に合格できる可能性は低く，何度も受験を繰返すことになり，その結果として免許取得に多くの時間と経費を要することになります。運転経験がない方は，安全衛生技術センターの実技試験が免除される労働局長登録教習機関の実技教習を受講する方法を選択しましょう。

安全衛生技術センターの学科試験合格→同センターの実技試験合格

9 免許の申請手続き

　学科試験と実技試験に合格しただけでは，移動式クレーン運転士の免許証を手にすることはできません。移動式クレーン運転士免許証を入手するためには，学科試験と実技試験に合格した後，免許の申請手続きを行う必要があります。安全衛生技術センターで学科試験及び実技試験に合格した者又は労働局長登録教習機関の実技教習を修了し，その後，安全衛生技術センターの学科試験に合格した者は，東京労働局免許証発行センターに「免許申請書」を送付しなければなりません。また，安全衛生技術センターの学科試験合格後，労働局長登録教習機関に入校して実技教習を修了した者は，申請者の所在地を管轄する都道府県労働局に申請手続きを行う必要があります。

　この手続きを経て，晴れて免許証を手にすることができます。免許申請書は，最寄りの労働局，労働基準監督署又は厚生労働省のホームページより入手することができます。

東京労働局免許証発行センター

　〒108-0014　東京都港区芝5丁目35-1

　☎　03-3454-1781

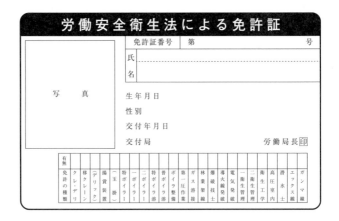

受験時の注意事項

体調を整えよう！

　試験当日，あなたの頭脳は戦場となります。風邪等を引かないように体調管理に努め，せめて試験の前日ぐらいは身体をゆっくり休ませ，灰色の脳細胞を目覚めさせましょう。

答案用紙は受験番号と名前の記入から！

　受験番号や名前の記入は，60秒も掛かりません。名前も書かずに焦って試験問題に挑まないようにしましょう。

問題の要求は　正しい？　誤り？

　試験問題を解答する時は，問題の趣旨をチェックしましょう。問題について考える前に，「正しい」又は「誤り」のどちらを選択する問題なのか確認しましょう。

マークシートに要注意！

　安全衛生技術センターで実施されている学科試験は，マークシート方式で行われます。試験問題の解答を飛ばした時は，マークシートに印をつけ，問題と解答用紙の解答番号がずれないように注意しましょう。

時間配分を考えて！

　試験問題を制限時間内に解くためには，時間配分に気を付けなければなりません。これを怠ると，時間不足で解答できない事態が生じます。また，集中力の維持も大変です。このため，日頃の学習において問題1問に付き3分程度で解く習慣を付けましょう。

難問に時間を割かないで！

　本試験には，時折「捨て問」と呼ばれる通常のレベルを上回る難問が含まれていることがあります。ほとんどの受験者が解くことができないだろうと思われる問題に時間を取られると，他の問題に影響を与えるため，捨て問と判断した時には思い切って捨てる勇気が必要です。

受験　Question

Question 1

移動式クレーンの実技試験においては，操作レバーを一度に何本操作するのですか？

　移動式クレーンの運転室には，巻上，起伏，旋回，伸縮等の操作レバーが設けられています。実技試験では伸縮操作は行わないため，伸縮レバーを使用することはありません。複数のレバーを操作することもありますが，実技試験において一度に3本以上の操作レバーを操作すると減点されるため，一度に2本以上の操作レバーを扱うことはありません。

Question 2

大型自動車免許を取得していれば，ラフテレーンクレーンで公道を走行することができますか？

　ラフテレーンクレーンで公道を走行するためには，大型特殊自動車免許が必要です。大型のトラッククレーンやオールテレンクレーンの場合は，大型自動車免許が必要になります。

Question 3

近々，教習所で移動式クレーンの実技教習を受ける予定です。教習所を見学した時に様々な種類の移動式クレーンが置いてありましたが，どれが操作しやすいですか？

　希望が叶うのならば，迷わず一番大きな移動式クレーンを選びましょう。大きな移動式クレーンほど，つり荷の揺れが少なく楽に操作できます。

Question 4

安全衛生技術センターの学科試験に電卓の持ち込みは可能ですか？

　電卓を使用しても構いませんが，文字入力ができるものや計算式の入力機能があるものは使用できません。

第1編
移動式クレーンに関する知識

1 移動式クレーンの用語と運動

チャレンジ問題

移動式クレーンの用語に関する説明として，誤っているものはどれか。

(1)　走行とは，移動式クレーン全体が移動する運動である。
(2)　定格荷重は，ジブの傾斜角やジブ長さによって変わる。
(3)　ジブの傾斜角は，ジブ基準線とジブポイントより下ろした鉛直線との角度である。
(4)　作業半径は，旋回中心からフックの中心より下ろした鉛直線までの水平距離である。
(5)　揚程とは，ドラムに捨巻きを残し，ジブの傾斜角及びジブ長さに応じてフック等のつり具を有効に上下させることができる上限と下限との間の垂直距離である。

解答と解説

　ジブの傾斜角は，ジブ基準線と地上面（水平面）とがなす角度です。

正解　(3)

これだけ重要ポイント

定格荷重等の用語は，あらゆる場面に登場します。用語の意味や運動による定格荷重や作業半径の変化ついて正しく理解することにより，学習効果を高めることができます。

　移動式クレーンの用語は，クレーン等安全規則，移動式クレーン構造規格等に定義されている用語や移動式クレーンの分野で使用されている用語についての解説です。ここでは，学習に必要な基本的な用語と運動に絞って解説しています。学習が進むにつれ，移動式クレーンの用語で説明していない用語が登場することがありますが，これらは関係科目において詳しく解説しています。

1-1　移動式クレーンの用語

移動式クレーンに用いられている用語と意味は，次の通りです。

定格荷重

定格荷重は，移動式クレーンの構造及び材料ならびにジブの傾斜角及び長さに応じて負荷させることができる最大の荷重からフック，フックブロック，グラブバケット等のつり具の質量を除いた荷重です。つまり，移動式クレーンの現在のジブの傾斜角及びジブ長さならびにアウトリガ等の状態において実際につることができるつり荷の最大の荷重をいうもので，ジブの傾斜角やジブの長さが変わると，これに応じて定格荷重も変化します。

定格荷重＝現状で負荷することができる最大のつり荷の荷重

定格総荷重

定格総荷重は，移動式クレーンの構造及び材料ならびにジブの傾斜角及びジブ長さに応じて負荷させることができる最大の荷重に，つり具の質量を含めた荷重です。つまり，定格荷重につり具の質量を含んだ荷重を定格総荷重といいます。

定格総荷重＝定格荷重＋つり具の質量

つり上げ荷重

つり上げ荷重は，アウトリガ又はクローラを最大張出にし，ジブ長さを最短，傾斜角を最大にした時に負荷させることができる最大の荷重に，フックブロック，グラブバケット等のつり具の質量を含めた荷重です。つまり，当該移動式クレーンの最大の定格総荷重をつり上げ荷重といい，当該移動式クレーンにただ1つしか存在しません。

つり上げ荷重＝アウトリガ最大張出＋ジブ最短＋最大傾斜角の定格総荷重

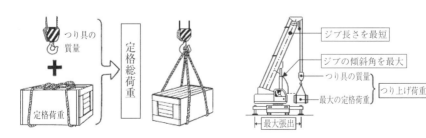

定格速度

　定格速度は，移動式クレーンに**定格荷重に相当する荷重の荷**をつり，巻上げ，走行，旋回等の作動を行う場合のそれぞれの**最高速度**です。

ジ　ブ

　ジブは，**上部旋回体の一端のジブ取付ブラケット（フートピン）を支点として荷をつる腕**です。移動式クレーンのジブには，箱型構造ジブ，ラチス構造ジブ等があります。なお，箱型構造ジブ（補助ジブを除く。）は，一般にブームと呼ばれています。

箱形構造ジブ（伸縮ジブ）

ラチス構造ジブ

ジブ長さ

　ジブ長さは，**ジブフートピン中心からジブポイントまでの距離**をいうもので，最も短いジブの長さを基本ジブ長さ，最も長いジブの長さを最大ジブ長さといいます。また，補助ジブを取付けた時の最大ジブ長さは，補助ジブ付き最大ジブ長さといいます。

ジブの傾斜角

　ジブの傾斜角とは，**ジブ基準線と水平面（地上面）とがなす角度**です。

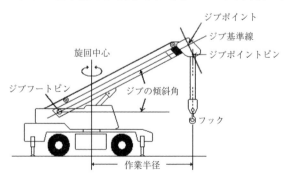

作業半径

　作業半径は，**旋回中心からフックの中心（ジブポイント）より下した鉛直線までの水平距離**です。ジブの長さが変わらない場合，傾斜角が小さくなると作業半径が大きくなり，傾斜角が大きくなると作業半径が小さくなります。また，ジブを伸ばした場合も作業半径が大きくなります。作業半径の最大のものを最大作業半径，作業半径の最小のものを最小作業半径といい，**作業半径が大きくなるほど定格荷重が小さくなります**。なお，荷をつった時の作業半径は，ジブのたわみによって，つらない時に比べて若干大きくなります。

主巻・補巻

　移動式クレーンには，通常，巻上装置が2個設けられています。巻上用ワイヤロープの巻き掛数を増やした**重荷重用のロープ側を主巻**といい，単索で荷をつる**軽荷重用のロープ側を補巻**といいます。また，主巻用のフックブロックは主巻用フックブロック（主フック），補巻用のフックブロックは補巻用フックブロック（補フック）といいます。

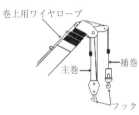

揚　程

　揚程とは，**フック，グラブバケット等のつり具を有効に上げ下げできる上限と下限との間の垂直距離**です。つり具を有効に上下させる垂直距離とは，上限においては巻過防止装置が機能する距離を除いたものです。下限においては，つり具を最大に巻下げた時，巻上ドラムにワイヤロープを2巻以上残している状態をいいます。この余分な巻数を捨巻き（P88参照）といい，移動式クレーン構造規格で2巻以上と定められています。また，地上（移動式クレーンを設置した面）から上の揚程を地上揚程，地上から下の揚程を地下揚程といい，最も長い揚程（地上揚程＋地下揚程）を総揚程といいます。

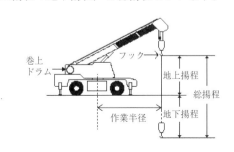

1-2　移動式クレーンの運動

　移動式クレーンは，巻上げ，旋回，起伏等の運動を組合せて作業を行っています。

巻上げ

　巻上げとは，**つり荷を上下させる運動**です。荷を上昇させる運動を巻上げ，下降させる運動を巻下げといい，これらを総称して巻上げといいます。巻下げには，動力降下と自由降下によるものがあります。動力降下は，油圧モータの動力で巻上ドラムを回転させ，つり荷を下降させる方法です。自由降下（フリーフォール）は，巻上ドラムのクラッチ及び自動ブレーキを切り，巻上ドラムをフリーの状態にし，フックブロックの自重で下降させる方法です。自由降下では，足踏みブレーキの加減によって降下速度を調整しています。

旋　回

　旋回とは，移動式クレーンの**旋回中心を軸として上部旋回体が左又は右に回る運動**です。上部旋回体を真上から見て，時計回りを右旋回，その反対を左旋回といい，つり荷は旋回中心から円を描くように左右に360度回転することができます。

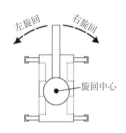

起　伏

　起伏とは，**ジブの取付ピン（フートピン）を支点としてジブが上下に動く運動（ジブの傾斜角を変える運動）**です。傾斜角を大きくする運動をジブの上げ又は起こしといい，傾斜角を小さくする運動をジブの下げ又は倒しといいます。傾斜角を小さくすると，作業半径が大きくなって定格荷重が小さくなります。移動式クレーンの起伏を行う運動には，起伏シリンダ（油圧シリンダ）の作動によるものと，起伏用ワイヤロープの巻取り又は巻戻しによるものがあります。

　傾斜角を大きくする運動＝作業半径が小＜定格荷重が大
　傾斜角を小さくする運動＝作業半径が大＞定格荷重が小

伸　縮

伸縮とは，**ジブの長さを変える運動**です。箱型構造ジブ（伸縮ジブ）は，手間を掛けることなくジブを伸ばしたり縮めたりすることができるため，容易にジブの長さを変えることができます。ジブの傾斜角が同じ場合，ジブが長くなるほど作業半径が大きくなって定格荷重が小さくなります。ジブを縮めた場合は，作業半径が小さくなって定格荷重が大きくなります。また，巻下げや巻上げの操作を行わずにジブを伸ばすとつり荷は上がり，ジブを縮めるとつり荷は下がります。ラチス構造のジブは伸縮運動を行うことはできませんが，基本ジブに継ぎジブを継ぎ足すことによってジブ長さを変えることができます。

　ジブの伸ばし＝作業半径が大＞定格荷重が小
　ジブの縮め　＝作業半径が小＜定格荷重が大

走　行

走行とは，**移動式クレーン全体が移動する運動**です。トラッククレーン，ホイールクレーン，クローラクレーンは地上，鉄道クレーンはレール上，浮きクレーンは水上を走行します。

地切り

地切りとは，移動式クレーンの巻上操作によって，**つり荷を地面から離す**ことです。移動式クレーンの運転では，玉掛けの良否を判断するため，つり荷を30cm 程度に巻上げて一端停止し，つり荷やワイヤロープの状態を確認しています。

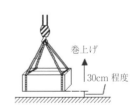

玉掛け

移動式クレーンのつり具や荷にワイヤロープ等を**掛けたり外したりする一連の作業を玉掛け**といい，この作業に従事する者を玉掛作業者といいます。

学科試験の実力を体感！　本試験によくでる問題

よくでる問題　1

移動式クレーンの用語に関する説明として，誤っているものはどれか。

(1) ジブとは，上部旋回体の一端を支点として荷をつる腕である。

(2) ジブの傾斜角とは，ジブ基準線と水平面とのなす角である。

(3) ジブ長さは，ジブフートピンの中心からジブポイントまでの距離である。

(4) 作業半径は，ジブフートピンからフック中心より下ろした鉛直線までの水平距離である。

(5) 巻上装置が2つある時，巻上用ワイヤロープを単索にした定格荷重の小さい方を補巻という。

　作業半径は，旋回中心からフックの中心より下ろした鉛直線までの水平距離をいうもので，ジブフートピンからの水平距離ではありません。

よくでる問題　2

移動式クレーンの用語に関する説明として，誤っているものはどれか。

(1) 伸縮とは，ジブの長さを変える運動である。

(2) ジブを最大作業半径の位置まで倒した時，定格荷重は最小になる。

(3) 定格荷重は，移動式クレーンの構造及び材料に応じて負荷させることができる最大の荷重をいい，フック等のつり具の質量が含まれる。

(4) 定格総荷重は，移動式クレーンの構造及び材料並びにジブの傾斜角及び長さに応じて負荷させることができる最大の荷重をいい，フック等のつり具の質量が含まれる。

(5) つり上げ荷重は，アウトリガ又はクローラを最大張出，ジブ長さを最短にし，傾斜角を最大にした時に負荷させることができる最大の荷重にフック等のつり具の質量を含めた荷重である。

　定格荷重には，フック等のつり具の質量は含まれません。

よくでる問題　3

　移動式クレーンの運動に関する説明として，誤っているものはどれか。
(1)　旋回とは，上部旋回体が旋回中心を軸として回る運動である。
(2)　地切りとは，つり荷を巻上げによって地上から離すことである。
(3)　起伏とは，ジブの取付ピンを支点として傾斜角を変える運動である。
(4)　ジブの傾斜角を大きくする運動をジブの上げ，小さくする運動をジブの下げという。
(5)　定格速度は，移動式クレーンにつり上げ荷重に相当する荷重の荷をつり，つり上げ，旋回，走行等の作動を行う場合のそれぞれの最高速度である。

　定格速度とは，移動式クレーンに定格荷重に相当する荷重の荷をつり，つり上げ，旋回，走行等の作動を行う場合のそれぞれの最高速度です。

よくでる問題　4

　作業半径に関する説明として，誤っているものはどれか。
(1)　作業半径が小さくなるほど，定格荷重は大きくなる。
(2)　荷をつった時の作業半径は，つらない時に比べて若干小さくなる。
(3)　ジブの傾斜角を変えずにジブを伸ばすと，作業半径は大きくなる。
(4)　同じジブ長さで傾斜角を大きくすると，作業半径は小さくなる。
(5)　作業半径の最大のものを最大作業半径，作業半径の最小のものを最小作業半径という。

　荷をつった時の作業半径は，ジブのたわみにより，つらない時に比べて若干大きくなります。

2 移動式クレーンの種類と形式

チャレンジ問題

移動式クレーンに関する説明として，誤っているものはどれか。

(1) ラフテレーンクレーンは，不整地や比較的軟弱な地盤を走行できる。
(2) 浮きクレーンは，主にダムや水力発電所の建設工事に用いられる。
(3) クローラクレーンは，上部旋回体に原動機，巻上装置，運転室等が装備されている。
(4) トラッククレーンは，走行用とクレーン操作用の運転室がそれぞれ別に設けられている。
(5) 鉄道クレーンは，レールの上を走行する車輪を有する台車にクレーン装置を架装したものである。

■ 解答と解説 ■

　浮きクレーンは，港湾，河川，海上等における土木工事，大型重量物の荷役，据付工事，船舶のぎ装，サルベージ作業等に用いられています。

正解　(2)

これだけ重要ポイント

移動式クレーンには，走行用とクレーン操作用の運転室が同一のものや別々のものがあります。それぞれの移動式クレーンの主な特徴や用途を思い浮かべることができるように学習しましょう。

　移動式クレーンは，機体に内蔵された原動機を動力として荷をつり上げ，これを運搬することを目的とした荷役機械装置で，不特定の場所に移動することができます。移動式クレーンは，上部旋回体，作業装置（フロントアタッチメント），下部走行体（キャリア）の3つの部分で構成され，下部走行体に上部旋回体が架装されています。

2-1　移動式クレーンの分類

　移動式クレーンは，19世紀末にアメリカで開発されたパワーショベルにクレーンのフロントアタッチメントを装着したものを起源としています。我が国での移動式クレーンの製造は，これらの移動式クレーンを手本とし，昭和20年代後半に国産の機械式ラチス構造ジブのトラッククレーンを開発したのが始まりです。移動式クレーンを走行方式によって分類すると，陸上，レール上，水上の3つの走行方式に分けることができます。また，構造によって分類すると，トラッククレーン，ホイールクレーン，クローラクレーン，鉄道クレーン，浮きクレーン等に分けることができます。

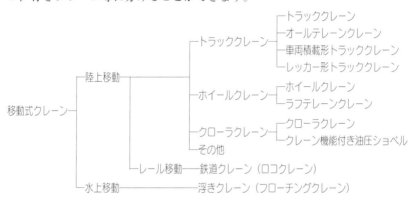

—油圧式クレーンと機械式クレーンの分類について—

　移動式クレーンには，油圧ポンプを駆動して油圧モータや油圧シリンダを作動させる油圧式クレーンと動力を機械的に伝達する機械式クレーンがあります。ただし，近年は純然たる機械式クレーンは少なく，各部分に油圧の機構を用いた複合方式が多くなっています。このため，今では動力伝達方式による油圧式又は機械式の区別ではなく，単に箱型構造ジブのクレーンを油圧式クレーン，ラチス構造ジブのクレーンを機械式クレーンと呼んでいます。

　オールテレーンには，あらゆる地形という意味があり，舗装道路から不整地まで走行できることからオールテレーンクレーンと呼ばれています。ラフテレーンには，荒れたという意味があり，不整地走行を行うことができることからラフテレーンクレーンと呼ばれています。

2-2　トラッククレーン

トラッククレーンは，トラッククレーン，オールテレーンクレーン，車両積載形トラッククレーン，レッカー形トラッククレーンに分類されています。

トラッククレーン

トラッククレーンは，下部走行体に旋回サークルやアウトリガを装備し，その上部にクレーン装置を架装したもので，**下部走行体に走行用運転室，上部旋回体にクレーン操作用の運転室**が設けられています。操作性，機動性に富んでいるため，小型から大型までの様々なトラッククレーンがあり，幅広い用途に使用されています。

油圧式トラッククレーン

機械式トラッククレーン

オールテレーンクレーン

オールテレーンクレーンは，トラッククレーンの**高速走行**とラフテレーンクレーンの**不整地走行**を合わせ持った移動式クレーンで，**下部走行体に走行用運転室，上部旋回体にクレーン操作用の運転室**が設けられています。**前後輪駆動，前後輪操向**が可能な大型タイヤを装備した専用キャリアを有し，**各種ステアリングモードでの方向変換に優れている**ため，トラッククレーンに比べて小さな半径で回ることができます。オールテレーンクレーンは，車両重量を緩和するために**多軸方式**が採用されており，下部走行体と上部旋回体を分割して輸送することができます。

5軸の場合の操向方式

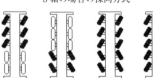

前6輪操向　　後4輪操向　　全10輪操向　カニ操向

車両積載形トラッククレーン

　車両積載形トラッククレーンは，通常のトラックのシャーシをサブフレームで補強し，積卸用のクレーン装置と貨物積載用の荷台を備えています。運転室と荷台の間にクレーン装置を架装し，1つの原動機を走行とクレーン作業に使用しています。クレーン操作は，機体側方で行う方式ですが，安全のためにリモコンやラジコン等による遠隔操作方式が今日では多くなっています。

　つり上げ荷重が3t未満の移動式クレーンは，経費が発生する性能検査を受ける必要がなく，取得が容易な小型移動式クレーン運転技能講習を修了すれば運転することができます。このため，つり上げ荷重が3t未満の車両積載形トラッククレーンが多く使用されています。

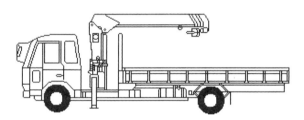

レッカー形トラッククレーン

　レッカー形トラッククレーンは，トラックのシャーシを専用のサブフレームで補強し，クレーン装置を架装したものです。通常のトラッククレーンとは異なり，重量物のつり上げを主目的としているためにジブ長さが短く，10m程度しかありません。このため，建築物の鉄骨建方等には適しませんが，アウトリガの他にシャーシ後部に事故車けん引用のピントルフックやウインチ等を装備し，道路等での故障車や事故車等の交通障害の原因となる車両を移動させる救難作業に使用されています。なお，建屋内での機械設備の据付工事等にも使用されることがあります。

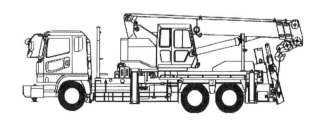

第1編　移動式クレーンに関する知識

2-3　ホイールクレーン

　ホイールクレーンは，ホイールクレーンとラフテレーンクレーンに分類することができます。

ホイールクレーン

　ホイールクレーンは，**ゴムタイヤ付きの車軸に支えられた台車の上にクレーン装置を架装したもので，１つの運転室でクレーン作業や走行を行う**ことができます。クレーン作業と走行の動力には，下部走行体に設けられた原動機が使用されています。車輪には，４輪式や３輪式（前２輪，後１輪）があり，**前輪駆動，後輪操向の走行方式**です。一般的にはアウトリガが装備されていますが，アウトリガが装備されていないものは**タイヤの外側に鉄輪を取付け，クレーン作業時に鉄輪が接地して安定性を増す構造**です。

　ホイールクレーンの走行速度は遅いため，工場，倉庫，貨物駅等の限られた場所で使用されていますが，物流システムの合理化，運輸や倉庫部門の近代化，荷役運搬作業の省力化に伴い，近年はフォークリフトによる荷役が主流です。このため，ホイールクレーンは衰退の道を辿っています。

ラフテレーンクレーン

　ラフテレーンクレーンは，下部走行体の原動機をクレーン作業と走行の動力に使用し，**上部旋回体に設けられた運転室でクレーン作業や走行を行います。大型タイヤを装備した全輪駆動式（２軸４輪駆動式）により，不整地や比較的軟弱な地盤を走行する**ことができます。また，前２輪操向，後２輪操向，４輪操向，カニ操向の**４種類のステアリング機構（操向機構）**を備えているため，**狭隘地での機動性**に優れています。交通の流れに沿った運転や狭い現場に容易に進入することができるため，稼働台数は飛躍的に増加しています。

前部

後部

前２輪操向　後２輪操向　全４輪操向　カニ操向

2-4　クローラクレーン

　クローラクレーンは，クローラ（履帯）を巻いた台車の上にクレーン装置を架装したもので，**上部旋回体に原動機，巻上装置，運転室等を装備しています**。下部走行体がクローラであるため，走行速度は 1 ～ 3 km/h と極めて遅く，公道の走行には適しませんが，**左右の履帯の接地面積がホイール式に比べて広く，安定性に優れているため，比較的軟弱な地盤や不整地を走行すること**ができます。クローラクレーンには，小型から大型までの様々な種類があり，幅広い用途に使用されています。

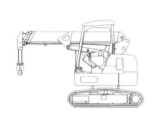

2-5　鉄道クレーン

　鉄道クレーン（ロコクレーン）は，**レール走行用の車輪を有する台車にクレーン装置を架装して軌道のレール上を走行するもので，鉄道の保線業務の荷役作業，救援作業等**に用いられています。鉄道クレーンは，蒸気機関車にクレーン装置を取付けたのが始まりで，JR では鉄道クレーンを操重車といいます。近年は，トラッククレーン，ラフテレーンクレーン，クローラクレーン等に転車台（機体全体を浮かせて回転させる装置）及び軌道走行用車輪を装備した軌道兼用車（軌陸車）が多く用いられているため，鉄道クレーンの台数は減少しています。

鉄道クレーン　　　　　　　　　　　　　軌道兼用車

2-6　浮きクレーン

　浮きクレーン（フローチングクレーン）は，搭載されるクレーンの能力に適合した浮力を有する**箱形等の台船（ポンツーン）にクレーン装置を架装**したもので，**自航式**と曳航される**非自航式**があります。また，ジブが起伏するものと固定されたもの，クレーン装置が旋回するものとしないものがあります。主な用途としては，港湾，沿岸，河川，海上等における**土木工事**，大型重量物の荷役，据付工事，船舶のぎ装，サルベージ作業等に用いられています。なお，船舶の内装又は外装工事を艤装といい，学術用語では「ぎ装」といいます。

クレーン装置の形式		船体の形式
旋回式	ジブ起伏式	自航式
	ジブ固定式	
非旋回式	ジブ起伏式	非自航式
	ジブ固定式	

2-7　クレーン機能を備えた車両建設機械

　油圧ショベルによるつり荷作業は，特定の要件を満たす場合を除き，これまで禁止されていました。厚生労働省労働基準局は，クレーン機能（移動式クレーン構造規格に基づいたフックや安全装置等）を備えた車両系建設機械であれば移動式クレーンとして使用できると平成12年2月に許可しました。これにより，近年はクレーン機能を備えた油圧ショベルが多く使用されています。ただし，車両系建設機械を移動式クレーンとして使用する場合は，移動式クレーンを運転するための資格が必要となります。

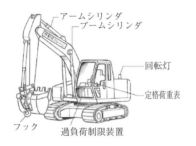

アームシリンダ
ブームシリンダ
回転灯
定格荷重表
フック
過負荷制限装置

クレーン作業時

ショベル作業時

学科試験の実力を体感！　本試験によくでる問題

よくでる問題　5

移動式クレーンの種類又は形式として，誤っているものはどれか。

(1)　ラフテレーンクレーンは，全輪駆動式で大形タイヤを装備している。

(2)　鉄道クレーンは，鉄道の保線業務の荷役作業，救援作業に用いられる。

(3)　レッカー形トラッククレーンは，交通事故車や故障車の救難作業に使用される。

(4)　浮きクレーンには，クレーン装置が旋回するものと旋回しないものがある。

(5)　クローラクレーンは，ホイールクレーンに比べて安定性が極めて悪く，不整地や比較的軟弱な地盤は走行できない。

クローラクレーンは，ホイールクレーンに比べて安定性が極めて優れているため，比較的軟弱な地盤や不整地を走行することができます。

よくでる問題　6

移動式クレーンの種類又は形式として，誤っているものはどれか。

(1)　ラフテレーンクレーンは，都市部の狭隘地での機動性に優れている。

(2)　移動式クレーンの走行方式には，陸上，レール上，水上を移動する方式がある。

(3)　オールテレーンクレーンは，一般道路での高速走行はできないが，不整地走行は可能である。

(4)　レッカー形トラッククレーンは，シャーシ後部に事故車等の牽引用のピントルフック，ウインチ等が装備されている。

(5)　ホイールクレーン（ラフテレーンクレーンを除く。）の車輪には，4輪式と3輪式があり，一般にアウトリガが装備されている。

オールテレーンクレーンは，高速走行と不整地走行を行うことができます。

よくでる問題　7

移動式クレーンの種類又は形式として，誤っているものはどれか。

(1)　オールテレーンクレーンは，前後輪駆動，前後輪操向である。

(2)　浮きクレーンには，自航式と非自航式があり，ジブは固定式である。

(3)　車両積載型トラッククレーンは，車両の側方で操作を行う方式が多いが，リモコンやラジコンで操作するものもある。

(4)　トラッククレーンは，機動性，操作性に富んでおり，小形から大形までの機種が幅広く使用されている。

(5)　ホイールクレーン（ラフテレーンクレーンを除く。）は，タイヤ付きの車輪を備えた台車の上にクレーン装置を装備したもので，荷をつり上げた時に鉄輪が接地して安定性を増す構造のものがある。

　浮きクレーンには，自航式と非自航式があります。また，ジブが起伏するものと固定されたもの，旋回するものと旋回しないものがあります。

よくでる問題　8

移動式クレーンの種類又は形式として，誤っているものはどれか。

(1)　ラフテレーンクレーンは，走行用とクレーン作業用の原動機を別々に設けている。

(2)　クローラクレーンの走行速度は極めて遅く，公道の走行には適さない。

(3)　トラッククレーンは，下部走行体に旋回サークルやアウトリガが設けられている。

(4)　オールテレーンクレーンは，下部走行体の運転室で走行のための運転を行い，上部旋回体の運転室でクレーン操作を行う。

(5)　車両積載形トラッククレーンは，積卸用のクレーン装置と貨物積載用の荷台を備えたもので，つり上げ能力は 3 t 未満のものが多い。

　ラフテレーンクレーンは，下部走行体の原動機を走行とクレーン作業に使用しています。

よくでる問題 9

移動式クレーンの種類又は形式として，誤っているものはどれか。

(1) 浮きクレーンは，箱形の台船（ポンツーン）にクレーンを載せた形式である。

(2) クローラクレーンは，クローラを巻いた台車の上にクレーン装置を架装したものである。

(3) 積載形トラッククレーンは，1つの原動機の動力によって走行やクレーン作業を行う。

(4) レッカー形トラッククレーンは，建築物の鉄骨建方に適している。

(5) ラフテレーンクレーンは，全輪駆動式でステアリング機構に優れ，不整地や比較的軟弱な地盤を走行することができる。

 解説

レッカー形トラッククレーンは，つり上げ能力を高めるためにジブの長さが10m 程度しかありません。このため，建築物の鉄骨建方等には適しません。

正　解

【問題5】 (5) 【問題6】 (3) 【問題7】 (2) 【問題8】 (1) 【問題9】 (4)

3 移動式クレーンの下部走行体

チャレンジ問題

移動式クレーンの下部走行体として，誤っているものはどれか。

(1) トラッククレーンは，一般に後輪駆動式である。
(2) つり上げ能力が10t以下のトラッククレーンの下部走行体は，通常，貨物運搬用トラックのシャーシを補強したものが使用される。
(3) トラッククレーンの車輪は，搭載される上部旋回体の質量によって前輪は1軸から3軸，後輪は1軸から4軸になっている。
(4) ラフテレーンクレーンのアウトリガは，ほとんどが機械式による作動で，H形アウトリガとX形アウトリガがある。
(5) レッカー形トラッククレーンの走行体は，トラックのシャーシをサブフレームで補強したもので，アウトリガを備えている。

解答と解説

　ラフテレーンクレーンのアウトリガの作動は，ほとんどが油圧式で，H形アウトリガとX形アウトリガがあります。

正解　(4)

これだけ重要ポイント

トラック式走行体やホイール式走行体の特徴を学習しましょう。また，クローラ式走行体の走行方式，シューの組立式と一体式について確実にマスターしましょう。

　下部走行体（キャリア）は，移動式クレーンの上部旋回体を搭載して移動することができる下部機構です。移動式クレーンの下部走行体には，トラック式キャリア，ホイール式キャリア，クローラ式キャリア，鉄道クレーン式キャリア，浮きクレーン用台船等があります。

3-1　トラック式キャリア

　トラッククレーンやオールテレーンクレーンの走行体には，トラック式キャリアが用いられています。トラッククレーンの下部走行体には，上部旋回体を架装するための旋回サークル（旋回支持体）やアウトリガ等が装備され，走行用の運転席が備えられています。**つり上げ荷重が10t 以下のトラッククレーンの下部走行体には，トラックのシャーシ（下部走行体の骨格となるフレーム）をサブフレームで補強**したものが使用され，**それ以外には専用のシャーシ**が用いられています。

　トラッククレーンは後輪駆動式で，下部走行体の原動機を走行用とクレーン作業用の動力に使用しています。ただし，大型機の場合は，下部走行体及び上部旋回体に走行用とクレーン作業用の原動機がそれぞれ搭載されています。トラッククレーンのキャリアは，上部旋回体の質量に応じて前輪を1軸～3軸，後輪を1軸～4軸にしたものや8軸を超えるものがあります。オールテレーンクレーンは，前後輪駆動，前後輪操向が可能で，各種ステアリングモードでの方向変換に優れています。

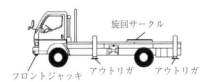

― 動力取出装置（P・T・O）―

　P・T・Oは，原動機から動力を取出す装置です。移動式クレーンは，原動機（エンジン）の動力によって動力取出装置であるP・T・Oを介して油圧ポンプを駆動させ，これにより発生した油圧により油圧駆動装置を作動させて巻上げや起伏等を行っています。

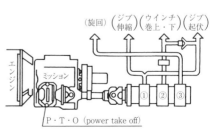

51

3-2　ホイール式キャリア

　ホイール式キャリアには，専用に製作されたシャーシが用いられています。**走行体の原動機を走行用とクレーン作業用の動力に使用し**，上部旋回体に設けられた運転席で走行とクレーン作業を行います。ホイールクレーンの車軸は，一般的には2軸ですが，3輪式のものもあります。また，ラフテレーンクレーンは，一般に2軸4輪駆動式で，前2輪操向，後2輪操向，4輪操向，カニ操向の4種類の操向モードを有しているため，狭隘な場所での機動性に優れています。

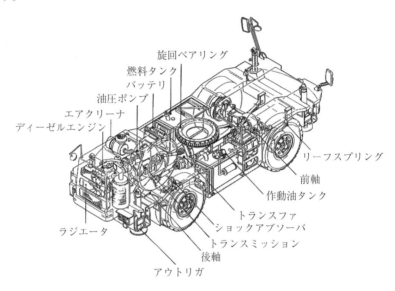

旋回ベアリング
燃料タンク
バッテリ
油圧ポンプ
エアクリーナ
ディーゼルエンジン
リーフスプリング
前軸
作動油タンク
トランスファ
ショックアブソーバ
トランスミッション
ラジエータ
後軸
アウトリガ

　次の図は，つり上げ荷重が25t のラフテレーンクレーンの最小直角通路幅の一例を示したものです。

　図（a）は前2輪操向での右折，（b）は4輪操向での右折を表しています。通常の自動車のように（a）の前2輪操向で右折する場合は，ジブ先端の通路幅Dは7.4m 必要ですが，（b）の4輪操向で右折する場合は6.7m の通路幅でジブ先端を右折させることができます。

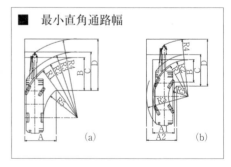

■　最小直角通路幅

3-3　クローラ式キャリア

クローラ式キャリアは，トラック式やホイール式のキャリアとは構造や動力の伝達方式が異なります。クローラクレーンは，**走行フレーム前部に遊動輪，後部に起動輪を配してクローラベルト**（履帯）を巻き，動力によって**起動輪を駆動させる後輪駆動方式**で，走行フレームの下部ローラがクローラの上を転がって前進する構造です。

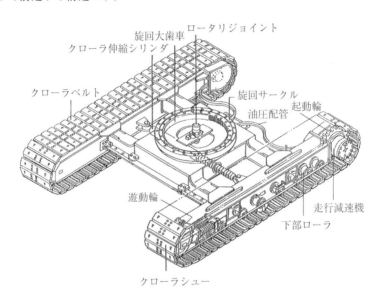

左右のクローラ中心間の距離を**クローラ中心距離**と呼び，この距離が長いほど左右の安定度が増します。クローラクレーンには，クローラ伸縮シリンダによって左右の走行フレームを押出し，クローラ中心距離を長くすることができる**拡幅式のフレーム**（リトラクトフレーム）を有するものが多く使用されています。

拡幅式のフレームを有するクローラクレーンは，輸送時にはフレームを縮小させ，作業時にはフレームを拡張させています。なお，クローラの前後方向の安定性を増すため，起動輪と遊動輪の距離を広げてクローラを標準よりも長くした形式のクローラクレーンもあります。

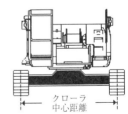

クローラ

　クローラは，鋳鋼又は鍛鋼製のシュー（機体を支持し，走行させる履板）をエンドレス状に繋ぎ合せたもので，シューをリンクに**ボルトで取付ける組立式**と，シューをリンクに**ピンで繋ぎ合せる一体式**があります。シューには，幅の狭いものや広いものがあり，シューを取替えることにより接地圧を変えることができます。また，小型のクローラクレーンには道路の舗装を傷めないようにゴム製のクローラを採用しているものがあります。

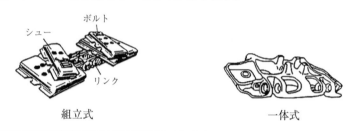

組立式　　　　　　　　　　　一体式

3-4　　鉄道クレーン式キャリア

　鉄道クレーン式キャリアは，**レールの上を走行するための車輪を装備**しています。クレーンを使用する時は，金具でレールを挟むレールクランプやアウトリガによって安定度を増すことができます。

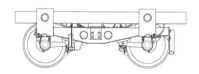

3-5　　浮きクレーン用台船

　浮きクレーンの下部走行体には，**搭載されるクレーンの能力に適合した浮力を有する箱型等の台船**（ポンツーン）が用いられています。台船は，静寂な水面で定格荷重に相当する荷重をつった状態で，安全性を確保できる浮力として転倒端の乾舷が0.3m 以上なければなりません。乾舷（かんげん）とは，船の中央部の喫水線から上甲板の舷側までの高さをいいます。

3-6　アウトリガ

　トラッククレーンやホイールクレーンの下部走行体には，クレーン作業中の機体の安定を保つために H 形や X 形のアウトリガが装備されています。アウトリガの作動は，ほとんどが油圧式ですが，**積載形トラッククレーンのアウトリガの横張出しには手動式**が多く使用されています。トラッククレーンの前方領域のつり上げ性能（安定度）は，後方，側方領域の定格総荷重の21％～54％程度です。このため，トラッククレーンの前方領域のつり上げ性能を側方，後方領域と同一にするためにフロントジャッキを装備しているものがあります。

　地面に接する受台をアウトリガフロートといい，左右のフロートの中心間の距離をアウトリガ張出幅といいます。アウトリガの張出幅には，最大張出幅，中間張出幅，最小張出幅等があり，張出幅が大きいほど移動式クレーンの安定度が増します。

　○　H 形アウトリガの特徴

　　1．車幅の広さでアウトリガフロートを設置することができる。

　　2．垂直方向にフロートが伸びるため，路面を摩擦しない。

　　3．ビーム下の隙間が広く，不正地でも地面にビームが接触しない。

　○　X 形アウトリガの特徴

　　1．ビームの下に盤木をあてがうことで，接地圧を分散できる。

　　2．旋回時のつり荷がアウトリガに接触しない。

　　3．障害物の下方にビームを張出して設置することができる。

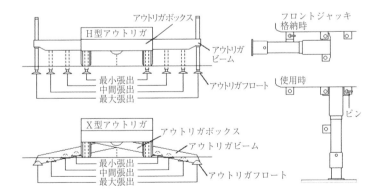

学科試験の実力を体感！　本試験によくでる問題

よくでる問題　10

移動式クレーンの下部走行体として，誤っているものはどれか。

(1)　トラッククレーンは，一般に後輪駆動式である。

(2)　トラッククレーンのアウトリガの作動は，ほとんどが油圧式である。

(3)　つり上げ荷重が10t以上のトラッククレーンは，専用のキャリアに旋回
　　サークルやアウトリガ等が装備されている。

(4)　クローラクレーンには，起動輪と遊動輪の距離を長くして前後方向の安定
　　性を増したものがある。

(5)　車両積載形トラッククレーンは，走行用原動機とは別のクレーン作業用原
　　動機によってP.T.Oを介して油圧装置を駆動させている。

　車両積載形トラッククレーンは，運転室と荷台の間にクレーン装置を架装し
たもので，1つの原動機を走行とクレーン作業に用いています。

よくでる問題　11

クローラクレーンの下部走行体として，誤っているものはどれか。

(1)　小型のクローラクレーンには，ゴム製クローラを用いているものがある。

(2)　クローラは，鋳鋼又は鍛鋼製のシューをエンドレス状に繋ぎ合せている。

(3)　クローラには，シューをリンクにボルトで取付ける一体式と，シューをリ
　　ンクにピンで繋ぎ合せる組立式がある。

(4)　クローラのシューには幅の狭いものや広いものがあり，シューを取替えて
　　接地圧を変えることができる。

(5)　左右のクローラ中心間の距離をクローラ中心距離といい，この距離が大き
　　いほど左右の安定性が良い。

　クローラには，シューをリンクにボルトで取付ける組立式と，シューをリン
クにピンで繋ぎ合せる一体式があります。

よくでる問題 12

移動式クレーンの下部走行体として，誤っているものはどれか。

(1) クローラクレーンは，走行フレームの後部に遊動輪を配し，これを回転させて前進する。

(2) オールテレーンクレーンは，大型タイヤを装備した専用のキャリアを有している。

(3) 浮きクレーンの下部走行体には，搭載クレーンに適合する浮力を有する箱形の台船が用いられている。

(4) つり上げ能力が10t以下のトラッククレーンの下部走行体は，通常，貨物運搬用トラックのシャーシを補強したものが使用される。

(5) トラッククレーンの下部走行体は，上部旋回体を搭載して走行する下部機構で，走行用の運転室は下部走行体に設けられている。

  解説

クローラクレーンは，走行フレームの後部に起動輪，前部に遊動輪を配し，起動輪を回転させて前進します。

よくでる問題 13

アウトリガに関する説明として，誤っているものはどれか。

(1) アウトリガには，H形アウトリガとX形アウトリガがある。

(2) アウトリガの作動は，ほとんどが油圧式である。

(3) 車両積載形トラッククレーンの横張出しには，手動式がある。

(4) アウトリガは，作業時の機体の強度を増すために装備されている。

(5) トラッククレーンには，前方領域のつり上げ性能を側方，後方の領域と同一にするためにフロントジャッキを装備したものがある。

  解説

アウトリガは，作業時の機体の安定度を増すために装備されています。

正　解

【問題10】　(5)　【問題11】　(3)　【問題12】　(1)　【問題13】　(4)

4 移動式クレーンの上部旋回体

チャレンジ問題

上部旋回体に関する説明として，誤っているものはどれか。

(1) 移動式クレーンの旋回支持体は，ボールベアリング式が多い。

(2) ジブ下部は，旋回フレームのジブ取付ブラケットに溶接されている。

(3) ラフテレーンクレーンの上部旋回体の運転室には，走行用操縦装置とクレーン操作装置が装備されている。

(4) クローラクレーンのAフレームには，ジブ起伏用のワイヤロープを段掛けする下部ブライドルが取付けられている。

(5) トラッククレーンの上部旋回体は，旋回フレームの後方にバランスを取るためのカウンタウェイトが取付けられている。

■ 解答と解説 ■

　ジブ下部は，ジブ取付ブラケットにフートピンによって取付けられています。ジブ下部を溶接した場合は，起伏を行うことができません。

正解 (2)

これだけ重要ポイント

旋回フレーム，旋回支持体，旋回装置，Aフレーム等について学習しましょう。巻上装置，クラッチ，ブレーキは，構造や作動についての理解を深めましょう。

　移動式クレーンの上部旋回体は，トラック式キャリアやホイール式キャリア等の下部機構に搭載される構造体で，運転室，巻上装置，起伏装置，旋回装置等が装備されています。また，大型のトラッククレーンやクローラクレーン等は，上部旋回体に原動機が装備されています。なお，ジブ，ジブ起伏シリンダ，フックブロック等は上部旋回体には含まれません。

4-1 上部旋回体の構造

　移動式クレーンの上部旋回体の運転室には，**操作用レバー，各種スイッチ，計器，ブレーキペダル，警報装置等**が備えられています。また，ラフテレーンクレーンには走行用操作装置も備えられています。なお，移動式クレーンによって各操作レバー及び計器類の配置や形状が異なります。

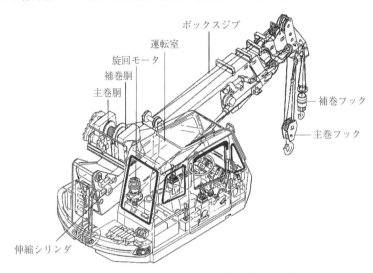

ラフテレーンクレーンの上部旋回体の一例

4-2 旋回フレーム

　旋回フレームは，**上部旋回体の基礎となるフレーム**で，旋回支持体を介して下部機構にボルトによって取付けられています。旋回フレームには，運転室，巻上装置等の装置，ジブ取付用ブラケット等を設け，旋回フレーム後部にはカウンタウェイトが取付けられるようになっています。

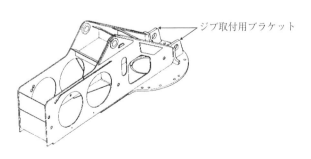

第1編　移動式クレーンに関する知識

4-3　旋回支持体

　旋回支持体（旋回サークル）は，**下部走行体と上部旋回体の間に架装**し，**上部旋回体を円滑に旋回させるための構造物**です。旋回支持体には，ボールベアリング式やローラ式がありますが，一般的には**ボールベアリング式**が用いられています。ボールレースには，旋回を行うための歯（旋回歯車）が切られ，下部フレームに取付けられています。ボールレースのもう一方は，旋回フレームに取付けられています。なお，旋回歯車には歯を外側に切っているものや内側に切っているものがあります。

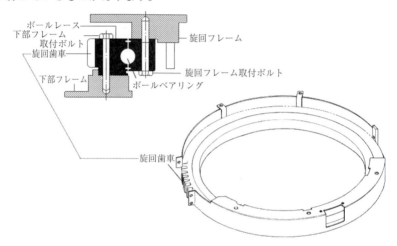

4-4　旋回装置

　旋回装置は，旋回サークルの上に架装された上部旋回体を旋回させる装置で，上部旋回体に取付けられています。旋回装置は，旋回モーターの動力を減速機に伝え，旋回支持体の**旋回歯車に噛み合っているピニオンを回転**させて上部旋回体を旋回させています。

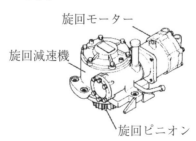

4-5 ジブ取付用ブラケット

ジブ取付用ブラケットは，旋回フレームにジブを取付けるためのもので，ジブ下部はフートピンによってブラケット（支持具）に結合されています。また，建設機械用のフロントアタッチメントを取付けるために補助ブラケットを装備しているものもあります。

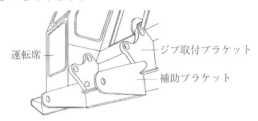

運転席
ジブ取付ブラケット
補助ブラケット

4-6 巻上装置

巻上装置は，ドラムを正転又は逆転させてワイヤロープの巻上げや巻下げを行う装置で，油圧モータ，減速機，クラッチ，ドラム，ブレーキ，ドラムロッククラチェット等で構成され，油圧モータを駆動させて減速機を介してドラムを回転させています。巻上装置の操作レバーを操作すると，油圧モータ，減速機，クラッチ，ドラムの順に駆動して巻上げや巻下げが行われます。

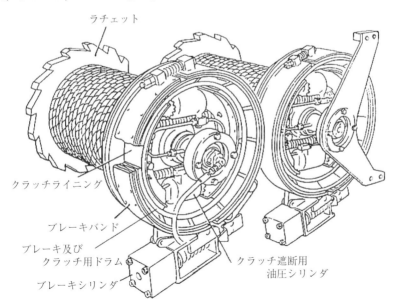

ラチェット
クラッチライニング
ブレーキバンド
ブレーキ及び
クラッチ用ドラム
ブレーキシリンダ
クラッチ遮断用
油圧シリンダ

減速機

　減速機は，歯車を用いて**油圧モータの回転数を減速し，必要なトルク（回転力）を得る**ものです。減速機には，一般に**平歯車減速式及び遊星歯車減速式**の歯車が使用されています。

　平歯車は，円筒形の外周に歯を軸に対して平行に切っている歯車です。遊星歯車は，歯車が自転（回転）しつつ公転する歯車です。また，遊星歯車の中心となる歯車を太陽歯車といいます。

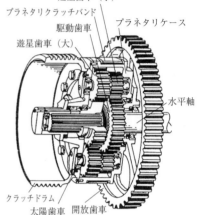

ドラム

　ドラム（巻胴）は，**巻上用ワイヤロープやジブ起伏用ワイヤロープ等を巻込むための円胴形の筒**で，片側のつばの部分をクラッチ用とブレーキ用のドラムとして使用しています。つばの外側にブレーキバンドを巻いたものをブレーキドラムといい，内側にクラッチライニングを取付けたものをクラッチドラムといいます。移動式クレーンには，ドラム表面にロープを正しく巻取ると同時に損傷を防ぐための溝の付いた溝付きドラムが使用されています。また，巻上ドラムにはドラムを機械的にロックする**ドラムロック装置**が装備されています。ドラムロック装置は，ドラムのラチェットを歯止めするもので，つった荷を長時間保持して荷の降下を防止することができます。

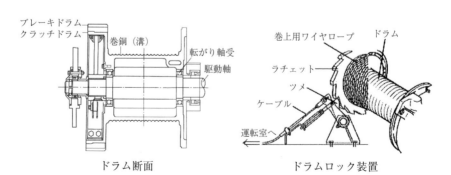

ドラム断面　　　　　　　　　　　ドラムロック装置

クラッチ装置

巻上装置のクラッチは，ドラム軸に固定され摩擦板（ライニング）をクラッチドラムの内面に密着させたり離したりすることで**巻上ドラムに動力を伝えたり遮断したりする装置**です。操作レバー（クラッチレバー又は巻上レバーという。）を操作「**接**」にすると，クラッチ作動用の油圧シリンダ（クラッチシリンダ）に圧油が送られて**シリンダが伸びてライニングを押し広げます**。これにより**ライニングがドラム内面に密着し，その摩擦力によってドラム軸の回転がドラムに伝わってドラムが回転**します。操作レバーを元に戻す（クラッチを「**断**」）と，油圧シリンダに圧油が供給されず，スプリング力によって摩擦板がドラムから離れて巻上ドラムへの動力が遮断されます。

巻上装置によっては，クラッチ装置を搭載しておらず，ドラムと駆動軸を直結させたものがあります。この巻上装置の場合は，巻下げは動力降下のみで，自由降下は行うことができません。

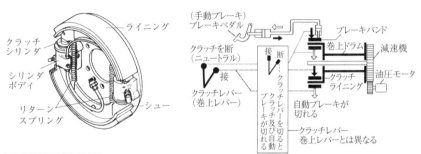

ブレーキバンド

ブレーキバンドは，**ドラムの回転を停止させるために用いられる摩擦板**です。ブレーキドラムの外周を摩擦に強い**軟鋼製の帯状のバンド**で巻き，摩擦板の締付けによる摩擦力によって制動するものです。移動式クレーンには，巻上装置のクラッチレバーを断にした時にブレーキバンドを締付ける自動ブレーキ方式と，ペダルの操作によってブレーキバンドを締付ける足踏み式バンドブレーキ方式が用いられています。

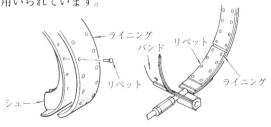

ブレーキ装置

　巻上装置のブレーキは，一般的にスプリング力によってブレーキライニングをブレーキドラムに押し付けてドラムを制動するもので，**クラッチレバーを操作しない限り，ブレーキが常に作用している自動ブレーキ方式**です。クラッチレバー（巻上レバー）を作動させると，**油圧シリンダがスプリングを押し戻して制動を開放**します。なお，**旋回装置のブレーキには**，バンドブレーキの他に**ディスクブレーキを用いたものがあります。**

　移動式クレーンには，巻上ドラムのクラッチと自動ブレーキを共に切るクラッチレバーが別途設けられています。このクラッチレバーは，巻上ドラムのワイヤロープの交換や自由降下を行う場合等に用いられています。自由降下の降下速度は，足踏み式バンドブレーキのブレーキペダルの踏込み加減によってブレーキバンドを締付けて制御しています。

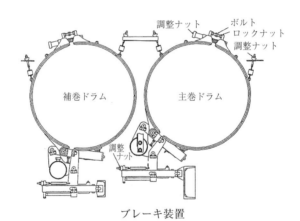

ブレーキ装置

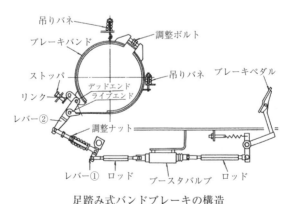

足踏み式バンドブレーキの構造

巻上装置の形式と配列

　巻上装置には，1つの油圧モータで1つのドラムを駆動する**1モータ1ドラム式**や各ドラムに油圧モータを備えた**2モータ2ドラム式**があります。積載形トラッククレーンには1モータ1ドラム式，その他の移動式クレーンには2モータ2ドラム式が多く用いられています。**2モータ2ドラム式**は，2つのドラムを独立して駆動させることができるため，一方を巻上げ，もう一方を巻下げにする等の作動を行わせることができます。

　主巻ドラムと補巻ドラムの軸には，**2軸式**が多く用いられていますが，ラフテレーンクレーンには上部旋回体後部の突出寸法を短くするため，**1軸式**を採用しているものがあります。なお，ジブの起伏をワイヤロープで行う方式の移動式クレーンは，巻上装置の後方に起伏用ドラム（第3ドラム又は第3ウインチという。）が据付けられています。

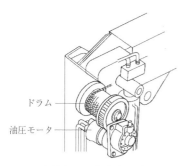

ドラム

油圧モータ

1軸1モータ1ドラム

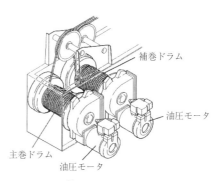

補巻ドラム

油圧モータ

主巻ドラム

油圧モータ

2軸2モータ2ドラム

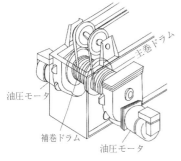

主巻ドラム

油圧モータ

補巻ドラム

油圧モータ

1軸2モータ2ドラム

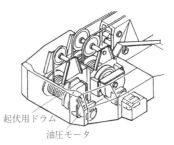

起伏用ドラム

油圧モータ

1軸2モータ2ドラム＋第3ウインチ

4-7　カウンタウェイト

　移動式クレーンには，**作業中の機体の安定を保つためのおもり**として，様々な形状の規定質量のカウンタウェイトが**旋回フレーム後部**に取付けられています。

　移動式クレーンによっては，作業に応じてカウンタウェイトを追加し，カウンタウェイトとアウトリガ張出幅の組合せによってA性能，B性能等の定格総荷重を選択する方式のものがあります。

4-8　Aフレーム

　Aフレーム（ガントリフレーム）は，ジブ起伏用ワイヤロープを段掛けする**下部ブライドル（スプレッダ）**を取付けたフレームで，ジブの起伏をワイヤロープで行う方式の移動式クレーンに装備されています。

　Aフレームは，必要に応じて高さを調整することができます。**長尺ジブを引き起こす時や作業時は高い位置（ハイガントリ）**にAフレームをセットし，固定ピンを確実に挿入します。**輸送する場合は，低い位置（ローガントリ）**にAフレームをセットし，移動式クレーンの全高を低くします。

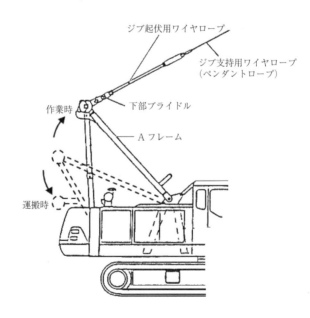

学科試験の実力を体感！　本試験によくでる問題

よくでる問題　14

上部旋回体に関する説明として，誤っているものはどれか。

(1)　オールテレーンクレーンの上部旋回体の運転室には，走行用の操縦装置が装備されている。

(2)　カウンタウェイトは，移動式クレーンの作業中の安定を保つもので，規定の質量のものが旋回フレーム後部に取付けられている。

(3)　旋回装置は，旋回モータの動力を減速機に伝え，旋回ギヤに噛み合っているピニオンを回転させて上部旋回体を旋回させるものである。

(4)　上部旋回体の運転室には，クレーン作動用の操作レバー，ブレーキペダル，スイッチ類，計器類，警報装置等が備えられている。

(5)　クローラクレーンの旋回フレームには，ジブ以外の作業装置を取付けるための補助ブラケットを装備しているものがある。

オールテレーンクレーンの上部旋回体の運転室には，クレーン操作用の操縦装置，下部走行体の運転室に走行用の操縦装置が装備されています。

よくでる問題　15

上部旋回体に関する説明として，誤っているものはどれか。

(1)　旋回フレームは，上部旋回体の基礎となるフレームである。

(2)　ジブ下部は，ジブ取付ブラケットにポイントピンで接合される。

(3)　巻上装置は，油圧モータ，減速機，クラッチ，ドラムの順に駆動する。

(4)　旋回支持体は，下部走行体と上部旋回体の間に架装し，上部旋回体を円滑に旋回させる構造物である。

(5)　旋回支持体は，旋回ベアリングの内側又は外側のボールレースに旋回ギヤが切ってあり，下部フレームにボルトで取付けられている。

ジブ下部は，ジブ取付ブラケットにフートピンによって取付けられています。ポイントピンとは，ジブ先端のシーブを取付けるピンをいうものです。

よくでる問題　16

上部旋回体に関する説明として，誤っているものはどれか。

(1)　上部旋回体は，旋回支持体を介して下部機構の上に架装され，全体が旋回運動を行うものである。

(2)　ラフテレーンクレーンの上部旋回体の運転室には，クレーン操作装置が装備され，下部走行体の運転室に走行用操縦装置が装備されている。

(3)　トラッククレーンは，旋回フレーム上に巻上装置，運転室等が設置され，旋回フレーム後部にカウンタウェイトが取付けられている。

(4)　クローラクレーンの上部旋回体は，原動機，巻上装置，運転室等で構成され，Ａフレームが装備されている。

(5)　旋回フレームは，旋回支持体を介して下部機構に取付けられている。

 解説

ラフテレーンクレーンの上部旋回体の運転室にはクレーン操作装置及び走行用操縦装置が装備されています。ラフテレーンクレーンは，走行とクレーン操作を同じ運転室で行う構造です。

よくでる問題　17

Ａフレームに関する説明として，誤っているものはどれか。

(1)　作業時は，Ａフレームを高い位置にセットする。

(2)　Ａフレームの固定ピンは，確実に挿入する。

(3)　長尺ジブを引き起こす時は，Ａフレームを低い位置にセットする。

(4)　Ａフレームは，ジブの起伏をワイヤロープで行う移動式クレーンに装備されている。

(5)　Ａフレームは，ジブ起伏用ワイヤロープを段掛けする下部ブライドルを取付けたフレームである。

長尺ジブを引き起こす時や作業時は，Ａフレームを高い位置（ハイガントリ）にセットし，ピンを確実に挿入して固定します。また，輸送する場合は低い位置（ローガントリ）にセットし，クレーンの全高を低くします。

よくでる問題　18

移動式クレーンの巻上装置として，誤っているものはどれか。

(1) 巻上装置は，つり荷の巻上げや巻下げを行う装置である。

(2) 巻上ドラムは，ブレーキの他に安全のためにラチェットによるロック機構を備えている。

(3) 巻上装置の自動ブレーキは，ドラムの外側にあるブレーキバンドを油圧シリンダによって締付けて制動する。

(4) 巻上ドラムは，操作レバーを操作して巻上ドラムに回転を伝えない限り，自動ブレーキが作用している。

(5) 巻上装置のクラッチは，クラッチドラムの内部に設けられ，油圧シリンダによって外周方向に拡がるライニングを有している。

　巻上装置の自動ブレーキは，ドラム外周をスプリング力によってブレーキバンドを締付け，油圧シリンダによって制動を開放しています。

よくでる問題　19

移動式クレーンの巻上装置として，誤っているものはどれか。

(1) クラッチは，ドラムに回転を伝達したり遮断したりするものである。

(2) 巻上装置は，油圧モータ，減速機，クラッチ，ドラム，ブレーキ，ドラムロックラチェット等で構成されている。

(3) クローラクレーンには，巻上装置の他に起伏用ワイヤロープを巻取るドラムが装備されている。

(4) クラッチは，シューを広げるスプリング力によりライニングをドラム内面に押し付けてドラム軸の回転をドラムに伝えている。

(5) 巻上装置のブレーキは，ブレーキバンドの摩擦力で制動するものである。

　クラッチは，油圧シリンダに圧油を送ることでシリンダが伸びてライニングを押し広げてドラム内面に接し，その摩擦力によってドラム軸の回転をドラムに伝えるもので，スプリング力によってクラッチを開放しています。

よくでる問題　20

移動式クレーンの巻上装置として，誤っているものはどれか。

(1)　巻上装置の減速機は，歯車を用いて油圧モータの回転数を減速して必要な
トルクを得るものである。

(2)　巻上ドラムは，クラッチレバーの操作に係らず，常時，自動的にブレーキ
が作用している。

(3)　巻上装置のブレーキには，ブレーキペダルの操作によってブレーキバンド
を締付ける方式がある。

(4)　巻上装置には，1つの油圧モータで1つのドラムを駆動させる1モータ1
ドラム式，各ドラムに油圧モータを備えた2モータ2ドラム式がある。

(5)　移動式クレーンには，主巻ドラム，補巻ドラムの他に第3ドラムを装備し
たものがある。

 （解説）

　巻上ドラムは，クラッチレバーを操作することによってブレーキが開放され
ます。クラッチレバーの操作を止めると，自動ブレーキが制動します。

よくでる問題　21

移動式クレーンの巻上装置として，誤っているものはどれか。

(1)　巻上装置のブレーキバンドは，油圧シリンダで開放する。

(2)　積載形トラッククレーンには，1モータ1ドラム式が多い。

(3)　移動式クレーンの巻上装置には，ロープを正しく巻取ると同時に損傷を防
ぐための溝が付いたドラムが使用されている。

(4)　巻上装置のクラッチの油圧シリンダに圧油を送らなければ，ドラム軸が回
転していても巻上ドラムに回転を伝えることはない。

(5)　巻上装置のクラッチは，ドラムの外周にライニングを押し付けて巻上ドラ
ムに動力を伝える装置である。

 （解説）

　巻上装置のクラッチは，ドラムの内側にドラム軸に固定されているライニン
グを押し付けて巻上ドラムに動力を伝えています。

よくでる問題 22

巻上装置やブレーキに関する説明として，誤っているものはどれか。

(1) 巻上ドラムは，巻上用ワイヤロープを巻取る円胴形の筒である。

(2) 巻上装置には，2軸式や1軸式がある。

(3) 減速機には，一般に平歯車減速式や遊星歯車減速式が使用される。

(4) ブレーキバンドは，鋳鉄製のバンドの外側にブレーキライニングが取付けられている。

(5) 旋回装置のブレーキには，バンドブレーキの他にディスクブレーキを用いたものがある。

  解説

ブレーキバンドは，摩擦に強い軟鋼製のバンドの内側にブレーキライニングが取付けられています。

よくでる問題 23

下文中の [　] に当てはまる用語として，正しいものはどれか。

「巻上装置のブレーキは，一般に [　] の力で常時ブレーキバンドを締付ける自動ブレーキ方式が用いられている。」

(1) スプリング

(2) 油圧

(3) 摩擦板

(4) シリンダ

(5) ジャッキ

  解説

巻上装置のブレーキは，一般に [スプリング] の力で常時ブレーキバンドを締付ける自動ブレーキ方式が用いられている。

| 正　解 |
【問題14】(1)　【問題15】(2)　【問題16】(2)　【問題17】(3)　【問題18】(3)
【問題19】(4)　【問題20】(2)　【問題21】(5)　【問題22】(4)　【問題23】(1)

5 移動式クレーンの作業装置

チャレンジ問題

作業装置に関する説明として，誤っているものはどれか。

(1)　ラチス構造ジブは，一般にピンによって結合されている。

(2)　ペンダントロープは，ジブ上端と上部ブライドルとを繋ぐワイヤロープである。

(3)　鉱石や土砂等のばら物の運搬には，フックブロックに換えてグラブバケットが用いられる。

(4)　フロントアタッチメントは，移動式クレーン本体に取付けて各種作業を行うための作業装置である。

(5)　箱形構造のジブの主要部材には，強度の確保及び軽量化のため，一般に鋳鉄が使用されている。

■ 解答と解説 ■

箱形構造のジブの主要部材には，高張力鋼が使用されています。

正解　(5)

これだけ重要ポイント

箱形構造ジブとラチス構造ジブの特徴及び各作業装置の役割について学習しましょう。また，同じ作業装置でも他の呼び名があるため，惑わされないように確実にマスターしましょう。

　作業装置（フロントアタッチメント）は，移動式クレーンの本体に取付け，各種作業を行うために用いられる装置で，ジブ，フックブロック，ジブ支持用ワイヤロープ，ジブ起伏シリンダ，ジブ倒れ止め装置等で構成されています。また，作業内容によってはフックブロックに換えてグラブバケットやリフチングマグネット等が用いられることがあります。

5-1　移動式クレーンのジブ

　移動式クレーンのジブには，箱形構造ジブやラチス構造ジブがあり，強度及び軽量化のために**高張力鋼**（ハイテン材）が使用されています。高張力鋼は，強度を高めるためにマンガン，ニッケル，クロム，モリブデン等を加えた低炭素低合金鋼で，溶接性，加工性，耐食性に優れています。

　移動式クレーンのジブは，つり荷や自重による曲げモーメント，圧縮力，旋回による横荷重，風荷重等を考慮して設計され，通常の定格荷重の作業に対しては適正な強度を保っていますが，衝撃荷重等によって設計の荷重条件を超えた場合は破壊や座屈を生じる恐れがあります。

箱形構造ジブ

　油圧式のトラッククレーンやラフテレーンクレーン等には，箱形構造ジブ（伸縮ジブ）が使用されています。箱形構造ジブは，基本ジブ（ベースジブ）に2段目のジブが挿入され，2段目のジブに3段目のジブが挿入されています。ジブの伸縮方法には，ジブ内部の**油圧シリンダによる伸縮方式**と，**油圧シリンダとジブ伸縮ワイヤロープ又はチェーンを併用した伸縮方式**があります。ジブ伸縮ワイヤロープ又はチェーンを併用する方式は，伸縮シリンダの伸縮を利用し，それ以降のジブをワイヤロープ等によって伸縮させる方式です。また，伸縮の方法には2段，3段，4段と順番に伸縮させる**順次伸縮方式**と，各段が同時に伸縮する**同時伸縮方式**があります。

　○　油圧シリンダによる伸縮装置

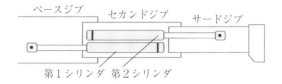

　○　油圧シリンダとワイヤロープを併用した伸縮装置

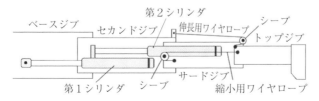

補助ジブ

　移動式クレーンの多くは，ジブ先端に補助ジブを装着し，**ジブを伸長して揚程を増す**ことができます。箱形構造の移動式クレーンは，基本ジブ側面又はジブ内部に補助ジブを格納しています。補助ジブを装着した場合は，ジブ傾斜角と補助ジブの**取付角（オフセット角）**によって，**補巻用フックによるつり上げ性能（定格総荷重）が別途定められています。**

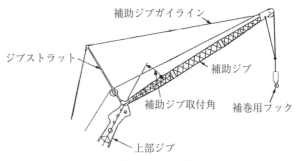

トラス構造ジブの補助ジブ

ラッフィングジブ

　ラッフィングジブは，**取付角を変えることができる補助ジブ**で，建物の屋上の奥での作業等に適しています。ラッフィングジブには，油圧シリンダによってジブの長手方向に対して**オフセット角を5°〜60°以内で自由に設定**できるものや，作業前にオフセット角を3段階に変えられるものがあります。なお，起伏の他に伸縮機能を有するものはスーパーラッフィングジブと呼ばれています。

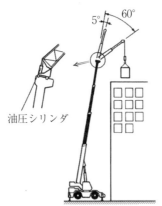

油圧シリンダ傾斜式

3段傾斜式

トラス（ラチス）構造ジブ

　クローラクレーン等に使用されるトラス構造のジブは，**基本ジブ（下部ジブ＋上部ジブ）**の間に継ぎジブを継ぎ足してジブの長さを変えることができます。ジブを継ぎ足す方法には，ボルトで継ぐ方法とピンで継ぐ方法がありますが，現在はほとんどが**ピンによる結合**です。

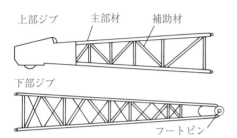

上部ジブ　主部材　補助材

下部ジブ

フートピン

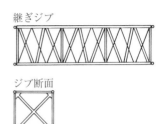

継ぎジブ

ジブ断面

5-2　フック，フックブロック

　フックは，先端がかぎ形をしたつり具で，重荷重用の**主巻用フック**には両方にかぎのある両フック，単索で荷をつる**補巻用フック**には片フックが多く使用されています。フックは，**荷をつったまま任意の方向に回転**することができ，玉掛用ワイヤロープ等の外れを防止する外れ止め装置が備えられています。

　主巻用フックは，フックの上にシーブを必要な数だけ取付け，巻上用ワイヤロープの巻き掛数を増やせるフックブロック構造で，ワイヤロープの掛け数によって使い分けられるフックブロックがあります。巻上用ワイヤロープの巻き掛数が**3本掛**の時は，ポイントシーブを2個，フックシーブを1個使用します。また，**4本掛**の時は，ポイントシーブを2個，フックシーブを2個使用します。巻上用ワイヤロープの端末側は，3本掛の時はフックブロックに取付け，4本掛の時はジブに取付けられています。(P109の図を参照)

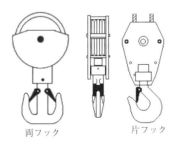

両フック　片フック

主巻用フックブロック

外れ止め装置　フック

補巻用フックブロック

5-3　ジブ起伏装置

　箱形構造ジブとトラス（ラチス）構造ジブとでは，起伏装置及び起伏の方法が異なっています。

箱形構造ジブの起伏

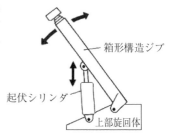

　箱形構造ジブは，ジブ下面に取付けられた**起伏シリンダ（油圧シリンダ）の伸縮**によってジブを起伏させています。油圧によってシリンダを伸ばすとジブの傾斜角が大きくなり，シリンダを縮めると傾斜角が小さくなります。

トラス（ラチス）構造ジブの起伏

　トラス（ラチス）構造ジブは，ジブ起伏用ドラムを回転させ，上部ブライドルと下部ブライドルの滑車を通る起伏用ワイヤロープの巻取り又は巻戻しによってジブを起伏させてジブの傾斜角を変えることができます。

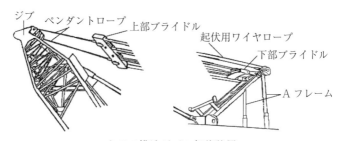

トラス構造ジブの起伏装置

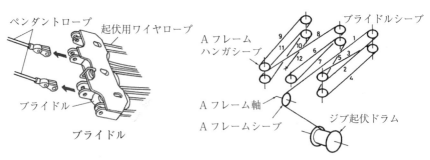

ブライドル

起伏用ワイヤロープの掛け方の一例

5-4 ペンダントロープ

　ペンダントロープ（ジブ支持用ワイヤロープ）は，ジブポイントと上部ブライドルを繋いでジブを支持するために用いられるワイヤロープで，ラチス構造ジブに使用されています。通常，左右１本ずつをジブ上端と上部ブライドル（スプレッダとも呼ばれるフレーム）に繋いで使用します。ペンダントロープは，継ぎジブの長さに応じて３ｍ，６ｍ，９ｍの３種類のいずれかの長さのロープを一般的にピンによって接続して用いられています。なお，上部ブライドルと下部ブライドルの滑車を通る起伏用ワイヤロープとペンダントロープを混同しないようにしましょう。

5-5 ジブ倒れ止め装置

　ワイヤロープで起伏を行うラチス構造ジブには，ジブとＡフレームの間に衝撃を吸収するスプリングを有する支柱を装着してジブを支えるテレスコピック式等のジブ倒れ止め装置（ジブバックストップ）が用いられています。巻上用ワイヤロープ又は玉掛用ワイヤロープが切断した場合，つり荷が落下してジブに掛かる荷重が急激に失われ，反動によってジブが後方へあおられようとします。ジブ倒れ止め装置は，このあおりを止め，**ジブが後方へ倒れないように防止する支柱**です。ただし，**ジブが後方に倒れる時の全質量を受け止めるものではありません**。近年は，ジブ起伏停止装置（P98参照）と同じく，ジブバックストップ側にもジブの起伏作動を自動停止させるリミットスイッチを備えたものがあります。

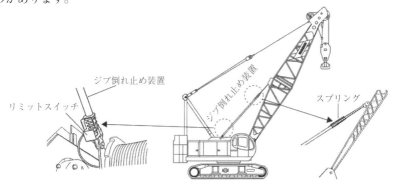

リミットスイッチ　ジブ倒れ止め装置　ジブ倒れ止め装置　スプリング

5-6　グラブバケット

　鉱石や土砂等のばら物の運搬には，ばら物を掴むことができるグラブバケットが用いられています。複索式二線型のグラブバケットは，バケットのヘッドに連結した支持ロープ（主巻ロープ）でバケットを昇降させ，メーンシャフト上の滑車とヘッド下の滑車間に段掛けされた開閉ロープ（補巻ロープ）の巻取操作によってバケットを開閉しています。また，より方向が同じワイヤロープを開閉用と支持用に用いると，開閉ロープと支持ロープが絡み合うことがあるため，開閉ロープにより方向の異なるSよりを用いることがあります。なお，グラブバケットの大きさは，バケット容量（m^3）で表示されます。

　グラブバケットやリフチングマグネットを用いて旋回や起伏を行う場合，グラブバケット等に振れや回転が生じることがあります。タグライン装置は，グラブバケット等をワイヤロープ等で軽く引っ張って振れや回転を防止するもので，スプリング式や油圧式のタグライン装置があります。複索式二線型のグラブバケットの多くは，タグライン装置を備えています。

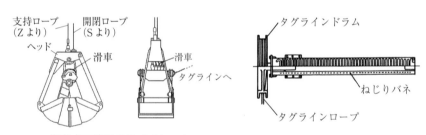

複索式二線型グラブバケット　　　　スプリング式タグライン装置

5-7　リフチングマグネット

　鋼材やスクラップ等の運搬には，リフチングマグネットが用いられています。電気によって生じる磁力（電磁石）によって鋼材やスクラップ等を吸着させるもので，一般にリフマグと呼ばれています。

　リフチングマグネットには，不意の停電に備えたバッテリによるつり荷落下防止装置（非常用電源装置）を設けているものがあります。なお，磁石に吸着しない銅板やアルミニウム板等は取扱うことができません。

5-8　建設機械の作業装置

　移動式クレーンの多くは，建設機械用のフロントアタッチメントを装着することができます。その種類には，くいを打ち込むくい打ち機，土砂を掘削，廃土するオールケーシングやアースオーガ，矢板（隙間のない壁面を構築し，掘削による土砂の崩壊又は水の浸入を防ぐための板状の杭）等を打ち込むバイブロハンマ等があります。建設機械用のフロントアタッチメントを装着して作業する場合は，作業内容に応じた運転資格（車両系建設機械運転技能講習等）が必要です。

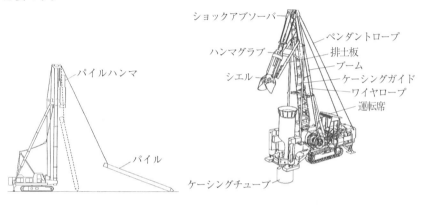

くい打ち機　　　　　　　　　　オールケーシング

アースオーガ

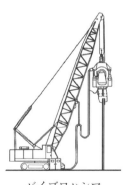

バイブロハンマ

学科試験の実力を体感！　本試験によくでる問題

よくでる問題 24

移動式クレーンのジブに関する説明として，誤っているものはどれか。

(1)　ジブの材料には，一般に高張力鋼が使用されている。

(2)　トラス構造ジブは，継ぎジブをボルトや溶接で継ぐ方法が一般的である。

(3)　箱形構造ジブは，基本ジブに2段ジブが挿入され，2段ジブに3段ジブが挿入される構造である。

(4)　箱形構造ジブは，ジブ下面に取付けられた起伏シリンダの伸縮によって傾斜角を変える。

(5)　補助ジブは，揚程を増すために最上段のジブの先端に取付ける小型のジブで，取付角が固定のものと可変のものがある。

トラス（ラチス）構造のジブを継ぎ足す方法には，ボルトで継ぐ方法とピンで継ぐ方法がありますが，現在はほとんどがピンによる結合です。

よくでる問題 25

移動式クレーンのジブに関する説明として，誤っているものはどれか。

(1)　ラッフィングジブは，取付角を変えることができる。

(2)　ジブの伸縮方式には，順次伸縮方式と同時伸縮方式がある。

(3)　補助ジブの取付角度は，ジブの長手方向に対して45°以上の角度で設定することができる。

(4)　トラス構造のジブは，基本ジブの間に継ぎジブを挿入して作業に必要な長さにする方式である。

(5)　箱形構造のジブの伸縮は，ジブ内部に装着された伸縮シリンダで行うが，ワイヤロープ又はチェーンを併用するものがある。

補助ジブの取付角度は、ジブの長手方向に対して5°〜60°以内で設定することができます。

よくでる問題 26

移動式クレーンの作業装置の説明として，誤っているものはどれか。

(1) 小容量のフックは，片フックが一般的である。

(2) グラブバケットの大きさは，バケットの容積（m³）で表示される。

(3) フックの換わりにグラブバケットを装着する時は，バケットの開閉を行うための開閉ロープが必要である。

(4) 補助ジブに取付けた補巻用フックの定格総荷重は，ジブの傾斜角とオフセットによって定められる。

(5) ペンダントロープは，上部ブライドルと下部ブライドルの滑車を通して両ブライドルに接続し，ジブを支えるワイヤロープである。

  解説

ペンダントロープは，ジブ上端と上部ブライドルを繋ぐジブ支持用ワイヤロープです。上部ブライドルと下部ブライドルの滑車を通して両ブライドルに接続しているワイヤロープは，ジブ起伏用ワイヤロープです。

よくでる問題 27

移動式クレーンの作業装置の説明として，誤っているものはどれか。

(1) フロントアタッチメントは，ジブ，フックブロック，ペンダントロープ，ジブ起伏シリンダ，ジブバックストップ等で構成されている。

(2) グラブバケットの開閉は，メーンシャフト上の滑車とヘッド下の滑車の間に段掛けされた補巻ワイヤロープの巻取りや巻戻しによって行う。

(3) リフチングマグネットは，電磁力を応用したつり具で，銅板やアルミ板等は取扱うことができない。

(4) ジブバックストップは，ジブが後方に倒れる時の全質量を受け止め，移動式クレーンの転倒を防止する支柱である。

(5) タグライン装置は，グラブバケットが振れたり回転したりしないように，ワイヤロープ等でグラブバケットを軽く引っ張っておく装置である。

  解説

ジブの後方へのあおりを止め，ジブが後方へ倒れないように防止するもので，ジブが後方に倒れる時の全質量を受け止めるものではありません。

よくでる問題　28

移動式クレーンの作業装置の説明として，誤っているものはどれか。

(1)　ジブバックストップは，トラス構造ジブに装着される。

(2)　移動式クレーンの多くは，建設機械用のフロントアタッチメントを装着することができる。

(3)　グラブバケットの支持ロープと開閉ロープが絡まないようにするため，いずれにも「Sより」のロープが用いられる。

(4)　グラブバケットは，ばら物の荷を掴む装置で，複索式二線型にはタグラインを備えているものが多い。

(5)　トラス構造のジブは，ジブ起伏用ドラムを回転させ，上部ブライドルと下部ブライドルの滑車を通るワイヤロープの巻取り又は巻戻しによってジブを起伏させている。

 解説

　グラブバケットの支持ロープと開閉ロープが絡み合うことを防ぐため，開閉ロープをより方向が異なる「Sより」にすることがあります。

よくでる問題　29

フックブロック等に関する説明として，誤っているものはどれか。

(1)　フックには，主巻用と補巻用のフックがある。

(2)　フックの多くは，その上部がフックブロックの軸受で支えられ，荷をつったまま任意の方向に回転できる構造である。

(3)　主巻用フックブロックは，ワイヤロープの掛け数によって使い分けられるようになっている。

(4)　巻上用ワイヤロープの巻き掛数を3本掛けにする時は，ポイントシーブが2個，フックシーブが1個必要である。

(5)　巻上用ワイヤロープの巻き掛数を4本掛けにする時は，ポイントシーブが3個，フックシーブが1個必要である。

 解説

　巻上用ワイヤロープの巻き掛数を4本掛けにする時は，ポイントシーブを2個，フックシーブを2個使用します。

よくでる問題　30

移動式クレーンのフロントアタッチメントに該当しないものはどれか。

(1)　旋回フレーム
(2)　ジブ起伏シリンダ
(3)　ジブ支持用ワイヤロープ
(4)　ブライドル
(5)　フックブロック

旋回フレームは，上部旋回体の基礎となるフレームで，フロントアタッチメントには該当しません。

よくでる問題　31

下文中の［　　］内に当てはまる用語として，正しいものはどれか。

「ジブ支持用ワイヤロープは，ジブ上端と［　　］を繋ぐもので，通常，左右１本ずつに分かれ，ジブ長さに応じたワイヤロープが接続される。」

(1)　A フレーム
(2)　上部ブライドル
(3)　下部ブライドル
(4)　ペンダントロープ
(5)　ジブ倒れ止め装置

ジブ支持用ワイヤロープは，ジブ上端と［上部ブライドル］を繋ぐもので，通常，左右１本ずつに分かれ，ジブ長さに応じたワイヤロープが接続される。

正　解

【問題24】　(2)　【問題25】　(3)　【問題26】　(5)　【問題27】　(4)　【問題28】　(3)
【問題29】　(5)　【問題30】　(1)　【問題31】　(2)

6 移動式クレーンのワイヤロープ

チャレンジ問題

ワイヤロープに関する説明として，誤っているものはどれか。

(1) ワイヤロープの心綱には，繊維心とロープ心がある。

(2) ワイヤロープの強度は，安全率によって決まる。

(3) ワイヤロープの径は，外接円の直径（mm）で呼ばれる。

(4) ワイヤロープは，良質の炭素鋼を線引きした素線を数十本より合せてストランドを作り，このストランド数本を更に一定のピッチで心綱の周りにより合せている。

(5) 移動式クレーンには，一般に構造的にバランスのとれた6ストランドのワイヤロープが使用されている。

■ 解答と解説 ■

　ワイヤロープの強度は，ロープが切断する切断荷重（破断荷重）によって決まります。安全率（安全係数）は，ロープ等の破断に至らない基準（安全荷重）を設けるために用いられる係数です。

正解　(2)

これだけ重要ポイント

ワイヤロープの構造，安全係数，取扱い方，端末処理等について学習しましょう。また，「普通より」と「ラングより」及び「Zより」と「Sより」についての理解を深めましょう。

　ワイヤロープは，多数の鋼線で構成された柔軟で強靭なもので，曲げ応力に強く，切断（破断）の前触れを予知することができる等の優れた特徴を有しています。移動式クレーンの巻上げや起伏に使用されるワイヤロープは，用途によって太さや品質が定められています。

6-1　ワイヤロープの構造

　ワイヤロープは，良質の炭素鋼を線引き加工した鋼線（素線）をより合せて**ストランド（子なわ）**を作り，更にストランドを一定のピッチで心綱に巻付くようにより合せています。心綱は，ワイヤロープの中心に入れて心にしたもので，繊維心や鋼心があります。移動式クレーンには，一般に**構造的にバランスのとれた6ストランドのワイヤロープ**が使用されています。

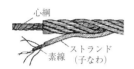

心綱…………繊維心と鋼心の総称
素線…………ストランドを構成する鋼線
ストランド……複数の素線をより合せたもの

繊維心

　繊維心には，天然繊維心と合油性を高めた合成繊維心があります。ロープの潤滑と防錆のため，心綱にグリースを含ませています。柔軟性が大きく，衝撃や振動を吸収するため，玉掛用ワイヤロープとして使用されています。

鋼　心

　鋼心には，素線をより合せたロープ心（IWRC）やストランド心（IWSC）があります。破断荷重が大きく強度があり，ロープの伸びや径の減少及び側圧による**形崩れに強く，耐熱性に優れています。**

6-2　ワイヤロープのより方とより方向

　ワイヤロープには，ロープのよりとストランドのよりの方向が反対の「**普通より**」と，ロープのよりとストランドのよりの方向が同じ「**ラングより**」があります。普通よりは，形崩れやキンクしにくい特徴があります。ラングよりは，耐磨耗性に優れていますが，ロープの自転性やキンクを生じやすい欠点があります。ワイヤロープのより方には，Zより（左より）とSより（右より）がありますが，一般に「**普通Zより**」のワイヤロープが使用されています。

普通Zより　　　　普通Sより　　　　ラングZより　　　　ラングSより

6-3　ワイヤロープの構成

　移動式クレーンの巻上げや起伏には，図のような構成のワイヤロープが多く使用されています。フィラー形（Fi）のワイヤロープは，ストランドを構成する素線の間に**フィラー線（細い素線）**を組合せ，素線同士が互いに線状に接触するようにより合せています。形崩れや局部的摩擦による素線の**断線が少ない**ため，近年の移動式クレーンに多く使用されています。**フィラー形29本線6よりロープ心入り**は，「**IWRC 6 × Fi（29）**」と表示されます。

構　　成	フィラー形 29本線6より ロープ心入り	ウォーリントンシール形 31本線6より ロープ心入り	ウォーリントンシール形 36本線6より ロープ心入り
構成記号	IWRC6× Fi（29）	IWRC6× WS（31）	IWRC6× WS（36）
断　　面			

6-4　ワイヤロープの測定

　ロープ径には，公称径（呼び径）と実際径（実測径）があります。JISにおける製造時のロープ径の許容差は，公称径10mm未満は0～10％，10mm以上の場合は0～7％です。ワイヤロープの実際径は，シーブを頻繁に通る磨耗しやすい部分の**同一外接円の直径の3方向**を図の左側のようにノギスで測定し，その**平均値をミリメートル（mm）**の単位で表します。また，ワイヤロープの長さはメートル（m）で表します。なお，図の右側のような誤った測り方をしないように注意しましょう。

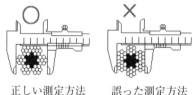

正しい測定方法　　　誤った測定方法

6-5　ワイヤロープの安全係数

　移動式クレーンに使用されているワイヤロープは，ロープの切断荷重よりも低い荷重を使用限界荷重である安全荷重に設定して安全性を高めています。この**使用限界荷重を設定するための数値を安全係数（安全率）**といいます。切断荷重が10t の巻上用ワイヤロープの安全係数を仮に 5 とした場合，そのロープには 2 t 以上の荷重を掛けてはならないと定めたものです。

　ワイヤロープの安全係数は，用途及び使用条件に応じて定められています。**巻上用及び起伏用ワイヤロープは4.5以上**，ジブ伸縮用ワイヤロープは3.55以上，ジブ支持用ワイヤロープは3.75以上と定められています。

$$\text{安全係数} = \frac{\text{切断荷重}}{\text{安全荷重}} \qquad \text{安全荷重} = \frac{\text{切断荷重}}{\text{安全係数}}$$

安全係数（安全率）………ワイヤロープの切断荷重を，ロープに掛かる最大
　　　　　　　　　　　　　の安全荷重で除した値

切断荷重（破断荷重）……ワイヤロープの破断試験において，試験片が破断
　　　　　　　　　　　　　に至る時の最大の荷重

安全荷重　………………安全に使用できる限度となる荷重

6-6　ワイヤロープの取扱い

　移動式クレーンのワイヤロープは，多くの滑車を通過する作動が繰返されるため，ロープ表面や内部に磨耗や断線が発生します。ワイヤロープを小さな半径で曲げると，断線した素線がはみ出してくることがあります。ワイヤロープに**谷断線を発見した場合**は，**内部断線が進行していることが多く，ロープ全体の疲労が進んでいる**と考えられます。このような場合は，新しいワイヤロープと交換する必要があります。また，圧縮止めのワイヤロープをジブ支持用ワイヤロープ等に使用した場合は，**圧縮止め金具のつけ根部分の素線の切断に注意**しなければなりません。

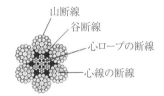

山断線
谷断線
心ロープの断線
心線の断線

巻上用ワイヤロープの交換

　同じ直径のワイヤロープであっても，**素線が細く数の多いものほど柔軟性**が
あり，種類によって切断荷重が異なります。ワイヤロープを交換する場合は，
**移動式クレーン明細書に記載されている種類，長さ，直径のロープをねじれが
生じないように巻込みます。**ドラムの1層目の巻きが悪い場合は，ロープの間
に隙間ができて乱巻きになりやすくなるため，張力を掛けながら整然と巻込み
ます。**新しい巻上用ワイヤロープを取付けた直後は，定格荷重の半分程度の荷
をつり，低速で巻上げや巻下げの操作を数度行って慣らします。**これにより，
ワイヤロープの寿命を延ばす効果があります。ただし，**衝撃荷重を掛けた場合
はロープによりが生じる**ことがあります。

　ワイヤロープを叩いてドラムに巻付ける時は，**鉛か真鍮のハンマ**を用いま
す。キンクしているワイヤロープをハンマで修正しても，切断荷重は元に戻る
ことはなく，ロープの素線に損傷や断線を招き，却（かえ）ってダメージを広げる恐れ
があるため，このようなロープは新しいワイヤロープと交換します。

─　捨巻きについて　─

　巻上用ワイヤロープに掛かる荷重（張力）がロープ取付部の金具に直接掛か
ると，ドラムからロープが抜け出る恐れがあります。ドラムからワイヤロープ
を最も多く繰り出した場合でも，2巻以上のロープがドラムに残れば，ロープ
の巻締めの力でロープに掛かる張力を支えることができ，ロープ取付部に大き
な力が作用しません。移動式クレーンは，つり具を最も低い位置まで巻下げた
時，ドラムにワイヤロープが残るようにし，ロープの取付部に大きな力が掛か
らないようにしています。この余分な巻数を**捨巻き**
と呼び，**2巻以上**とすることが移動式クレーン構造
規格第41条に定められています。なお，ジブ起伏用
ワイヤロープ，ジブ伸縮用ワイヤロープの捨巻きに
ついても2巻以上と定められています。

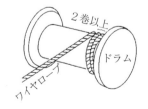

ワイヤロープの端末処理

　移動式クレーンのドラム側のワイヤロープの端末処理には，コッタ止めが使用され，ジブ側の端末処理にはコッタ止めとクリップ止めが多く使用されています。コッタ止めされたソケットは，前後に自由に動けるようにジブ先端部に取付けられています。コッタ止め用のソケットやクリップは，ロープの端末側のくる方向が決まっています。

端末の名称	略　図	効率（%）	処理方法
コッタ止め （くさび止め）		60〜80	ソケットに差し込まれたワイヤロープをくさびで固定
合金止め （ソケット止め）		100	ロープの端末をソケットに差し込み，ソケットの中に合金を鋳込む
アイスプライス （手差し加工）		75〜90	ワイヤロープにロープの端を編み込む
圧縮止め		90〜100	ロープにはめたアルミ合金の管をプレス加工
クリップ止め		75〜85	数個のクリップでワイヤロープを止める

クリップ止めは，引張力の大きい**引張側にクリップのナット**がくるようにし，ロープ間に隙間ができないようにナットを均等に締付けます。

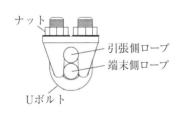

ナット
引張側ロープ
端末側ロープ
Uボルト

クリップ断面

×

×

クリップの誤った取付け方

学科試験の実力を体感！　本試験によくでる問題

よくでる問題　32

　ワイヤロープに関する説明として，誤っているものはどれか。

(1)　フィラー形29本線6よりロープ心入りは，「IWRC 6 × Fi (29)」と表示される。

(2)　フィラー形のワイヤロープは，繊維心の代わりにフィラー線を心綱としたものである。

(3)　ワイヤロープのより方には，「Sより」と「Zより」があり，一般に「Zより」が使用されている。

(4)　「普通より」のワイヤロープは，ロープのよりとストランドのよりの方向が反対である。

(5)　移動式クレーンの巻上用及び起伏用ワイヤロープの安全率は，4.5以上なければならない。

　フィラー形のワイヤロープは，ストランドを構成する素線の間にフィラー線を組合せ，素線同士が互いに線状に接触するようにしたものです。

よくでる問題　33

　ワイヤロープの安全係数の説明として，正しいものはどれか。

(1)　ワイヤロープに掛かる静荷重の値をつり荷の質量で除した値

(2)　ワイヤロープの許容荷重の値を切断荷重で除した値

(3)　ワイヤロープに掛かる荷重の最大値を切断荷重で除した値

(4)　ワイヤロープに掛かる荷重の最大値をロープの断面積で除した値

(5)　ワイヤロープの切断荷重をロープに掛かる荷重の最大値で除した値

　ワイヤロープの安全係数は，ワイヤロープの切断荷重をロープに掛かる荷重の最大値で除した値です。

よくでる問題 34

ワイヤロープに関する説明として,誤っているものはどれか。

(1) 同じ直径のワイヤロープでも,種類によって切断荷重が異なる。

(2) ストランドとは,複数の素線をより合せたロープの構成要素のことで,子なわ又はより線ともいう。

(3) 「ラングより」のワイヤロープは,ロープのよりとストランドのよりの方向が同じである。

(4) 「Sより」のワイヤロープは,ロープを縦にした時にストランドが右上から左下によられている。

(5) ワイヤロープのキンクをハンマで修正した場合,ロープの素線に損傷や断線を招いて却ってダメージを広げる恐れがある。

「Sより」のワイヤロープは,ロープを縦にした時にストランドが左上から右下によられています。

よくでる問題 35

ワイヤロープの径を測定する方法として,正しいものはどれか。

(1) 図Aのように2方向からノギスで測定し,その最大値を取る。

(2) 図Aのように3方向からノギスで測定し,その平均値を取る。

(3) 図Bのように3方向からノギスで測定し,その平均値を取る。

(4) 図Bのように3方向からノギスで測定し,その最小値を取る。

(5) 図Bのように2方向からノギスで測定し,その最大値を取る。

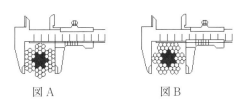

図A   図B

ワイヤロープの径は,図Bのように3方向からノギスで測定し,その平均値を取ります。

よくでる問題　36

ワイヤロープに関する説明として，誤っているものはどれか。

(1)　「ラングより」は，「普通より」に比べてキンクしにくい。

(2)　「Ｚより」のワイヤロープは，ロープを縦にした時，右上から左下へスト
　　ランドがよられている。

(3)　ロープを叩いてドラムに巻込む時は，鉛か真鍮のハンマを用いる。

(4)　巻上用ワイヤロープを交換した時は，定格荷重の半分程度の荷をつって，
　　巻上げ，巻下げの操作を数回行ってワイヤロープを慣らす。

(5)　交換した直後の新しいロープに衝撃荷重を掛けると，ロープによりが生じ
　　ることがある。

 解説

　ラングよりは，素線が平均に摩擦を受けるため，耐磨耗性に優れています
が，ロープの自転性が大きくキンクを生じやすい欠点があります。

よくでる問題　37

ワイヤロープに関する説明として，誤っているものはどれか。

(1)　巻上用ワイヤロープは，つり具を最も巻下げた時にドラムに最低2巻以上
　　残るようにする。

(2)　フィラー形のワイヤロープは，局部的摩耗による素線の断線や形崩れを起
　　こすことが少ない。

(3)　ワイヤロープをクリップ止めする時は，クリップのナットがロープの端末
　　側にくるようにする。

(4)　同じ太さの素線を37本より合せて1つのストランドとし，これを6本より
　　にしたワイヤロープは6×37と表す。

(5)　巻上ドラムの捨巻きは，ロープの取付部に大きな力が掛からないようにす
　　るためである。

　ワイヤロープをクリップ止めする時は，クリップのナットがロープの引張側
にくるようにします。

よくでる問題 38

ワイヤロープに関する説明として，誤っているものはどれか。

(1)　ジブ側の巻上用ワイヤロープの端末処理には，コッタ止め等を用いる。

(2)　圧縮止めのワイヤロープをジブ支持用ワイヤロープに使用する場合は，金具のつけ根の素線切れに注意する。

(3)　ワイヤロープに谷断線が発見された場合は，内部断線が進行していることが多く，ロープ全体の疲労が進んでいると考えられる。

(4)　新しい巻上用ワイヤロープを巻上ドラムに巻込む時は，ロープにねじれが生じないように巻込む。

(5)　鋼心のロープは，繊維心のロープに比べてロープの柔軟性が大きく，衝撃や振動を吸収しやすい，ロープグリースを含みやすい等の特徴がある。

 解説

選択肢(5)は，繊維心のロープの特徴です。

よくでる問題 39

下図の A～C に当てはまる名称の組合せとして，正しいものはどれか。

	A	B	C
(1)	心綱	ストランド	素線
(2)	ストランド	素線	心綱
(3)	心綱	素線	ストランド
(4)	素線	ストランド	心綱
(5)	ストランド	心綱	素線

A～C に当てはまる名称は，心綱，ストランド，素線の順になります。

解説

A～C に当てはまる名称は，心綱，ストランド，素線の順になります。

正　解

【問題32】 (2)　【問題33】 (5)　【問題34】 (4)　【問題 35】 (3)　【問題36】 (1)

【問題37】 (3)　【問題38】 (5)　【問題39】 (1)

7 移動式クレーンの安全装置

チャレンジ問題

安全装置に関する説明として，誤っているものはどれか。

(1) 移動式クレーンには，直働式巻過防止装置が使用されている。
(2) 警報スイッチは，通常，旋回操作レバーに取付けられている。
(3) 傾斜角指示装置は，ジブの起伏の度合いを示す装置である。
(4) ジブ倒れ止め装置は，ジブが後方へ倒れないように防止する支柱で，ラチス構造ジブに装備されている。
(5) 巻過防止装置は，定格荷重以上の荷をつり上げようとした時に自動的に動力を遮断する装置である。

■ 解答と解説 ■

　巻過防止装置は，巻上用ワイヤロープの巻過ぎを防止する装置で，フックブロックが上限の高さになると自動的に巻上げを停止させます。

正解　(5)

これだけ重要ポイント

移動式クレーンの巻過防止装置や過負荷防止装置の作動について学習しましょう。また，その他の安全装置の役割についても理解を深めましょう。

　安全装置は，誤動作や故障による事故の発生を予防するもので，様々な装置が移動式クレーンに備わっています。安全装置には，異常を検知した時に自動的に作動するもの，運転する者が操作するもの，移動式クレーンにあらかじめ組込まれているもの等があります。移動式クレーンを安全に運転するためには，安全装置の不具合の放置，機能の停止，不安全行動を容認する姿勢，安全装置を過信した運転等は厳に慎まなければなりません。

7-1　巻過防止装置

　巻上用ワイヤロープの巻過ぎ又は巻下操作を行わずにジブを伸ばし続けると，フックブロックがジブに激突し，フックブロック，シーブ，ジブの破損，巻上用ワイヤロープの切断，つり荷の落下等を招く恐れがあります。巻過防止装置は，**つり具が定められた高さになるとリミットスイッチが作動し，自動的に警報を発したり自動停止させたりする装置**です。自動的に警報を発する装置を巻過警報装置，自動的に停止させる装置を巻過停止装置といいますが，今では警報と自動停止を兼ね備えた巻過防止装置が多く使用されています。安全装置は，故障することがあるため，巻過防止装置によって巻上げを停止させる等の運転は決して行ってはなりません。

巻過防止装置の構造

　移動式クレーンに使用されている巻過防止装置は，直働式巻過防止装置（重錘形リミットスイッチ）といい，フックブロックが上限高さになると，巻上用ワイヤロープに沿ってジブ先端からロープでつり下げられた**おもり（ウエイト）がフックブロックの上面によって押上げられ，スイッチが作動**して自動的に警報を発したり，フックブロックを自動停止させたりするものです。なお，巻過防止装置には，ねじ形やカム形の間接式巻過防止装置があり，これらは天井クレーン等に使用されています。

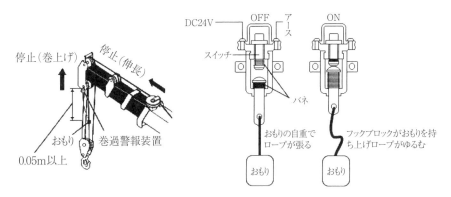

【直働式巻過防止装置の特徴】
1．作動位置の誤差が少なく，作動後の復帰距離が短い。
2．ワイヤロープの交換を行っても作動位置の調整をする必要がない。
3．巻下げ位置の制限ができない。

第1編

移動式クレーンに関する知識

7-2　過負荷防止装置

　移動式クレーンは，ジブの長さ，ジブの傾斜角，アウトリガの張出幅に応じた定格荷重が決まっています。過負荷防止装置は，荷の巻上げ，ジブの倒し，ジブの伸ばし等の作動において，**つり荷の質量が定格荷重に近づいた時に自動的に警報を発し，定格荷重を超えようとする時に自動的に作動を停止させる装置**です。ただし，自動停止した場合でも，巻下げ，ジブの上げ，ジブ縮小等の安全側への操作は行うことができます。

モーメントリミッタ

　移動式クレーンの定格荷重の範囲内では，つり荷側の転倒モーメントに対するカウンタウェイト側の安定モーメントが大きく，定格荷重の範囲を超えた場合には転倒モーメントが大きくなります。過負荷防止装置は，ジブ長さ，傾斜角，アウトリガ張出幅等に応じ，**転倒モーメントの大きさが安定モーメントの大きさに近づいた時に警報を発し，定格荷重を超えようとする時に直ちに作動を停止**させる装置で，**モーメントリミッタ**と呼ばれています。

　モーメントリミッタは，荷重検出器，ジブ長さ検出器，ジブ角度検出器，アウトリガ張出幅検出器等によって構成され，各検出器のデータから算出した実モーメントと定格モーメントを比較演算し，定格モーメントが90%に達した時に警報を発し，100%に達した時に自動停止させるものです。荷重の検出装置には，起伏シリンダ内に発生する油圧の圧力検出器によって検出する装置や，起伏用ワイヤロープのブライドルとAフレームの接続部に取付け，ロープの張力の歪によって荷重を検出する装置等があります。

ロードリミッタ

　つり上げ荷重が3t未満の移動式クレーン，ジブの傾斜角及び長さが一定である移動式クレーンについては，**過負荷防止装置以外の過負荷を防止する装置**を備えていれば過負荷防止装置を備えなくてよいと移動式クレーン構造規格第27条に定められています。ただし，転倒災害に鑑み，つり荷の質量が表示される装置を装備することが望ましいとされています。過負荷防止装置以外の過負荷を防止する装置は，**ロードリミッタ**といい，ジブの長さや傾斜角の検出は行わず，荷の質量のみを検出し，警報を発したり作動を停止したりするもので，ジブのない天井クレーン等に使用されています。

過負荷防止装置の構成

　過負荷防止装置（AML）は，つり上げ荷重が３ｔ以上の移動式クレーンに取付けることが義務付けられています。過負荷防止装置には，デジタル式やアナログ式の表示装置があり，移動式クレーンの運転室に装備されています。過負荷防止装置に**手動入力するものについては，正確に入力**する必要があります。実際の設定と異なる情報を入力すると，過負荷防止装置は誤った情報を元に比較演算し，誤った表示や信号を送ります。過負荷防止装置の誤った取扱いは，大事故に繋がる恐れがあるため，装置の取扱いに熟知しておくことが重要です。過負荷防止装置が作動した場合は，移動式クレーンの安定性の増す方向（巻下げ，ジブ上げ，ジブ縮小）の操作を行って転倒等の危険を防止します。

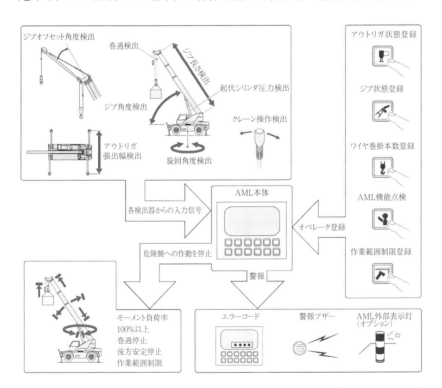

※　過負荷防止装置は，オペレータが登録した移動式クレーンの状態と各検出器の入力信号により作業モーメントと安定モーメントを計算し，モーメント負荷率を表示します。モーメント負荷率が100％以上になると，移動式クレーンの危険側への作動を停止し，エラーコードやブザー等で警報を発します。

7-3　安全弁等

　移動式クレーンの油圧回路に過負荷又は衝撃荷重が掛かると，回路内に異常に高い油圧が発生し，油圧回路を破損させる恐れがあります。このため，油圧回路に**安全弁（リリーフ弁）**を取付け，油圧の圧力が上昇した場合に弁が開いて油をタンクに戻し，**設定以上の圧力にならないようにして油圧回路の破損を防止**しています。(P157参照)

　配管連結部の外れや油圧ホースの破損等により，移動式クレーンの油圧回路内の圧力が急激な低下を起こした場合は，つり荷の落下，ジブの降下，機体の傾き等を招く恐れがあります。このため，油圧回路に**逆止め弁**を取付け，作動油を一方向にだけ流し，逆方向には流さないようにして**つり荷やジブの降下又は機体の傾きを防止**しています。(P162参照)

7-4　作業領域制限装置

　市街地で活動する移動式クレーンは，障害物や電線に囲まれた中で作業を行うことが往々にしてあります。設定範囲以外のジブの作動を自動的に停止させることができれば，障害物への接触や衝突事故を未然に防ぐことができます。作業領域制限装置は，ジブ長さ，起伏角度，旋回角度等の作業可能範囲をあらかじめ設定し，**作業範囲外への作動を自動的に停止させる**装置で，過負荷防止装置と共にコンピュータに組込まれています。

7-5　ジブ起伏停止装置

　ジブ起伏停止装置は，起き上がったジブがリミットスイッチを押してジブの作動を自動停止させるもので，**起伏をワイヤロープで行う移動式クレーン**に取付けられています。ジブの起こし角度が限界（約70°～80°）になった時，ジブを起こす操作を続行しても自動的にジブの作動を停止させるため，**起こし過ぎによるジブの折損や転倒を防止**することができます。

　油圧シリンダによって起伏を行う移動式クレーンは，シリンダの最大伸長によって起伏角度に限りがあるため，ジブ起伏停止装置は用いられていません。

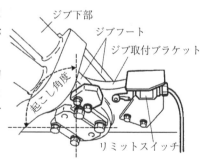

ジブ下部
ジブフート
ジブ取付ブラケット
起こし角度
リミットスイッチ

7-6　傾斜角指示装置

　傾斜角指示装置は，ジブ側面に取付け，**ジブの傾斜角を機械的に検出する装置**で，目視によって傾斜角を確認する装置です。この装置には，ジブの起伏を停止させる等の機能はありません。

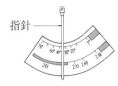

指針

7-7　外れ止め装置

　外れ止め装置（P75参照）は，**フックから玉掛用ワイヤロープ等が外れないようにする装置**で，取付けが義務付けられています。

7-8　旋回ロック装置

　移動式クレーンの走行又は輸送時において，走行面の傾斜や振動等の影響により上部旋回体のジブが左右に振れると，運転に支障が生じます。旋回ロック装置は，ジブが左右に振れないように**上部旋回体を下部走行体に固定する**装置です。

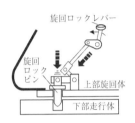

旋回ロックレバー

旋回
ロック
ピン

上部旋回体

下部走行体

7-9　乱巻防止装置

　ドラムに巻取られるワイヤロープに浮き上がりや跳ねが生じると，ロープが乱雑にドラムに巻込まれ，ロープが損傷したり破断したりする恐れがあります。乱巻防止装置は，ばねを介したローラで**ロープの跳ねを抑え，ロープを整然とドラムに巻込む**装置です。

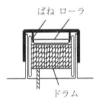

ばね　ローラ

ドラム

7-10　自由降下インターロック

　巻上ドラムをフリーフォール（自由降下）の状態にするクラッチレバーは，自動ブレーキ方式のクラッチレバーとは異なり，クラッチを切るとドラムに動力が伝わらないだけではなく，自動ブレーキも掛からないため，ドラムがフリーの状態になり，フックブロックが落下する恐れがあります。このため，安全のためにブレーキペダルを踏んだ状態でなければ，クラッチレバーを切ることができないようにしています。

ブレーキペダル

クラッチレバー

7-11　警報装置

　警報装置は，旋回によって挟まれる等の災害を防止するため，周囲の作業者等に**警報音を発して危険を知らせる装置**です。警報スイッチは，一般に旋回操作レバーに取付けられていますが，**積載型トラッククレーンはアウトリガのベース側面**に取付けられています。

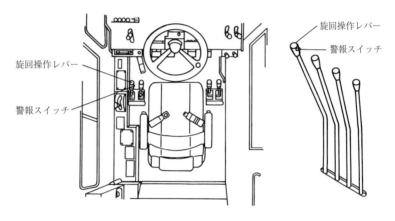

7-12　警報ブザー付き回転灯

　旋回体の旋回レバーと連動した警報ブザー付き回転灯は，回転灯によって注意を促すと共に，旋回する時に自動的に警報を発するものです。

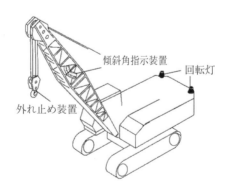

移動式クレーンの安全装置一覧

　移動式クレーンの安全装置には，移動式クレーン構造規格において取付けが義務付けられているものと，取付けが義務付けられていないものがあります。移動式クレーンの各メーカーは，様々な工夫を凝らした安全装置を標準装備又はオプションによって装備しています。

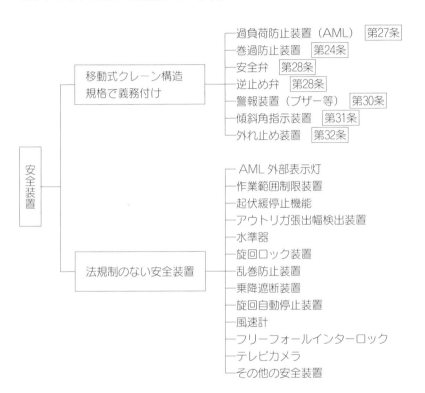

学科試験の実力を体感！　本試験によくでる問題

よくでる問題　40

安全装置に関する説明として，**誤っている**ものはどれか。

(1)　外れ止め装置は，フックから玉掛用ワイヤロープ等が外れないようにする装置である。

(2)　ジブ起伏停止装置は，油圧シリンダで起伏を行う移動式クレーンには用いられない。

(3)　巻過防止装置は，フックブロックの上端がポイントシーブに当たった時，直ちに警報を発したり巻上げを停止させたりするものである。

(4)　過負荷防止装置は，つり荷の荷重が定格荷重を超えようとする時に警報を発し，定格荷重を超える時に作動を停止させる装置である。

(5)　油圧回路の安全弁は，油圧回路内の圧力が設定以上にならないように防止する装置である。

　巻過防止装置は，フックブロックの上端がジブやシーブに衝突する前に警報を発したり巻上げを停止させたりするものです。

よくでる問題　41

安全装置に関する説明として，**誤っている**ものはどれか。

(1)　過負荷防止装置は，衝撃荷重を防止する装置である。

(2)　移動式クレーンの油圧回路には，逆止め弁が設けられている。

(3)　乱巻防止装置は，巻胴部にワイヤロープが乱雑に巻込まれることを防止する装置である。

(4)　移動式クレーンの巻過防止装置は，直働式巻過防止装置である。

(5)　傾斜角指示装置は，ジブの傾斜角の度合いを示す装置である。

　過負荷防止装置は，定格荷重を超えることで起こる移動式クレーンの転倒や破壊を防止するもので，衝撃荷重を防止するものではありません。

よくでる問題　42

安全装置に関する説明として，誤っているものはどれか。

(1) 巻過防止装置は，フックブロックの巻上げ過ぎによる巻上用ワイヤロープの切断やシーブの破損等を防止する装置である。

(2) 荷をつっている時に玉掛用ワイヤロープ等が切断すると，ジブが反動であおられるため，これを防止するためにジブ起伏停止装置が使用される。

(3) 警報装置は，旋回中の挟まれ等の災害を防止するため，周囲の作業者に危険を知らせる装置である。

(4) 作業範囲制限装置は，ジブ上下限，作業半径，地上揚程，旋回位置等の作業可能範囲をあらかじめ設定し，作業範囲外への作動を自動的に停止させる装置である。

(5) 過負荷防止装置は，各傾斜角において転倒モーメントの大きさが安定モーメントの大きさに近づいた時に警報を発し，定格荷重を超えた時は直ちに作動を停止させる装置である。

ジブ起伏停止装置は，ジブの起こし過ぎによるジブの折損や転倒を防止する装置です。玉掛用ワイヤロープの切断等によってジブが反動で後方へあおらないように防止する装置は，ジブ倒れ止め装置といいます。

8 移動式クレーンの性能

チャレンジ問題

　荷をつらないで行う移動式クレーンの次の運動のうち，転倒に対する安定度を小さくするものはどれか。

(1)　ジブの縮小
(2)　ジブの上げ
(3)　巻上げ
(4)　巻下げ
(5)　ジブの伸ばし

■ 解答と解説 ■

　移動式クレーンのジブを伸ばす運動やジブを倒す運動は，転倒モーメントが大きくなるため，安定度が小さくなります。

正解　(5)

これだけ重要ポイント

移動式クレーンの性能の要素，性能曲線図，安定度について学習しましょう。また，定格荷重表の用い方や移動式クレーンの作業速度についても理解を深めましょう。

　重量物を取扱うことが多い移動式クレーンに災害が発生した場合は，極めて大きな危険が伴います。移動式クレーンの災害には，性能を超える運転を要因とするジブの折損や機体の転倒等があります。移動式クレーンが転倒した場合は，周囲の作業者を負傷させたり，建築物を破壊したりする恐れがあります。移動式クレーンを安全に運転するためには，機能や性能を熟知し，正しく取扱うことが大切です。また，作業環境（地盤の強度，感電の危険性等）についても把握しておく必要があります。

8-1　移動式クレーンの性能

　移動式クレーンの性能は，以下の３つの要素からなり，その要素の最も小さな値によって性能が定められています。

○　**機体の安定** ……移動式クレーンが転倒しない！
　　機体が転倒しない安定性を許容できる荷重

○　**機械装置及びジブ等の構造部品の強度** …… ジブ等が折損しない！
　　ジブその他の構造部品が破壊に至らない強度を許容できる荷重

○　**巻上装置の能力とロープの強度** …… 巻上げることができる！
　　巻上装置及びワイヤロープの能力により巻上げることが許容できる荷重

性能曲線図

　移動式クレーンの性能は，次の性能曲線図で表すことができます。性能曲線図は，「移動式クレーンの定格総荷重は，**作業半径が大きい場合は安定度によって定められ**，**作業半径が小さい場合はジブその他の強度によって定められる。更に作業半径が小さい場合は，巻上装置の能力とワイヤロープの強度により定められる。**」ことを表しています。

○　作業半径が大きい時の過負荷
　　移動式クレーンの転倒

○　作業半径が小さい時の過負荷
　　ジブ等の折損

○　作業半径が更に小さい時の過負荷
　　巻上不良，装置の破損，玉掛用又は巻上用のワイヤロープの破断

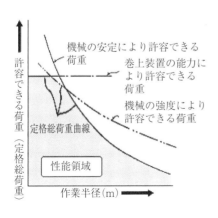

作業半径が大きい時の過負荷

作業半径が小さい時の過負荷

8-2 移動式クレーンの安定度

　移動式クレーンの安定度とは，**転倒に対する安定性**を示したものです。転倒支点から機体側に働く**安定モーメントを分子，転倒支点からつり荷側に働く転倒モーメントを分母とする比**で安定度を表し，この値が大きいほど安定であるといえます。アウトリガを使用する移動式クレーンは，つり荷側の機体を支持するアウトリガフロート中心が転倒支点です。クローラクレーンの場合は，前方つりではクローラのスプロケット中心が転倒支点で，側方に旋回した場合はつり荷側のクローラ中心が転倒支点になります。

$$安定度 = \frac{安定モーメント}{転倒モーメント}$$

アウトリガ

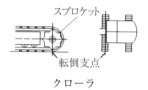

クローラ

　図の移動式クレーンの安定度は，安定モーメント［機体質量×転倒支点から機体重心までの距離］と，転倒モーメント［ジブ質量×転倒支点からジブ重心までの距離 ＋（つり荷の質量＋つり具の質量）× 転倒支点からつり荷までの距離］の比で求めることができます。

$$安定度 = \frac{W_m \times L_2}{W \times L_1 + W_3 \times L_3}$$

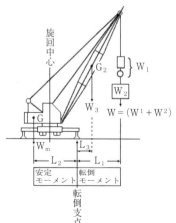

W_m……重心位置における機体質量

W……つり具の質量（W_1）とつり荷の質量

　　　　（W_2）の和

W_1……つり具の質量

W_2……つり荷の質量

W_3……ジブの質量

L_1……転倒支点からつり具中心までの距離

L_2……転倒支点から機体重心までの距離

L_3……転倒支点からジブの重心までの距離

前方安定度

　移動式クレーンは，前方への転倒に対する安定性を確保するため，製造検査において安定度試験を実施しています。前方安定度は，**定格荷重の1.27倍に相当する荷重の荷**をつり，移動式クレーンの安定に関して最も不利な条件で地切りする安定度試験に合格しなければなりません。安定度試験は，水平堅土に移動式クレーンを設置して行われます。実作業においては，設置面の傾斜，アウトリガフロートの沈下，ジブに掛かる風荷重等によって前方安定度が低下するため，移動式クレーンの作業では，これらを考慮する必要があります。

後方安定度

　移動式クレーンの旋回体の後部には，前方安定度を向上させるためにカウンタウェイトが装備されていますが，規定以上にカウンタウェイトを増やし過ぎると無負荷時の後方安定度を悪くします。規定以上のカウンタウェイトを積載している場合，負荷時に巻上用ワイヤロープ又は玉掛用ワイヤロープが切断すると，機体が後方に転倒する恐れがあります。

　後方安定度は，移動式クレーンの後方への転倒に対する安定性を示したもので，**無負荷でアウトリガを使用せず，ジブの長さを最短，傾斜角を最大にした時にジブ側の支点に機体質量に重力加速度を乗じた値の15%以上が残っていなくてはならない**と移動式クレーン構造規格に定められています。ただし，アウトリガの張出幅を自動的に検出し，ジブの傾斜角や旋回角度を制限して後方安定度を確保できる安全装置を備えている移動式クレーンについては，アウトリガを使用した状態で計算できることとなっています。

第1編　移動式クレーンに関する知識

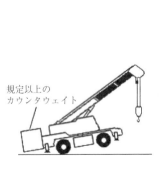

規定以上の
カウンタウェイト

後方安定度低下の危険性

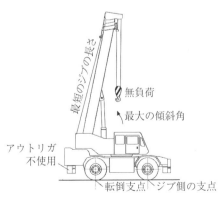

最短のジブの長さ

無負荷

最大の傾斜角

アウトリガ
不使用

転倒支点　ジブ側の支点

後方安定度試験

8-3　定格総荷重表

　定格総荷重表は，移動式クレーンのアウトリガ張出幅（最大張出・中間張出・最小張出），ジブ長さ，補助ジブ長さ，補助ジブオフセット角，作業半径等の条件から定格総荷重を求めることができます。箱形構造のジブは，つり荷の質量に応じてたわみが生じ，作業半径が若干大きくなり，定格総荷重が小さくなります。**定格総荷重表**の作業半径は，ジブのたわみを含んだ実際の作業半径で示されており，その数値には**フック等のつり具の質量**が含まれています。定格総荷重表は，一定の部分を太線又は色分けによって区分され，区分した上部は強度，下部は安定度によって定められています。

定格荷重表の用い方

　次の表は，定格総荷重表の一部を抜粋したものです。アウトリガを最大張出，フック等のつり具の質量を200kgとして，次の例題を解いてみましょう。

例題1

ジブ長さ21.6m，作業半径11.0m の場合の定格荷重

　ジブ長さ21.6m の列と作業半径11.0m の行の交わる数値を読み取ります。この5.8t の数値は，定格総荷重です。したがって，つり具の質量200kg（0.2t）を引いた5.6t が定格荷重です。

例題2

定格荷重3.6t の荷をつることができる最大作業半径とジブ長さ

　定格荷重3.6t につり具の質量0.2t を加えた定格総荷重3.8t の数値を探し，その行の作業半径の数値を読み取ります。ジブ長さ28m の列の定格総荷重3.8t の行の作業半径により，定格荷重3.6t の荷は，ジブ長さ28m で作業半径14.0m までつることができます。

作業半径	ジブ長さ（m）		
	15.2	21.6	28.0
5.0m	16.2	12.0	
6.0m	13.9	10.5	7.5
7.0m	12.1	9.2	7.2
8.0m	9.5	8.2	6.6
9.0m	7.5	7.4	6.0
10.0m	6.2	6.6	5.5
11.0m	5.2	5.8	6.0
12.0m	4.3	4.9	4.5
13.0m	3.7	4.3	4.1
14.0m		3.7	3.8
15.0m		3.2	3.5
16.0m		2.8	3.1
17.0m		2.5	2.7

アウトリガ最大張出（単位：t）

108

8-4　移動式クレーンの作業速度

作業速度とは，移動式クレーンが**無負荷**の状態でエンジンの回転数を最高に上げた時のそれぞれの速度です。

ジブ起伏速度

ジブ起伏速度は，ジブ長さが最短で，ジブの傾斜角が最小の状態からジブの傾斜角度を最大にするまでに要する時間を傾斜角の変化と合せて表示しています。

ジブ伸縮速度

ジブ伸縮速度は，ジブの傾斜角を60°〜70°に保ち，ジブ最短から最長までの伸長に要する時間をジブの伸長量と合せて表示しています。

旋回速度

旋回速度は，旋回レバーを全開にした1分間当たりの回転数を rpm の単位で表示しています。

巻上速度（ロープ速度）

ワイヤロープの巻上速度は，巻上ドラムに1分間に巻取ることができるワイヤロープの長さを m/min の単位で表示しています。

フック巻上速度

フックの巻上速度は，フックが1分間に巻上げられる速度を m/min の単位で表示しています。**巻上用ワイヤロープの掛本数が2本掛の場合は**，巻上用ワイヤロープの巻上速度の1/2，3本掛では1/3になります。

$$フック巻上速度（m/min）＝\frac{巻上速度（ロープ速度）}{ワイヤロープ掛数}$$

1本掛け

3本掛け

4本掛け

移動式クレーンの主要諸元

　移動式クレーンの各メーカーは，主要諸元において巻上げ，起伏，伸縮，旋回等の作業速度を示しています。各種移動式クレーンの主要諸元，定格総荷重表，作業半径図等は，カタログと共に各メーカーのホームページから取寄せることができます。

ジブ長さ		4.9m～21.3m
ジブ伸縮長さ		16.4m
ジブ伸縮速度		16.4m/70s
巻上速度 （ロープスピード）	主巻	106m/min（5層）
	補巻	93m/min（3層）
フック巻上速度	主巻	26.5m/min（4本掛）
	補巻	93m/min（1本掛）
ジブ起伏角度		−2°～80°
ジブ起伏速度		−2°～80°/27s
旋回角度		360°連続
旋回速度		2.1rpm
走行速度		49km/h

主要諸元の一例

学科試験の実力を体感！　本試験によくでる問題

よくでる問題 43

移動式クレーンの安定度を示す式として，正しいものはどれか。

(1) 安定度 ＝ 安定モーメント ＋ 転倒モーメント
(2) 安定度 ＝ 安定モーメント － 転倒モーメント
(3) 安定度 ＝ 安定モーメント × 転倒モーメント
(4) 安定度 ＝ 転倒モーメント ÷ 安定モーメント
(5) 安定度 ＝ 安定モーメント ÷ 転倒モーメント

安定度は，移動式クレーンの転倒に対する安定性を示したもので，安定モーメント÷転倒モーメントの式で求めることができます。

よくでる問題 44

移動式クレーンの作業速度の説明として，誤っているものはどれか。

(1) 作業速度は，移動式クレーンが無負荷時で，エンジンの回転数を最高に上げた状態で表示している。
(2) ジブ起伏速度は，ジブの長さが最短で，ジブの傾斜角が最小から最大までに要する時間を傾斜角の変化と合せて表示している。
(3) フックブロックの巻上げや巻下げの速度は，巻上用ワイヤロープの掛数を変えても変わらない。
(4) ジブの伸縮速度は，傾斜角を60°～70°に保ち，ジブを最短から最長まで伸長するのに要する時間をジブの伸長量と合せて表示している。
(5) 旋回速度は，無負荷でエンジンを最高回転数にして旋回レバーをいっぱいに入れた時の1分間当たりの回転数である。

フックブロックの巻上げや巻下げの速度は，巻上用ワイヤロープの掛数が多くなるほど遅くなります。

よくでる問題　45

下文中の[　]のAからCに当てはまる用語として，正しいものはどれか。

「移動式クレーンの定格総荷重は，作業半径が[　A　]場合は安定度によって定められ，作業半径が[　B　]場合はジブその他の強度により定められる。作業半径が[　C　]時の過負荷は，移動式クレーンが転倒する前にジブが破損したり，クラッチ等が故障したりして危険である。」

	A	B	C
(1)	大きい	小さい	小さい
(2)	大きい	小さい	大きい
(3)	小さい	大きい	大きい
(4)	小さい	大きい	小さい
(5)	小さい	小さい	小さい

A，B，Cには，大きい，小さい，小さいが当てはまります。

よくでる問題　46

次の定格総荷重表において，ジブ長さが18.29mの時，15tの荷をつることができる最大作業半径はどれか。ただし，つり具の質量は500kgとする。

(1)　6 m
(2)　7 m
(3)　8 m
(4)　9 m
(5)　10 m

作業半径	ジブ長さ（m）			
	12.19	18.29	24.38	30.48
6.0m	20.40	20.25	20.10	
7.0m	16.35	16.20	16.10	15.90
8.0m	13.60	13.45	13.35	13.20
9.0m	11.60	11.45	11.35	11.20
10.0m	10.10	9.95	9.80	9.70

アウトリガ最大張出（単位：t）

ジブ長さ18.29mの列において，15.5t（荷の質量＋つり具の質量）を上回る定格総荷重は16.2t。よって，最大作業半径は16.2tの行の7 mです。

よくでる問題　47

次の図は，移動式クレーンの性能曲線を模式的に表したものである。図の直線又は曲線①，②，③が示す組合せとして，正しいものはどれか。ただし，A，B，C は記載の通りとする。

A：巻上装置の能力により許容できる荷重
B：ジブ等の強度により許容できる荷重
C：機体の安定により許容できる荷重

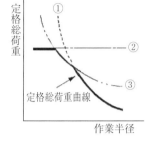

	曲線①	直線②	曲線③
(1)	A	B	C
(2)	A	C	B
(3)	B	A	C
(4)	C	A	B
(5)	C	B	A

曲線①は機体の安定により許容できる荷重，直線②は巻上装置の能力により許容できる荷重，曲線③はジブ等の強度により許容できる荷重です。

__正　解__

【問題43】　(5)　【問題44】　(3)　【問題45】　(1)　【問題46】　(2)　【問題47】　(4)

第1編

移動式クレーンに関する知識

⑨ 移動式クレーンの取扱い

チャレンジ問題

移動式クレーンの取扱い方として，正しいものはどれか。

(1) 荷の横引きをする時は，周囲に人がいないことを確認して行う。
(2) ラフテレーンクレーンのアウトリガを最大張出にした場合，前方領域は側方領域より安定が悪い。
(3) 過負荷防止装置にアウトリガの状態を入力する時は，安全のために実際の張出幅より大きい数値を入力する。
(4) 揚程が足りないため，やむを得ず巻過防止装置の作動を一時停止させる時は，あらかじめ事業者の許可を受ける。
(5) 移動式クレーンのつり荷を下ろした時は，巻上ドラムにワイヤロープが最低2巻以上残るようにする。

■ 解答と解説 ■

巻上ドラムのワイヤロープを最大に巻下げた時，巻上ドラムにロープが最低2巻以上残らなければなりません。

正解　(5)

これだけ重要ポイント

移動式クレーンの取扱いは，移動式クレーンの運転士にとっては常識といえるものばかりです。作業領域を理解し，移動式クレーンの取扱いについての留意事項の理由を考えながら学習しましょう。

移動式クレーンの作業を安全に行うためには，作業領域や地盤の強度等を十分に把握することが重要です。安全は，危険を認識することから始まります。何処にどのような危険が潜んでいるのかが理解できれば，移動式クレーンを安全に取扱うことができます。

9-1　移動式クレーンの作業領域

　次の図は，アウトリガを最大に張出した移動式クレーンの作業領域を簡易的に示したものです。クローラクレーンの場合は，図のアウトリガフロート中心が起動輪又は遊動輪の中心に相当します。移動式クレーンには，作業領域（前方，側方，後方）によるつり上げ性能（安定度）があるため，移動式クレーンの機体による作業領域を理解する必要があります。

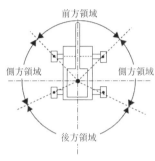

　アウトリガの張出幅が小さい場合は，転倒支点が最大張出時よりも機体側に寄るため，機体側の安定モーメントが小さくなり，つり荷側の転倒モーメントが大きくなります。このため，同一荷重のつり荷を最大張出側から同じ作業半径で旋回させても，アウトリガの張出幅の小さい側では過荷重となり，機体の転倒を招く恐れがあります。

トラック式キャリアの作業領域

　トラック式キャリアは，**走行体後方が最もつり上げ性能が良く，次が側方に**なるため，原則として後方が作業領域となるように設置します。トラック式キャリアの**前方領域のつり上げ性能は，後方，側方領域の定格総荷重の21%～54%程度**です。このため，前方領域のつり上げ性能を側方，後方領域と同一にするためにフロントジャッキが装備されていますが，フロントジャッキを用いても後方と同じ性能を期待することはできません。

ホイール式キャリアの作業領域

　ホイール式キャリアは，**アウトリガが最大張出の場合，全周（360°）を同一の定格総荷重に設定**しています。厳密には，前方，側方，後方の順でつり上げ性能が良いのですが，その最小の値を同一の性能としています。このため，ラフテレーンクレーンは，原則として，走行体前方が作業領域になるように設置します。

クローラ式キャリアの作業領域

　クローラ式キャリアは，**ジブ長さと作業半径に応じて，全周（360°）が同一の定格総荷重に設定**されています。

9-2　アウトリガに掛かる荷重

移動式クレーンの各アウトリガフロートは，機体の総質量とつり荷の質量を合せた質量を分担して支えています。荷をつり上げたジブを旋回させると，ジブの向いた側のアウトリガフロート一脚に集中して掛かる最大荷重（**最大反力**）は，**機体の全装備質量と実際につり上げた荷の質量の合計の70%～80%に相当する荷重**になります。したがって，アウトリガを設置する地盤の地耐力は，最大反力以上のものが必要です。移動式クレーンの定格総荷重は，水平堅土に設置した機体の性能を示したものです。機体の安定にとって地盤の強度は非常に重要で，**機体が1度傾斜すると10%程度の性能の低下を招く**といわれています。このため，移動式クレーンは強度のある水平地盤に設置する必要があります。なお，地盤の強度を地盤支持力又は地耐力といいます。

○　アウトリガ1脚に掛かる最大の荷重（最大反力）の目安

　　最大反力（kN）＝（機体全装備質量＋つり荷の質量）×（0.7～0.8）×9.8

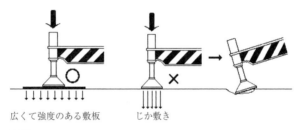

広くて強度のある敷板　　　じか敷き

鉄板の敷き方

つり荷側のアウトリガフロートには荷重が集中するため，**アウトリガフロートよりも十分な広さのある鉄板**等を用いてフロートの設置面に掛かる荷重を分散させる必要があります。使用する敷鉄板は，**22mm以上**の厚みのあるものを使用し，鉄板同士に隙間がないように整然と敷きます。

○　トラック式キャリア及びホイール式キャリアに対する鉄板の敷き方

トラッククレーンやラフテレーンクレーン等は，**アウトリガフロートが鉄板の中央**になるように設置します。

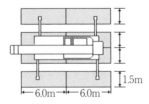

○ クローラ式キャリアに対する鉄板の敷き方

　クローラクレーンを設置する地盤は，**クローラ幅よりも広く養生**します。鉄板の敷き方には，隙間がないように整然と並べる**シングル敷き**，その上に鉄板を直角に重ねる**ダブル敷き**があります。

① シングル敷き……鉄板の長手方向が走行方向と直角に交わるように敷く。

② ダブル敷き………上下の鉄板が直角に交わるように敷く。

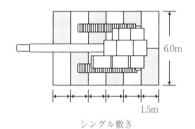

シングル敷き　　　　　　　　ダブル敷き

地盤支持力

　地盤には，重いものに耐えられる地盤もあれば，軽いものにしか耐えられない地盤があります。**簡易的に地盤の強度を判定する方法**には，移動式クレーン等を走行させ，地面に付いた**タイヤ跡**の深さの状態によって判別する方法や鉄筋を土中に差し込んだ時の抵抗によって判別する方法があります。建設工事等では，次のような方法が用いられています。標準貫入試験は，質量63.5kg のハンマを75cm の高さから自由降下させ，貫入試験器のサンプラを30cm 打ち込むのに要した打撃数によって地盤の強度を判別しています。サウンディング貫入試験は，100kg のおもりの付いたロッド先端にスクリュー状のものを取付け，ハンドルを回転させながら地中にねじ込み，貫入の抵抗値によって地盤の強度を判別しています。

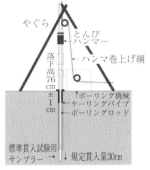

標準貫入試験

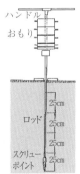

サウンディング貫入試験

9-3　つり荷走行

移動式クレーンで**荷をつって走行**することは，**原則として禁止**されています。ただし，作業の必要上，やむを得ず荷をつって走行する場合は，次の事項に留意する必要があります。

① 走行する地盤の水平及びタイヤの接地圧に耐えられることを確認する。

② **軟弱な地盤や傾斜又は凸凹がある場合は，つり荷走行を中止**する。

③ タイヤの空気圧を規定圧力にし，かつ，サスペンションロックシリンダを最も縮小した状態にする。

④ ジブを縮小状態にする。（補助ジブは使用禁止）

⑤ 走行する際は，**旋回ブレーキ，ドラムロック，巻上レバーロックを掛け，直進のみで走行**する。

⑥ できるだけ**低速（2 km/h 以下）で走行**する。

⑦ 定格総荷重を超える荷はつらない。

⑧ つり荷走行姿勢の機体正面に荷がない場合は，アウトリガを一旦張出す又は移動式クレーンを移動させて機体の正面で荷をつる。

⑨ つり荷走行時の前方領域のジブ角度及び定格総荷重は，水平堅土における数値であるため，前方領域のジブ角度を超えてはならない。

⑩ **地切り程度の高さに荷を保持**し，添えロープ等で荷を機体側に引き寄せる又はフロントバンパで支えて荷振れを起こさないようにする。

⑪ アウトリガを有するものは，アウトリガを張出し，**アウトリガフロートを地上から少し上げた状態にして走行**する。

⑫ 急ハンドル，急発進，急ブレーキ，変速操作，つり荷走行中のクレーン操作を行わない。

⑬ つり荷の自由降下は行わない。

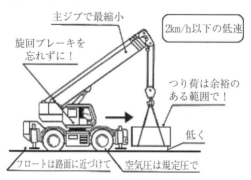

9-4　移動式クレーンの取扱い

移動式クレーンは，次の事項に留意して取扱う必要があります。

設置時の留意事項

① 移動式クレーンを設置する時は，軟弱な地盤によるクレーンの転倒，地中の埋設物を破損させる恐れがないことを確認する。

② 移動式クレーンが送電線に近接している場合は，防護管等の感電防止の措置を施し，法肩がある場合は離れた位置に設置する。

③ 作業領域を考慮して設置し，**原則としてアウトリガを最大張出**にする。

④ アウトリガフロートの下には，**広くて十分な強度と安定性のある敷板**を敷き，機体を水平に設置し，タイヤを地上から浮かせる。

⑤ 過負荷防止装置の**アウトリガの設定は，実際の張出幅にセット**する。

作業時の留意事項

① フックブロックを移動式クレーンの固定リングから外す時は，アウトリガを張出してから外す。

② 荷の質量，形状等を確認し，つり荷の質量に適した段掛数のフックブロックを使用する。

③ 荷をつり上げる位置と荷を降ろす位置を比較し，**遠い方を作業半径の基準**にする。

④ 定格総荷重を確認し，作業内容に応じたジブ長さに設定する。

⑤ フックブロックを荷の重心の真上に位置させて巻上げ，地切り後に一端停止し，つり荷や玉掛けの状態を確認する。フック中心の鉛直線とつり荷の重心が一致していない状態で荷を巻上げると，つり荷が揺れて器物の破損や玉掛作業者を負傷させる恐れがある。

⑥ 荷の横引き，ジブの起こし操作による地切り，旋回操作による荷の引き込み等は，ジブの折損や脱索によるワイヤロープの損傷又はつり荷が大きく振れる等の災害を招く恐れがあるため，周囲に人がいなくても**横引き等は決して行ってはならない。**

ジブが破損する！

⑦　粗暴な高速旋回は，つり荷が遠心力でジブポイントより外に振り出されて作業半径が大きくなり，つり荷が重量物の場合は移動式クレーンが転倒する恐れがあるため，**旋回は低速**で行う。

⑧　巻下げの操作を行わずにジブを伸ばし続けると，フックブロックがジブに激突する恐れがあるため，フックブロックの位置に注意する。

⑨　揚程が不足しても，**巻過防止装置の機能を停止させてはならない。**

⑩　つり荷を着床させる時は，低速で巻下げ，床から30cm程度の高さに一端停止し，その後，合図者の合図に従って荷を静かに下す。着床したところで一端停止し，荷の座り具合を確認してからフックを下す。

⑪　移動式クレーンによる玉掛用ワイヤロープの引抜きは，ロープが荷に引っ掛かり，荷崩れを起こす恐れがあるため，移動式クレーンの**巻上操作によって玉掛用ワイヤロープを荷から引抜いてはならない。**

⑫　移動式クレーンの設置面より下につり荷を降ろす時は，最大に巻下げた時にドラムに最低2巻以上のワイヤロープが残るようにする。

⑬　つり荷は，動力降下で降下させる。自由降下（フリーフォール）での降下は，つり荷を落下させる恐れがある。

⑭　移動式クレーンの共つり作業は，危険を伴うため行わないようにする。ただし，やむを得ない場合は，なるべく同じ能力の機体を適切に配置し，巻上げと巻下げのみで作業が完了するようにする。

作業終了時及び走行時の留意事項

①　作業を終了した時は，フックブロックを巻上げておく。

②　移動式クレーンを走行させる時は，**走行する前にP.T.O（動力取出装置）のスイッチをOFF**にする。P.T.Oを入れたまま走行すると，装置を破損させる恐れがある。

③　箱型構造ジブの移動式クレーンを移動させる時は，ジブ，アウトリガ等を**走行姿勢に戻し，ジブが振れないように旋回装置をロック**する。

しまった！
旋回ロックを掛け忘れた

④　クローラクレーンを移動させる時は，フックブロックが振れないように上部に巻上げ，旋回装置をロックし，ジブを30°～70°程度に保持し，起動軸側（走行モータ）を後方，遊動軸側を前方にする。また，方向転換は緩やかに行い，障害物や電線にジブ等を接触させないようにする。

⑤　移動式クレーンは，ジブによって視界が悪いため，見通しの良くない所では十分に歩行者や他の車両等に注意して徐行する。

⑥　ガード下等の地上高さが制限されている場所を通過する時は，制限高さに注意し，ジブ等を接触させないように徐行する。

⑦　フットブレーキの使い過ぎは，ブレーキディスクが加熱し，ブレーキの効きが悪くなる。坂道を下る際は，エンジンブレーキとエキゾーストブレーキを併用するなどして安全な速度で下る。また，降坂時のエンジンの過回転に注意し，破損の警告を発するオーバーランの警報が鳴った時は直ちに減速してエンジンの回転を下げる。

9-5　クローラクレーンの積下ろし

　クローラクレーンをトレーラー等に積下ろしする時は，原則として水平堅土な場所を選び，立入禁止の措置を施し，作業指揮者を定めて作業を行います。クローラクレーンを自走で輸送用トレーラーに積む場合は，荷台後部に専用の登坂用具が装備されているものを使用し，トレーラーにはパーキングブレーキを掛け，タイヤに歯止めをします。トレーラーの荷台の中心線にクローラクレーンの中心を合せ，履帯中心線と登坂用具の中心線を一致させます。クローラクレーンの上部旋回体が旋回しないようにロックし，途中での方向転換は行わず，低速で一気に登坂用具を登り，登りつめて履帯前部を着地させる時は静かに着地させます。積込んだ後は，輸送中に機体が動かないように履帯前後を歯止めしてワイヤロープ等で固定します。

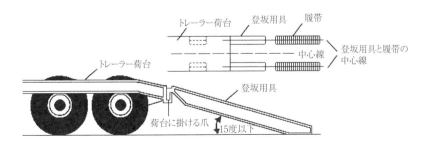

121

学科試験の実力を体感！　本試験によくでる問題

よくでる問題　48

移動式クレーンの設置時の留意事項として，適切でないものはどれか。

(1)　設置する地盤の強度を確認し，地盤が軟弱な場合は養生する。

(2)　アウトリガは，原則として，すべてを最大張出にする。

(3)　移動式クレーンの機体が1度傾斜すると，10％程度の性能の低下を招くため，機体は水平に設置する。

(4)　荷をつり上げる位置と降ろす位置を比較し，機体に近い方を作業半径の基準にする。

(5)　過負荷防止装置のアウトリガ張出幅を手動入力するものについては，実際の張出幅に設定する。

 解説

　荷をつり上げる位置と降ろす位置を比較し，機体から遠い位置を作業半径の基準にし，定格総荷重を超えないようにします。

よくでる問題　49

作業地盤の敷鉄板に関する説明として，誤っているものはどれか。

(1)　敷鉄板は，隙間がないように整然と敷く。

(2)　敷鉄板の広さは，アウトリガフロートと同じ広さにする。

(3)　敷板に使用する鉄板は，22mm以上の厚さのものを使用する。

(4)　鉄板をシングル敷きする時は，鉄板の長手方向が走行方向に直角に交わるように敷く。

(5)　鉄板をダブル敷きする時は，下部の鉄板と上部の鉄板が直角に交わるように敷く。

　敷鉄板は，アウトリガに掛かる荷重を分散させるため，アウトリガフロートよりも十分な広さと厚みのあるものを使用します。

よくでる問題 50

移動式クレーンの走行時の留意事項として，誤っているものはどれか。

(1) 移動式クレーンは，走行する前にP・T・OをOFF（断）にする。

(2) 坂道を下る場合は，エンジンブレーキとエキゾーストブレーキを併用して安全な速度で下る。

(3) 箱形構造ジブの移動式クレーンを移動させる時は，ジブを30°〜70°程度に保持し，フックブロックを上部に巻上げ，旋回装置をロックする。

(4) 地上高さが制限されているガード下を通行する時は，制限高さに注意し，ジブ等が接触しないように徐行する。

(5) ジブによって視界が良くないため，見通しの悪い所では十分に歩行者や他の車両等に注意して徐行する。

箱形構造ジブの移動式クレーンは，ジブ，アウトリガ等を走行姿勢に戻し，旋回装置をロックして移動します。

よくでる問題 51

下文中の〔　〕内のA及びBに当てはまる用語又は数値の組合せとして，正しいものはどれか。

「アウトリガを有する移動式クレーンで荷をつり上げてジブを旋回させると，ジブの向いた側のフロートに掛かる〔　A　〕は，全装備質量と実際につり上げた荷の質量の合計の〔　B　〕に相当する力になる。」

	A	B
(1)	最大の荷重	1.2倍
(2)	平均の荷重	1.2倍
(3)	定格総荷重	1.2倍
(4)	平均の荷重	70〜80%
(5)	最大の荷重	70〜80%

ジブの向いた側のフロートに掛かる〔最大の荷重〕は，全装備質量と実際につり上げた荷の質量の合計の〔70〜80%〕に相当する力になる。

第1編 移動式クレーンに関する知識

よくでる問題　52

　つり荷走行の留意点として，誤っているものはどれか。

(1)　軟弱な箇所や凸凹している場合は，これを避けずに直進する。

(2)　つり荷の質量は，過負荷にならない荷重にする。

(3)　荷は低くして振れないようにし，旋回ロックを掛ける。

(4)　できるだけ低速で走行する。

(5)　アウトリガを有するものは，アウトリガを張出し，アウトリガフロートは地上から少し上げて走行する。

　地盤が軟弱な場合や傾斜又は凸凹がある場合は，つり荷走行を中止します。

よくでる問題　53

　クローラクレーンを自走によってトレーラーに積込む時の留意事項として，誤っているものはどれか。

(1)　専用の登坂用具を使用する。

(2)　積込むクローラクレーンの上部旋回体の旋回ロックを解除する。

(3)　作業の方法や作業手順を作業者全員に周知し，作業指揮者を定めて立入禁止措置を施し，作業指揮者の直接の指揮の下で作業を行う。

(4)　トレーラーの荷台の中心線に積込むクローラクレーンの中心を合せ，登坂用具は履帯の中心線と一致させる。

(5)　履帯前部が浮いて荷台に着地させる時は，静かに着地させる。

　クローラクレーンを積込む時は，上部旋回体をロックします。

正　解

【問題48】　(4)　【問題49】　(2)　【問題50】　(3)　【問題51】　(5)　【問題52】　(1)
【問題53】　(2)

第 2 編
原動機及び電気に関する知識

1 移動式クレーンの原動機

チャレンジ問題

ディーゼルエンジンの装置として，使用されないものはどれか。

(1)　バッテリ
(2)　オルタネータ
(3)　グロープラグ
(4)　スパークプラグ
(5)　スターティングモータ

■ 解答と解説 ■

　ディーゼルエンジンは，自己着火によって燃料を燃焼させるため，電気的な火花によって燃料に着火させるスパークプラグは必要ありません。

正解　(4)

これだけ重要ポイント

ディーゼルエンジンの作動について学習しましょう。ピストンのストロークを理解することにより，エンジンの作動を具体的にイメージすることができます。

　燃料による燃焼エネルギー，蒸気による熱エネルギー，電気による電気エネルギー等を機械的エネルギーに変える装置を原動機といい，その種類には内燃機関，油圧装置，蒸気機関，電動機等があります。油圧装置は，一次原動機である内燃機関のエネルギーを油圧に変換し，そのエネルギーを更に機械力に変えることから二次原動機と呼ばれています。移動式クレーンには，主に内燃機関と油圧装置が用いられ，それ以外のクレーンには三相誘導電動機等が用いられています。以前は蒸気機関が鉄道クレーンに使用されていましたが，蒸気機関の効率は悪いため，現在はほとんど使用されていません。

1-1　内燃機関

　内燃機関は，軽油等の燃料を機械的エネルギーに変える装置で，ディーゼルエンジンとガソリンエンジンがあります。ガソリンエンジンは，スパークプラグの電気火花によって混合気を着火させる方式です。**ディーゼルエンジンは**，エンジンシリンダに軽油等の燃料を噴射し，**自己点火させる方式**です。移動式クレーンには，熱効率が良く，燃料経費の安い**直接噴射式ディーゼルエンジン**が多く使用されています。

種　類　　　　　　　項　目	ディーゼルエンジン	ガソリンエンジン
燃料の種類	軽油，重油	ガソリン
着火方式	**空気圧縮による自己着火**	**電気火花による着火**
エンジン質量（馬力当り）	大きい	小さい
エンジン価格（馬力当り）	高い	安い
熱効率	良い（30〜40％）	悪い（22〜28％）
運転経費	安い	高い
火災による危険度	小さい	大きい
騒音・振動	大きい	小さい
冬期の始動性	やや悪い	良い

―エンジンのストローク（行程）―

　エンジンの1行程とは，ピストンが下死点（最下降の位置）から上死点（最上昇の位置）に上昇又は上死点から下死点に下降することをいいます。したがって，ピストンが下死点から上昇して再び下死点に戻る1往復を2行程といい，ピストンが2往復することを4行程といいます。

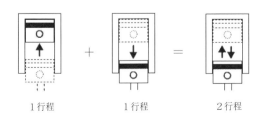

|　　　1行程　　　　　　　1行程　　　　　　　2行程|

1-2　2サイクルディーゼルエンジン

　2サイクルディーゼルエンジンは，吸入，圧縮，燃焼，排気の1循環をピストンの2行程で行うもので，**クランク軸が1回転するうちに1回の動力を発生**します。ピストンが上昇すると吸入口が閉じ，上死点までピストンが上昇して空気を圧縮します。圧縮によって高温となった空気に燃料を噴射すると，自己着火により燃料が燃焼してピストンが下降します。ピストンが下降すると吸入口が開き，過給機によって強制的にシリンダ内に新鮮な空気が送り込まれ，これと同時に燃焼したガスを外に押出して掃気や排気が行われます。

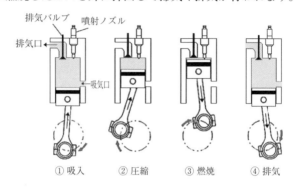

① 吸入　　② 圧縮　　③ 燃焼　　④ 排気

1-3　4サイクルディーゼルエンジン

　4サイクルディーゼルエンジンは，**吸入，圧縮，燃焼，排気の1循環をピストンの4行程で行うもので，クランク軸が2回転し，カム軸が1回転するうちに1回の動力を発生**します。ディーゼルエンジンは，空気の体積が1／20前後に圧縮され，600度以上の高温に達します。その燃焼室に100気圧以上の燃料を燃料噴射ポンプで噴射すると，自己着火によって燃焼（爆発）します。

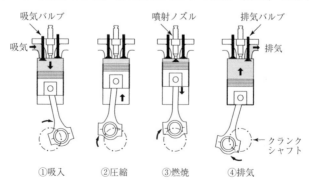

①吸入　　②圧縮　　③燃焼　　④排気

1-4　ガソリンエンジンの装置

　ガソリンエンジンには，次のような装置が用いられています。

キャブレタ

　キャブレタは，ガソリンと空気を混合し，ガソリンエンジンのシリンダに混合気を供給する装置です。ディーゼルエンジンは，圧縮されて高温となった空気に燃料を噴射するため，キャブレタは用いられません。

● 低速

● 高速

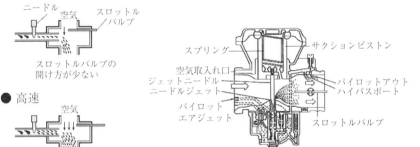

スパークプラグ

　ガソリンエンジンは，圧縮された混合気をスパークプラグによって着火して燃焼させています。スパークプラグは，シリンダの燃焼室に高電圧の火花を放電する装置です。ディーゼルエンジンは，自己着火によって燃料が燃焼するため，スパークプラグは必要ありません。

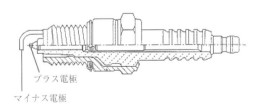

学科試験の実力を体感！　本試験によくでる問題

よくでる問題　54

　ガソリンエンジンと比べた場合のディーゼルエンジンの特徴として，誤っているものはどれか。
(1)　騒音や振動が大きい。
(2)　運転経費が高い。
(3)　熱効率が良い。
(4)　冬期の始動性がやや悪い。
(5)　馬力当たりのエンジン質量が大きい。

　ディーゼルエンジンは，ガソリンエンジンと比べて運転経費が安い。

よくでる問題　55

　ディーゼルエンジンに関する説明として，誤っているものはどれか。
(1)　ディーゼルエンジンには，2サイクルと4サイクルのエンジンがある。
(2)　ディーゼルエンジンには，キャブレタは取付けられていない。
(3)　ディーゼルエンジンは，高温高圧の空気の中に燃料を噴射して燃焼する。
(4)　2サイクルエンジンは，吸入，圧縮，燃焼，排気の1循環をピストンの2行程で行う。
(5)　2サイクルエンジンは，クランク軸が2往復するごとに1回の動力を発生する。

　2サイクルエンジンは，クランク軸が1往復するごとに1回の動力を発生します。

よくでる問題　56

4サイクルディーゼルエンジンの作動順序として，正しいものはどれか。

(1)　吸　入 → 圧　縮 → 燃　焼 → 排　気
(2)　吸　入 → 圧　縮 → 排　気 → 燃　焼
(3)　吸　入 → 排　気 → 圧　縮 → 燃　焼
(4)　吸　入 → 燃　焼 → 圧　縮 → 排　気
(5)　排　気 → 圧　縮 → 燃　焼 → 吸　入

  解説

4サイクルディーゼルエンジンは，吸入，圧縮，燃焼，排気の1循環をピストンの4行程で行っています。

よくでる問題　57

下文中の［　　］のA〜Cに該当する数字として，正しいものはどれか。
「4サイクルディーゼルエンジンは，クランク軸が［　A　］回転し，カム軸が［　B　］回転するうちに［　C　］回の動力を発生する。」

	A	B	C
(1)	4	1	1
(2)	4	2	2
(3)	2	1	1
(4)	2	2	2
(5)	1	3	3

 解説

4サイクルディーゼルエンジンは，クランク軸が［2］回転し，カム軸が［1］回転するうちに［1］回の動力を発生する。

正　解

【問題54】(2)　【問題55】(5)　【問題56】(1)　【問題57】(3)

2 エンジンの補機，装置等

チャレンジ問題

ディーゼルエンジンに関する説明として，誤っているものはどれか。

(1) 過給器は，シリンダ内に燃料を強制的に送り込む装置である。

(2) エンジンには，２サイクルと４サイクルのエンジンがある。

(3) ディーゼルエンジンは，高温高圧の空気の中に軽油等の燃料を噴射して燃焼させる。

(4) ディーゼルエンジンには，燃料を噴射する噴射ポンプ及び噴射ノズルが取付けられている。

(5) エアクリーナは，エンジンの燃焼に必要な空気をシリンダに吸い込む時，塵埃を吸い込まないようにろ過する装置である。

■ 解答と解説 ■

過給器は，エンジンの出力を増加又は掃気を行うため，圧力の高い空気をシリンダ内に強制的に送り込む装置です。

正解　(1)

これだけ重要ポイント

ディーゼルエンジンの補機，装置のそれぞれの役割について詳しく学習しましょう。太字で書かれている箇所を重点的に学習し，理解を深めてください。

ディーゼルエンジンは，密閉されたシリンダ内のピストンの往復運動で生じた力をコネクチングロッド，クランク軸によって回転運動に変えるものです。ディーゼルエンジンは，エンジン本体の他に過給器，タイミングギヤ，クランクシャフト，フライホイール，吸気装置，燃料装置，排気装置，潤滑装置，冷却装置，電気装置等で構成されています。

2-1 過給器

　過給器は, 4サイクルエンジンではエンジンの出力を増加させるため, 2サイクルエンジンではシリンダ内の掃気を行うため, 圧力の高い空気を強制的にシリンダ内に送り込む装置です。

　過給器を駆動させる方法には, 排気の圧力でタービンを回転させる方法と, エンジンのクランクシャフトから動力を得る方法があります。

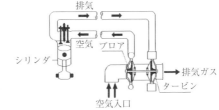

2-2 タイミングギヤ

　ディーゼルエンジンのシリンダへの空気の吸込みと燃焼ガスの排出は, 各工程が必要とする時期にバルブを開閉させる必要があります。吸入バルブと排気バルブを開閉する時期は, カム軸とクランク軸の間に組込まれたギヤの噛み合いによって決まります。これらのギヤをタイミングギヤといい, カムシャフトギヤを中心にして, アイドルギヤを介してクランクシャフトギヤとポンプギヤが噛み合っています。タイミングギヤによってクランク軸の回転をカム軸に伝え, 各カムの突起部分がそれぞれのプッシュロッドを押し, 開閉時期にバネの力によって閉じている吸, 排気バルブを開閉する構造です。また, 噴射ポンプの噴射時期もタイミングギヤによって制御しています。

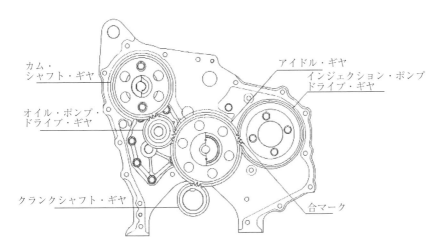

2-3　フライホイール

　フライホイールは，**クランク軸の後端部に取付けられている円盤状の回転体**で，いつまでも回り続けようとする慣性力を利用してクランクシャフトの回る勢いを保ち，回転むらを小さくするはずみ車としての役目を果たしています。ディーゼルエンジンでは，**燃焼行程のエネルギを一時的に蓄え，クランク軸を円滑に回転させる**ために用いられています。エンジンを始動する時は，スタータのピニオンをフライホイールのリングギヤに噛ませ，クランクシャフトを回転させています。

　フライホイールが取付けられているクランクシャフトは，ピストンの往復運動を回転運動に変える軸で，ピストンとクランクシャフトをコンロッドによって繋いでいます。

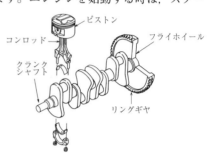

2-4　吸気装置

　エンジンの燃焼に必要な空気は，エアクリーナ，吸気バルブを通ってエンジンシリンダに流れます。

エアクリーナ

　エアクリーナは，エンジンの燃焼に必要な空気をシリンダに吸い込む時，**塵埃等を吸い込まないようにごみや埃をろ過する装置**です。

吸気バルブ

　吸気バルブは，**空気の吸入を行うためのバルブ**で，シリンダヘッドに設けられています。吸気バルブは，バネの力で常に閉じており，タイミングギヤによる開閉時期にカムがバルブを押し，バルブが開いて空気が吸入されます。

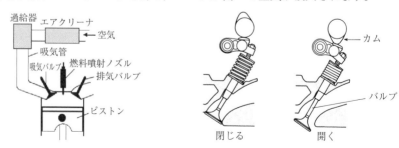

2-5　燃料供給装置

　ディーゼルエンジンは，燃料タンクから燃料供給ポンプ，燃料フィルタ，燃料噴射ポンプ，燃料噴射ノズルの順で燃料が流れます。

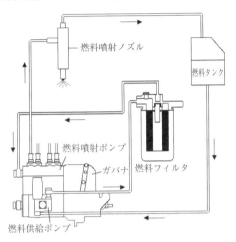

燃料フィルタ

　燃料フィルタは，燃料に混入している塵埃や水分をろ過するもので，これにより燃料噴射ポンプや燃料噴射ノズルの不具合の発生を防いでいます。なお，燃料フィルタは定期的に交換する必要があります。

ガバナ

　燃料噴射ポンプに組込まれているガバナは，負荷に応じて燃料の噴射量を加減して回転速度を自動的に調整する装置です。

燃料噴射ポンプ

　燃料噴射ポンプは，ガバナによって調整された高圧燃料を燃料噴射ノズルに送る装置です。なお，エンジンを停止させる方法には，燃料の供給を停止させる方法や空気の吸込みを停止させる方法がありますが，一般的には燃料噴射ポンプへの燃料の供給をカットしてエンジンを停止させる方法が多く用いられています。

燃料噴射ノズル

　燃料噴射ノズルは，燃料噴射ポンプから送られた高圧の燃料を細かな霧状にして燃焼室へ噴射する装置です。

2-6　潤滑装置

　潤滑装置は，クランクケース下部のオイルパンに蓄えられた潤滑油をオイルポンプで吸い上げて各潤滑部に循環させ，エンジンシリンダ壁，ピストンリング，軸受等に**潤滑油を与えて磨耗や焼付きを防止する装置**です。潤滑装置には，潤滑油に含まれるごみや異物を取除くオイルフィルタや，潤滑油の温度の上昇を防ぐオイルクーラー等が設けられています。潤滑油の量は，オイルレベルゲージによって定期的に点検し，必要に応じてエンジンオイルを補充又は交換します。エンジンを駆動した後に油量を点検する場合は，エンジン停止後，30分以上経過してから点検を行う必要があります。

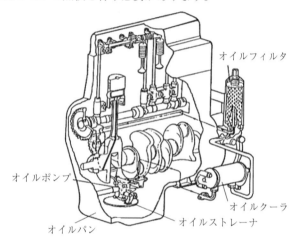

オイルフィルタ

オイルポンプ

オイルクーラ

オイルパン　　　　　　　　オイルストレーナ

潤滑油

　エンジン各部の金属が触れ合って回転運動や往復運動を繰返すと，金属が擦れて磨耗や高温による焼付きを起こします。潤滑油（エンジンオイル）には，ミクロン単位の油膜を作り，金属同士が直接触れないようにする潤滑作用等があります。

―潤滑油の作用―
①　潤滑作用（磨耗及び焼付き防止）
②　冷却作用
③　清浄作用
④　密封作用
⑤　腐蝕防止作用

2-7　冷却装置

　エンジンは，シリンダ内で燃焼が繰返されるために高温になります。冷却装置は，**燃焼によって高温になったエンジンのシリンダを冷却する装置**で，**水冷式と空冷式**があります。水冷式の冷却装置は，エンジンにウォータジャケットを設け，この水路にウォータポンプによってラジエータの冷却水を通し，エンジンを冷却した後の冷却水はサーモスタット，ラジエータに循環させる方式です。なお，シリンダの外側に空気に触れる面積を大きくした冷却ヒレを設け，これに風を受けて放熱するものを空冷式といいます。

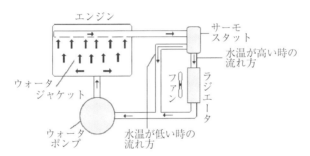

ウォータジャケット

　ウォータジャケットは，エンジンのシリンダヘッド等を通る**冷却水の水路**で，空気溜りがないように設計されています。

ウォータポンプ

　ウォータポンプは，冷却装置内を流れる**冷却水を循環させる装置**で，ファンベルトの動力によって羽根を回転させて水流を作っています。

サーモスタット

　サーモスタットは，冷却装置の中を流れる冷却水の温度を見極め，冷却水を冷却装置に循環させる又は冷却水をラジエータにそのまま流す等のコントロールをしているバルブです。

ラジエータ

　ラジエータは，放熱体のラジエータコア，冷却水を蓄えるタンク，ラジエータに風を送る冷却ファン等で構成された熱交換器で，高温となった冷却水を冷却するものです。冷却水が不足している場合は，やむを得ない場合を除き，水道水ではなく，水と凍結防止剤等を配合した冷却液を補給します。

2-8　エンジンの電装品

ディーゼルエンジンは，スパークプラグを必要としないため，一度始動すれば電気がなくてもエンジンは動き続けることができます。したがって，エンジンの主要な電装品は，始動のために用いられています。

バッテリ

バッテリは，電気を蓄える充電作用と蓄えた電気を放出する放電作用を化学反応によって起こす**蓄電池**で，**スターティングモータや始動補助装置等の電源**として使用されています。

オルタネータ

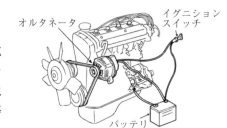

オルタネータ（交流式直流出力発電機）は，エンジンの回転をファンベルトで受けて駆動し，**直流の電気を発生**させるもので，**内蔵したダイオード等の整流器で直流に整流**されます。

レギュレータ

エンジンの回転が上がると，これに比例してオルタネータの発電電圧が高くなります。レギュレータ（電圧調整器）は，**発電電圧を制御して各電気装置に適正電力を供給**するもので，オルタネータに組込まれています。

スターティングモータ

スターティングモータ（スタータ）は，**回転軸にピニオンを備えています。**スタータのスイッチを入れるとモータが回転し，それと同時にマグネットスイッチの働きによってピニオンが飛び出してフライホイールのリングギヤに噛み合い，**フライホイールを回転させてエンジンを始動**させます。始動が完了すると，ピニオンの噛み合いが外れて元の位置に戻ります。

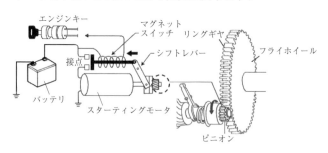

始動補助装置

始動補助装置は，ディーゼルエンジンの**寒冷時の始動を容易にするもの**で，次のような方式があります。

○　グロープラグ

グロープラグは，**保護金属管の中にヒートコイルを組込んだもの**で，これに電流を流して**燃焼室を温める**方式です。

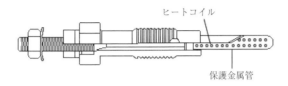

ヒートコイル

保護金属管

○　電熱式エアヒータ

電熱式エアヒータは，直接噴射式ディーゼルエンジンのマニホールド（吸気管）に取付けた**発熱体に電気を流し，吸気を均一に加熱する**方式です。

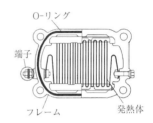

O-リング

端子

フレーム　　　発熱体

2-9　バッテリの取扱い

ディーゼルエンジンは，**ピストンの圧縮力が高く，始動クランキング**（スターティングモータによってクランクシャフトを回転させること。）に著しく**大きなトルク（回転力）を必要とする**ため，**12V を 2 個直列配列にした24V のバッテリ**が多く用いられています。

① バッテリ液の補充

バッテリのセルの中には，電解液の希硫酸（硫酸を水で希釈したもの）が満たされています。バッテリの水分は蒸発するため，液面が上限と下限の間にあることを確認し，不足している場合は蒸留水を補充します。

② バッテリの清掃

バッテリは，埃や汚れを取除いて清潔な状態を保つことで，リーク（電流漏れ）によるバッテリ上がりを生じさせないようにします。

③ バッテリとケーブルの接続

バッテリの接触不良を起こさないようにするため，時折ターミナルを閉め直します。その際は，スパナ等を短絡（ショート）させないように注意しなければなりません。

2-10　エンジンの点検

エンジンの点検には，始動前の点検，アイドリング中の点検，運転中の点検，運転終了後の点検があります。

始動前の点検

エンジンは，始動させる前に次の事項について点検を行います。

① エンジンオイル

油量計（オイルレベルゲージ）でオイルの量を確認し，不足している場合は補充します。

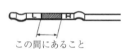

この間にあること

② 冷却水

冷却水がラジエータの給水口の根元まであることを確認します。不足している場合は，エアが混入しないように少量ずつ時間を掛けて補充し，**寒冷時は冷却水に不凍液を入れます**。

給水口

③ ファンベルト

ファンベルトの中間を指で押して張りを点検し，緩んでいる場合は調整します。また，ファンベルトの傷の有無や油の付着等を点検します。

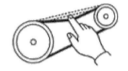

アイドリング中の点検

寒冷時に急激な負荷をエンジンに掛けると，寿命を縮める恐れがあります。エンジンオイルが適温になるまでウォーミングアップを行い，その間に次の事項について点検を行います。

① エンジンの油圧
② 油漏れ（エンジンオイル，燃料）
③ 冷却水の漏れ
④ エンジン音（異音が聞こえる場合は点検）
⑤ 排気の色

エンジンの排気の色によって燃焼状態を確認します。

無色又は薄い青色……完全燃焼

黒　色………………不完全燃焼

白　色………………オイルが燃焼している

運転中の点検

運転中は，運転席の計器によって次の事項について点検を行います。

① エンジンの油圧

　　油圧計（オイルプレッシャゲージ）は，グリーンゾーンが正常です。レッドゾーンを示す場合又は油圧警告ランプが点灯している場合は，エンジンを直ちに停止して点検を行う必要があります。

② 水温計の温度

　　水温計は，エンジンの冷却水の状態を指針によって表示しています。指針が危険温度域を示す場合は，一旦，アイドリング運転を行い，水温を下げてからエンジンを停止して原因を調べる必要があります。

③ バッテリの充放電状態

　　バッテリの充放電状態は，アンメータによって確認します。チャージランプの場合は，点灯すると充電されていないことを示しています。スタータスイッチの「ON」で点灯し，エンジン始動により消灯すれば正常です。

④ エンジンその他の異音

　　いつ頃からどのような異音が発生したのか，どのような時にどこで異音が発生するのか等により，発生原因を突き止めやすくなります。

運転終了後の点検

運転終了後は，次の事項について点検を行います。

① 燃料の補給

　　燃料が不足している場合は，燃料を補給します。寒冷地においては，燃料タンクが一杯になるまで補給すると，タンク内の空気量が少なくなり，空気中に含まれる水分凝固や燃料系統の錆付きを防止することができます。

② エンジンの停止及びエンジンキーの保管

　　エンジンの焼付きを防止するため，アイドリングによって燃焼室の温度を下げてからエンジンを切り，**キーを取外して保管**します。

学科試験の実力を体感！　本試験によくでる問題

よくでる問題　58

ディーゼルエンジンの補機，装置に関する説明として，誤っているものはどれか。

(1) タイミングギヤは，カム軸とクランク軸の間に組込まれたギヤで，エンジンの各行程が必要とする時に吸，排気バルブの開閉を行う。

(2) タイミングギヤは，噴射ポンプの噴射時期を制御している。

(3) ガバナは，負荷に応じて空気の噴射量を加減し，回転速度を自動的に調整するものである。

(4) 冷却装置は，燃焼によって高温になったエンジンシリンダを冷却する装置で，空冷式と水冷式がある。

(5) フライホイールは，燃焼行程のエネルギを一時蓄えてクランク軸の回転を円滑にするもので，クランク軸の後端部に取付けられている。

ガバナは，燃料の噴射量を加減し，負荷の変動による回転速度を調整するものです。

よくでる問題　59

エンジンオイルの作用として，誤っているものはどれか。

(1) 潤滑作用

(2) 燃焼作用

(3) 清浄作用

(4) 密封作用

(5) 腐食防止作用

エンジンオイルには，燃焼作用ではなく，冷却作用があります。

よくでる問題　60

　ディーゼルエンジンの補機，装置に関する説明として，誤っているものはどれか。

(1)　過給器は，シリンダに圧力の高い空気を強制的に送り込む装置である。

(2)　水冷式の冷却装置は，シリンダの外側にジャケットを設け，これに水を通してシリンダを冷却するものである。

(3)　潤滑装置は，軸受，ピストンリング，シリンダ等の摩擦部分に潤滑油を与え，摩擦損失，焼付け等を防止するものである。

(4)　始動補助装置は，エンジンを始動する前に燃焼室又は吸気を暖めて燃料の着火を助けるものである。

(5)　電熱式エアヒータは，保護金属管にヒートコイルを組込み，これに電流を流して副室内を加熱するものである。

　電熱式エアヒータは，直接噴射式ディーゼルエンジンの吸気管に取付けた発熱体に電気を流し，吸気を均一に加熱する方式です。

よくでる問題　61

　ディーゼルエンジンの燃料供給装置として，誤っているものはどれか。

(1)　燃料フィルタは，エンジンの燃焼に必要な空気をシリンダに吸い込む時，塵埃を吸い込まないようにろ過する装置である。

(2)　燃料は，燃料タンクから燃料供給ポンプ，燃料フィルタ，燃料噴射ポンプ，燃料噴射ノズルの順序で流れる。

(3)　燃料噴射ノズルは，噴射ポンプから送られた高圧の燃料を燃焼室内へ霧状に噴射させるものである。

(4)　燃料噴射ポンプは，エンジンの回転数や負荷に応じ，ガバナの作動により噴射量が調整された高圧の燃料を燃焼室に送るものである。

(5)　エンジンを停止させる方法には，燃料噴射ポンプへの燃料の供給をカットする方法が一般的に用いられている。

　燃料フィルタは，燃料に混入している塵埃や水分を除去する装置です。

よくでる問題　62

ディーゼルエンジンの電装品として，誤っているものはどれか。

(1)　オルタネータは，エンジンの回転をファンベルトで受けて駆動し，内蔵された整流器によって直流電流を出力するものである。

(2)　グロープラグは，保護金属管の中にヒートコイルを組込んだもので，これに電流を流して燃焼室を温めるものである。

(3)　スターティングモータは，スタータとも呼ばれ，モータ部とピニオン部で構成されている。

(4)　レギュレータは，発電周波数を制御して各電気装置に適正電圧を供給するものである。

(5)　ディーゼルエンジンは，圧縮力が大きく，始動クランキングのトルクが著しく大きいため，バッテリには24Vが多く用いられている。

 解説

レギュレータ（電圧調整器）は，発電電圧を制御して各電気装置に適正電力を供給する装置です。

よくでる問題　63

エンジンの点検に関する説明として，誤っているものはどれか。

(1)　寒冷時は，冷却水に不凍液を入れる。

(2)　エンジンの始動前にエンジンオイル，冷却水，燃料等を点検する。

(3)　運転中は，油圧，冷却水の温度，充電状況，異音等に気を配る。

(4)　エンジンのスタート後は，エンジンオイルが適温になるまでアイドリングを行う。

(5)　作業が終了した時は，メーンスイッチを切り，いつでも始動できるようにエンジンキーを付けておく。

  解説

作業が終了した時は，メーンスイッチを切り，エンジンキーを取外して保管します。

よくでる問題 64

エンジンのアイドリング中の点検事項として，**不適切な**ものはどれか。

(1) 排気の色

(2) エンジン音

(3) エンジンオイルの量

(4) エンジンの油圧

(5) 冷却水の洩れ

エンジンオイルの量は，エンジンを停止して行う必要があります。

正　解

【問題58】 (3) 【問題59】 (2) 【問題60】 (5) 【問題61】 (1) 【問題62】 (4)

【問題63】 (5) 【問題64】 (3)

3 移動式クレーンの油圧装置

チャレンジ問題

油圧装置に関する説明として，誤っているものはどれか。

(1)　配管が簡単で，作動油の取扱い及び保守が容易である。
(2)　急激な発進，停止，逆転に付きもののショックが比較的小さい。
(3)　高圧になるほど，配管の継ぎ目等からの油漏れが生じやすい。
(4)　油圧装置は，機械式や電気式に比べて装置が小型でシンプルである。
(5)　無段変速や遠隔操作が可能で，リリーフ弁によって装置の破壊を防ぐことができる。

■　解答と解説　■

　作動油を流す管の配管は面倒であり，油漏れやエアの混入に注意する必要があります。

正解　(1)

これだけ重要ポイント

油圧装置の種類及び特徴について詳しく学習しましょう。また，油圧装置の役割と作動についての理解を深め，各油圧装置の長所や短所を把握しましょう。

　油圧装置は，「密封した容器の中の液体は，その容器の形状に関係なく，ある一点に受けた単位面積当りの圧力は，その大きさのままで流体のすべての部分に伝わる。」というパスカルの原理を応用したものです。油圧装置は，二次原動機として優れているため，様々な装置が移動式クレーンに使用されています。ただし，油圧装置には幾つかの欠点があるため，構造や機能について十分に理解した上で取扱う必要があります。ここでは，油圧発生装置や油圧駆動装置について詳しく解説しています。

3-1 油圧装置の原理

　ピストンの面積が1 cm²と10cm²のシリンダ容器を図のように組合せ，ピストンAに10N（ニュートン）の力を加えると，ピストンBには100N の力が伝わります。これは，「**ピストンが伝える力の大きさは，ピストンの面積に比例する。**」ことを表しています。面積比が1 対10であれば10倍の力を得られ，更に力を加えると伝わる力も同じ比率で増大させることができます。なお，ニュートンの単位については，力学の知識において詳しく解説しています。

$$ピストン B に伝わる力＝\frac{ピストン B の面積}{ピストン A の面積}×ピストン A に加える力$$

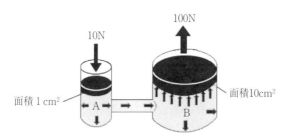

3-2 油圧装置の特徴

　油圧装置には，次のような特徴があります。

○　油圧装置の長所

1．機械式や電気式に比べて，小型で単純構造の装置にできる。
2．力の大きさ，速度，方向を小さな力で容易に操作できる。
3．機械式に比べて振動が少なく，作動がスムーズである。
4．無段変速や遠隔操作ができる。
5．安全弁（リリーフ弁）によって装置の破壊を防ぐことができる。
6．分岐回路を設けることで，作動油を自由に分流できる。
7．油圧機器を自由に配置できる。

○　油圧装置の短所

1．配管が面倒である。
2．ごみや錆びに弱い。
3．作動油の温度によって機械効率が変わる。
4．作動油は可燃性で，油漏れを生じやすい。

3-3　移動式クレーンの油圧回路

　移動式クレーンの基本的な油圧回路は，次の図に示す通りです。エンジンの動力によって油圧ポンプを駆動させると，作動油タンクから吸込まれた作動油が圧油となり，**方向切換弁を経て油圧シリンダ又は油圧モータに導かれ，それぞれ往復又は回転運動に変わります。**駆動後の圧油は，低圧になって作動油タンクに戻ります。

　油圧装置には，リリーフ弁を取付け，油圧が設定以上の圧力を超えると弁が開いて作動油タンクに作動油を逃がし，一定の油圧が得られるように油圧回路を保護しています。また，ジブを倒す時のジブの降下速度が速くなり過ぎないようにジブの起伏シリンダにカウンタバランス弁を取付け，戻りの油量を調整しています。

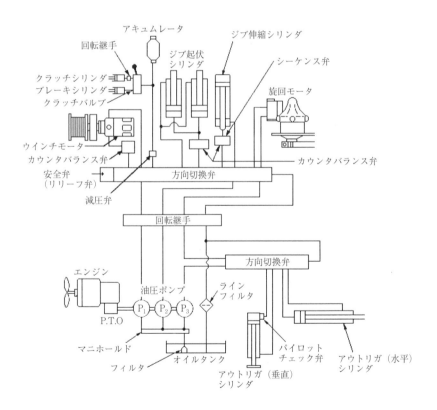

3-4　油圧発生装置

　油圧発生装置（油圧ポンプ）は，移動式クレーンのジブの起伏，伸縮，巻上げ等の動力源として用いられています。油圧ポンプは，エンジンの動力で駆動し，油タンクの作動油を吸込み，加圧した圧油を吐出す装置です。

○　機構による分類

　　歯車ポンプ，プランジャポンプ，ベーンポンプ，ねじポンプ

　　※　ねじポンプは，エンジンの補機として潤滑油ポンプや燃料ポンプに使用されています。

○　機能による分類

　　定容量形ポンプ，可変容量形ポンプ

　　※　定容量形は吐出量が一定で，可変容量形は吐出量を変えられます。

歯車ポンプ

　歯車ポンプ（ギヤポンプ）は，ギヤケース内で2つの歯車が噛み合い，その歯車の回転による吸引力で油を吸込口から取り込んで吐出口へ吐出す単純な構造です。その種類には，歯車の噛み合いの異なる内接式と外接式がありますが，移動式クレーンには**外接式歯車ポンプ**が用いられています。

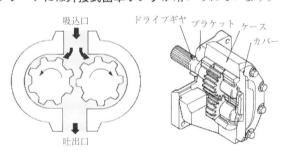

外接式歯車ポンプ

○　歯車ポンプの長所

　1．小型軽量である。

　2．構造が簡単で故障が少なく，保守が容易である。

○　歯車ポンプの短所

　1．高圧又は大容量のものは製作できない。（吐出圧力は，17.5N／mm²程度）

　2．キャビテーション（気泡の発生）等により，騒音や振動を発生することがある。

プランジャポンプ

　プランジャポンプは，**駆動軸の回転でシリンダ内のプランジャ（ピストン）を往復運動させて油の吸込みや吐出しを行うもので，プランジャの配列によりアキシャル形とラジアル形に分類されます。アキシャル形は，回転軸に対してプランジャが同一方向に配列され，**シリンダブロックの中心線と平行にプランジャが往復運動を行うもので，**移動式クレーンにはアキシャル形斜板式のプラ**ンジャポンプが多く使用されています。**ラジアル形は，駆動軸に対してプランジャが放射線状に配列されています。**ポンプが1分間に押し出す作動油の量は，流量又は吐出量といいます。**油圧ポンプ流量は，ポンプ容量（リットル）に1分間のポンプ回転数を掛けてL/minの単位で表す**ことができます。

○　プランジャポンプの構造による分類

$$
プランジャポンプ
\begin{cases}
アキシャル形
\begin{cases}
斜板式（回転斜板式・固定斜板式）\\
斜軸式（コネクチングロッド式）
\end{cases}\\
ラジアル形
\end{cases}
$$

　回転斜板式は，駆動軸と一体の斜板（カムプレート）が回転し，プランジャが斜板から遠ざかったり近づいたりすることでポンプ作用が行われます。固定斜板式は，シリンダブロックと一体の駆動軸が回転します。可変容量形のポンプは，斜板の角度を変えて吐出量を加減できるため，絞り弁や流量調整弁で流量を調整する必要がありません。

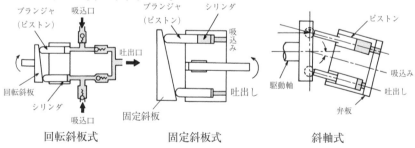

回転斜板式　　　　　　固定斜板式　　　　　　斜軸式

○　プランジャポンプの特徴
　1．大容量の脈動が少ない圧油を得ることができる。
　2．ポンプ効率が良い。（20〜30N/mm^{2}の高圧を容易に得られる。）
　3．**シリンダとプランジャの摺動部が長いため，油漏れが少ない。**
　4．構造が複雑で部品数が多い。

3-5　油圧駆動装置

　油圧駆動装置は，**油圧ポンプから送られた圧油を機械的な運動に変える装置**で，**直線運動を行う油圧シリンダと回転運動を行う油圧モータ**があります。

油圧シリンダ

　油圧シリンダには，単動形，複動形，特殊形等があり，複動形には片ロッド式（油圧シリンダのピストンをロッドという。），両ロッド式，差動式等があります。移動式クレーンのジブの起伏，伸縮，アウトリガの張出しには，一般に**複動形片ロッド式油圧シリンダ**が使用されています。複動形片ロッド式シリンダは，シリンダの両側に作動油の出入口を設け，この出入口に作動油を方向切**換弁によって流入，排出させて往復運動（伸縮運動）を行う構造**です。単動形は，作動油の出入口が1つしかなく，ジブの自重又はスプリングの力でロッドを縮める構造で，小型の移動式クレーンに使用されることがあります。

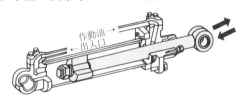

作動油
出入口

油圧モータ

　油圧モータの構造は，油圧ポンプと同じ構造ですが，使用方法が大きく異なっています。油圧発生装置（油圧ポンプ）は，原動機の動力によって駆動軸を回転させて油圧を発生させます。これに対して，油圧モータは**圧油を油圧モータに押し込むことによって駆動軸を回転**させています。

　油圧モータの種類には，歯車モータ，ベーンモータ，プランジャモータ（ピストンモータ）があります。また，プランジャの配列の違いにより**ラジアル形とアキシャル形のプランジャモータ**があります。**移動式クレーンの巻上げや旋回には，一般にプランジャモータ**が使用されています。

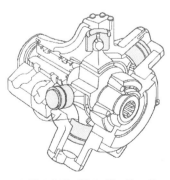

ラジアル形プランジャモータ

学科試験の実力を体感！　本試験によくでる問題

よくでる問題　65

　図のように油で満たされた2つのシリンダが連絡している装置において，直径2cmのピストンAに8Nの力を加えた時，直径5cmのピストンBに加わる力として，正しいものはどれか。

(1)　10N

(2)　20N

(3)　30N

(4)　50N

(5)　60N

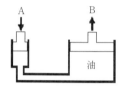

　解説

　A及びBのピストンの面積を「半径×半径×円周率」の式で求めます。

　　ピストンAの面積 = $1 \times 1 \times 3.14 = 3.14 \mathrm{cm}^2$

　　ピストンBの面積 = $2.5 \times 2.5 \times 3.14 = 19.625 \mathrm{cm}^2$

　したがって，ピストンBに伝わる力の大きさは

　　ピストンBに伝わる力 = $\dfrac{19.625}{3.14} \times 8 = 50\mathrm{N}$

よくでる問題　66

　油圧装置に関する説明として，誤っているものはどれか。

(1)　作動油は可燃性で，油漏れを生じやすくごみに弱い。

(2)　作動油の温度によって機械効率が変わる。

(3)　油圧ポンプからの油を分流することで，動力の分配が容易にできる。

(4)　力の向き，大きさ等の力の制御が小さな力で容易に操作できる。

(5)　一定の回転力を出すためには，機械式や電気式に比べて装置が大型で機構が複雑になる。

　　解説

　油圧装置は，機械式や電気式に比べて小型でシンプルな装置にできます。

よくでる問題 67

歯車ポンプの機構，特徴として，誤っているものはどれか。

(1) キャビテーション等により騒音，振動を発生することがある。
(2) プランジャポンプに比べて，小型軽量で構造が簡単である。
(3) プランジャポンプに比べて，大容量で脈動の少ない圧油を得られる。
(4) プランジャポンプに比べて，故障が少なく，保守が容易である。
(5) ケーシング内で噛み合う歯車によって，油を吸込側から吐出側に押し出す機構である。

  解説

歯車ポンプは，高圧又は大容量のものは製作できません。

よくでる問題 68

油圧ポンプに関する説明として，誤っているものはどれか。

(1) 歯車ポンプやプランジャポンプは，移動式クレーンのジブの伸縮，起伏，巻上げ等の油圧駆動装置として用いられる。
(2) 歯車ポンプには，内接形と外接形があり，移動式クレーンには外接形が使用されている。
(3) 油圧ポンプは，エンジンや電動機等により駆動し，作動油タンクから圧油を吐出す装置である。
(4) 油圧ポンプの1分間の流量は，ポンプ容量に1分間のポンプ回転数を掛けて求める。
(5) ねじポンプは，エンジン等の補機として潤滑油ポンプや燃料ポンプに使用されている。

  解説

歯車ポンプやプランジャポンプは，移動式クレーンのジブの伸縮，起伏，巻上げ等の油圧発生装置（動力源）として用いられます。油圧駆動装置には，油圧シリンダやプランジャモータが用いられています。

よくでる問題　69

プランジャポンプの機構，特徴として，誤っているものはどれか。

(1)　プランジャポンプは，歯車ポンプに比べて大形で重い。

(2)　プランジャポンプは，歯車ポンプに比べて構造が複雑で部品数が多い。

(3)　可変容量形のプランジャポンプは，吐出量を加減することができる。

(4)　プランジャポンプは，歯車ポンプに比べて大容量の脈動が少ない圧油が得られる。

(5)　プランジャポンプは，歯車ポンプに比べてポンプ効率が悪く，シリンダとプランジャの摺動部が長いため油漏れが多い。

 解説

　プランジャポンプは，歯車ポンプに比べてポンプ効率が良く，シリンダとプランジャの摺動部が長いため油漏れが少ない。

よくでる問題　70

　下文中の［　　］のA～Cに当てはまる用語として，正しいものはどれか。

　「エンジンによって油圧ポンプが回転すると，タンクからの作動油が圧油となり，［　A　］を経て［　B　］又は［　C　］に導かれ，それぞれ往復又は回転運動に変えられる。」

	A	B	C
(1)	リリーフ弁	油圧モータ	油圧シリンダ
(2)	絞り弁	油圧シリンダ	油圧モータ
(3)	方向切換弁	油圧シリンダ	油圧モータ
(4)	方向切換弁	油圧モータ	油圧シリンダ
(5)	減圧弁	歯車ポンプ	ピストンポンプ

  解説

　エンジンによって油圧ポンプが回転すると，タンクからの作動油が圧油となり，［方向切換弁］を経て［油圧シリンダ］又は［油圧モータ］に導かれ，それぞれ往復又は回転運動に変えられる。

よくでる問題 71

油圧駆動装置に関する説明として，誤っているものはどれか。

(1) プランジャモータには，ラジアル形とアキシャル形がある。

(2) ラジアル形プランジャモータは，プランジャが回転軸と同一方向に配列されている。

(3) 移動式クレーンの巻上げや旋回には，プランジャモータが使用される。

(4) 油圧シリンダには，単動形と複動形があり，複動形には片ロッド式，両ロッド式，差動式がある。

(5) 複動形のシリンダは，シリンダの両側に作動油の出入口を設け，そこに作動油を流入，流出させて往復運動を行わせる。

  解説

ラジアル形プランジャモータは，プランジャ（ピストン）が回転軸に対して直角方向に配列されています。

よくでる問題 72

油圧駆動装置に関する説明として，誤っているものはどれか。

(1) 移動式クレーンには，一般に単動形の油圧シリンダが使用される。

(2) 油圧モータは，圧油を押し込むことで駆動軸を回転させる。

(3) 油圧シリンダは，圧油をピストンによって直線運動に変える装置である。

(4) 油圧モータには，歯車モータ，ベーンモータ，プランジャモータがある。

(5) アキシャル形プランジャモータは，プランジャが回転軸と同一方向に配列されている。

  解説

移動式クレーンは，一般に複動形片ロッド式シリンダが使用されています。

正　解
【問題65】 (4) 【問題66】 (5) 【問題67】 (3) 【問題68】 (1) 【問題69】 (5) 【問題70】 (3) 【問題71】 (2) 【問題72】 (1)

4 移動式クレーンの油圧制御弁

チャレンジ問題

油圧制御弁に関する説明として，誤っているものはどれか。

(1)　絞り弁は，自動的に絞り部の開きを変えて流量の調整を行う。
(2)　リリーフ弁は，油圧回路が設定した圧力以上にならないようにするために用いられる。
(3)　逆止め弁は，所定の圧力に達すると，一方向の流れは自由に通過させるが，逆方向の流れは完全に止めるものである。
(4)　方向切換弁は，油の流れる方向を切換えるもので，油圧シリンダの運動方向又は油圧モータの回転方向を変えるために用いられる。
(5)　パイロットチェック弁は，ある条件の時に逆方向に作動油を流せるようにしたもので，アウトリガ回路破損時の垂直シリンダの縮小防止に用いられる。

■ 解答と解説 ■

絞り弁は，流量調整ハンドルによって絞り部の開きを変えて流量を調整するもので，自動的に絞り部の開きが変わるものではありません。

正解　(1)

これだけ重要ポイント

圧力制御弁，流量制御弁，方向制御弁について学習しましょう。制御弁のスプールの作動を詳しく知る必要はありませんが，使用箇所や役割をしっかりと理解しましょう。

油圧制御弁には，圧力制御弁，流量制御弁，方向制御弁の3つの種類があります。油圧ポンプから送り出された作動油の圧力，流量，方向等を制御するもので，移動式クレーンの油圧回路の多くの箇所に使用されています。

4-1　圧力制御弁

　圧力制御弁は，次の5つに分類することができます。シーケンス弁，カウンタバランス弁，アンロード弁等は，ほぼ同じ構造ですが，使用目的に応じてパイロット圧（弁に働く圧力）又はドレン（油圧を作動油タンクへ逃がす管路）が使い分けられており，制御の仕方によって，それぞれの制御弁に名称が付けられています。

◯　リリーフ弁……油圧回路
　　回路の圧力を一定に保ち，油圧回路を保護する安全弁。

◯　減圧弁……巻上装置のクラッチ回路等
　　回路内の一部の圧力を減圧して低圧にする。

◯　アンロード弁……アキュムレータに使用
　　油圧機器や管の破損防止のため，圧力を低下させずに作動油をタンクに戻す安全弁。

◯　シーケンス弁……ジブの伸縮回路
　　別々に作動する2つの油圧シリンダを順次作動させる。

◯　カウンタバランス弁……ジブの起伏用シリンダ回路
　　シリンダに背圧を与え，荷重によるジブの降下を防止する。

リリーフ弁

　リリーフ弁（安全弁）は，**油圧回路の圧力が設定以上の圧力にならないようにするために設けられた弁で，回路の圧力を一定に保つことで油圧回路を保護し**ています。

　油圧回路の設定圧力は，スプール（油の流れを変える可動体）を押付けているスプリング力の強弱を調整ハンドルによって調整しています。回路の圧力が設定圧力又はそれ以下の時は，スプリング力によってスプールが押付けられて圧力ポート（作動油入口）が閉じられています。油圧が設定圧力を超えた時は，スプリング力よりも高い油圧によってスプールが押上げられて圧力ポートが開き，圧油の一部が戻りポートを通ってタンクに戻るため，設定圧力以上に圧力は上昇しません。

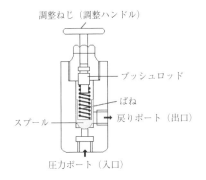

調整ねじ（調整ハンドル）

プッシュロッド

ばね

スプール

戻りポート（出口）

圧力ポート（入口）

減圧弁

　減圧弁は，**油圧回路の一部を他よりも低い圧力で使用**する場合に用いられるもので，移動式クレーンでは**巻上装置のクラッチ回路**に使用されています。

　減圧弁は，スプリング力でスプールが下方に押付けられ，一次側（高圧側）の圧油は減圧されて二次側に流れる構造で，その一部はスプールの孔を通って圧力調整のパイロットスプール（ニードル弁）に作用しています。圧油が減圧弁の設定圧力を超えようとする場合は，パイロットスプールが押されて圧油がドレンポートを通ってタンクに流れます。これにより，スプールが押上げられ，一次側から二次側への圧油の通路の開きが小さくなって減圧されるため，設定圧力を得ることができます。

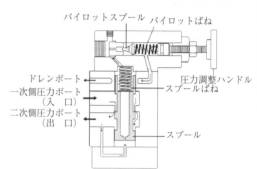

アンロード弁

　アンロード弁は，**油圧回路の圧力が規定値に達した時，この圧力を低下させずにポンプの吐出流量をそのままタンクに戻す弁**で，アンロードリリーフ弁とも呼ばれています。移動式クレーンでは，アキュムレータ（P170参照）に用いられています。

シーケンス弁

　シーケンス弁は，**別々に作動する２つの油圧シリンダの一方の工程が終了した時，もう一方の油圧シリンダを作動させる弁**で，**油圧シリンダを順次制御するジブの伸縮回路**に使用されています。

　一次側の油圧が設定圧又はそれ以下の時は，スプールが押下げられた状態で二次側への油路は閉じられています。油圧シリンダの一方の工程が終了すると，一次側の油圧が設定圧を超えてスプールが押上げられ，二次側の出口が開いて圧油が流れ，もう一方の油圧シリンダを作動させます。

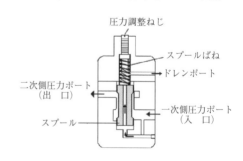

カウンタバランス弁

　カウンタバランス弁（略してカンバラともいう。）は，シリンダの一方向の流れには設定した背圧（流量制限）を与え，逆方向へは自由に流れさせる制御弁で，下げ方向への操作を行う際の自重や荷重によるジブ起伏シリンダの降下速度を一定に保つために用いられています。

　ジブ起伏シリンダに掛かる荷重が大きい場合は，ジブを下降させる速度を制御できなくなります。このため，シリンダの油の戻り側にカウンタバランス弁の一次側を繋いで戻りの油圧を与えてスプールの押上量を加減することで二次側出口への油量を制御し，シリンダの下降速度を一定に保っています。なお，シリンダを上昇させる場合は，圧油は逆止め弁を通って流れます。

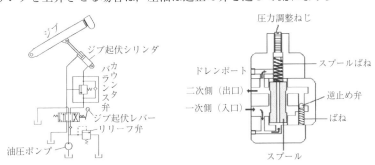

4-2　流量制御弁

　流量制御弁は，流量調整ハンドルの操作によって流路の開きを変えて**流量を調整する絞り弁**で，ストップ弁又は可変絞り弁とも呼ばれています。絞り弁によって流量を小刻みに調整することは難しいため，**油の流れを止める**ことを目的として使用されています。移動式クレーンでは，管路の損傷時の油の流失防止，管路等の交換，作動油タンクの油抜き等の場合に用いられています。

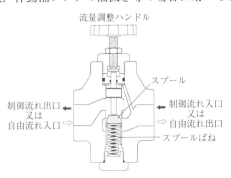

第2編　原動機及び電気に関する知識

4-3　方向制御弁

　方向制御弁は，パイロットチェック弁，方向切換弁，逆止め弁の３つに分類することができます。

パイロットチェック弁

　パイロットチェック弁は，**パイロット圧（油圧）をチェックし，ある条件下の時に逆方向に圧油を流せるようにした弁**で，**アウトリガ回路破損時の垂直シリンダの縮小防止**に使用されています。アウトリガの使用中に管路が破損した場合，圧油が放出されてアウトリガが縮小する事態が発生します。これを防止するため，垂直シリンダの回路にパイロットチェック弁を取付けて圧油の入口側と出口側との圧力差を取り，回路が破損して圧油の差が大きくなると，縮小側の回路を閉じてシリンダの縮小を停止させています。

○　アウトリガの伸長

　アウトリガは，図のAより導かれた圧油がスプール②を押し，BからCに圧油が流れてシリンダを伸長しています。伸長時に回路が破損して油圧がゼロになると，スプール②がスプリング力で左側に押され，BC間の管路が閉鎖されるため，シリンダは縮小しません。

○　アウトリガの縮小

　アウトリガのシリンダを縮小する場合は，圧油をDに導くと共にFからEにパイロット圧を送ります。パイロット圧によりスプール①が押され，その力でスプール②も右側に押されます。これにより，圧油はCからBを通り，Aから作動油タンクに戻るため，シリンダを縮小させることができます。シリンダの縮小時に回路が破損して油圧がゼロになると，スプール①及びスプール②が左側に押されてBC間の管路が閉鎖されるため，シリンダの縮小は生じません。なお，BC間の管路が破損すると，シリンダを保持することができなくなるため，パイロットチェック弁はシリンダ頂部に直接取付けられています。

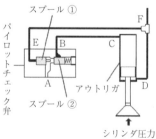

方向切換弁

　方向切換弁は，**油の流れる方向を切換える弁**で，これにより**油圧シリンダの運動方向や油圧モータの回転方向**を切替えています。方向切換弁には，直線形と回転形があり，切換弁のポート数と作動位置の数によって分類されています。また，方向切換弁には，手動式，機械式，油圧パイロット式，電磁式等の操作方式があります。移動式クレーンのアウトリガの張出しには，**直線形ポート3位置切換弁**が多く使用されています。

　次の図の方向切換弁の操作レバーを後に引くと，油圧シリンダの①に作動油が流れてピストンを右に動かします。操作レバーを前に押すと，油圧シリンダの②に作動油が流れてピストンを左に動かします。押された側の圧油は，切換弁を経て作動油タンクに戻ります。また，回路にリリーフ弁を取付け，設定以上の圧力になると弁が開いて作動油タンクに油を逃がし，一定の油圧が得られるように油圧回路を保護しています。

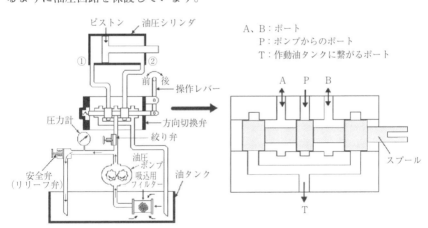

油圧回路及び直線形ポート3位置切換弁

回転形3ポート2位置切換弁

逆止め弁

　逆止め弁（チェック弁）は，配管の連結部の外れ又は油圧ホースの破損等によって**油圧回路の圧力が急激に低下した場合のつり荷の落下，ジブの降下，機体の傾き等を防止**するため，移動式クレーンの油圧回路の各所で単独又は他の弁に組込まれて使用されています。

　逆止め弁は，圧油によってスプールが押されているため，**一次側（入口ポート）から二次側（出口ポート）には圧油が自由に通過**することができますが，二次側から一次側への**逆方向の流れは完全に阻止する**働きがあります。つまり，リリーフ弁とは逆の働きを行うものが逆止め弁です。リリーフ弁は，通常時には入口ポートから出口ポートまでが常時閉じられており，設定圧力を超えると瞬時に開く構造です。逆止め弁は，通常時には入口ポートから出口ポートまでが常時開いていますが，圧力が低下すると閉じる構造です。

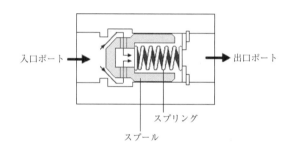

入口ポート　　　　　　　　　　　　　　　　　　出口ポート

スプリング

スプール

学科試験の実力を体感！ 本試験によくでる問題

よくでる問題 73

移動式クレーンの方向制御弁として，用いられているものはどれか。

(1) 絞り弁

(2) 減圧弁

(3) リリーフ弁

(4) シーケンス弁

(5) パイロットチェック弁

  解説

移動式クレーンの方向制御弁には，パイロットチェック弁，方向切換弁，逆止め弁があります。

よくでる問題 74

次の文中の [　] 内の A～C の用語の組合せとして，正しいものはどれか。

「移動式クレーンの油圧制御弁を機能別に分類すると，圧力制御弁，流量制御弁，方向制御弁の 3 種がある。圧力制御弁には [　A　] があり，流量制御弁には [　B　] があり，方向制御弁には [　C　] がある。」

	A	B	C
(1)	アンロード弁	減圧弁	方向切換弁
(2)	減圧弁	絞り弁	リリーフ弁
(3)	逆止め弁	リリーフ弁	シーケンス弁
(4)	リリーフ弁	絞り弁	逆止め弁
(5)	シーケンス弁	逆止め弁	アンロード弁

  解説

移動式クレーンの油圧制御弁を機能別に分類すると，圧力制御弁，流量制御弁，方向制御弁の 3 種がある。圧力制御弁には ［リリーフ弁］ があり，流量制御弁には ［絞り弁］ があり，方向制御弁には ［逆止め弁］ がある。

よくでる問題 75

油圧制御弁に関する説明として，**誤っているもの**はどれか。

(1)　リリーフ弁は，油圧回路が設定した圧力以下にならないようにするために用いられる。

(2)　シーケンス弁は，別々に作動する2つの油圧シリンダを順次に制御するために用いられる。

(3)　カウンタバランス弁は，一方向の流れには設定された背圧を与えて流量を制限し，逆方向へは自由に流れさせる制御弁である。

(4)　絞り弁は，ハンドル操作により絞り部の開きを変えて流量の調整を行うものである。

(5)　減圧弁は，油圧回路の一部を低い圧力で使用する場合に用いられる。

 解説

リリーフ弁は，油圧回路の油圧が設定した圧力以上にならないようにするために用いられています。

よくでる問題 76

油圧制御弁に関する説明として，**誤っているもの**はどれか。

(1)　絞り弁は，油タンクの油抜き等に用いられる。

(2)　カウンタバランス弁は，起伏シリンダの回路に用いられる。

(3)　アキュムレータが規定の圧力に達した時，油圧ポンプの圧油をそのまま油タンクに逃がし，エンジンの負荷を軽減するためにパイロットチェック弁が用いられる。

(4)　移動式クレーンの方向切換弁には，直線形ポート3位置切換弁が多く用いられている。

(5)　逆止め弁は，配管の連結部の外れ又は油圧ホースの破損等によって油圧回路の圧力が急激に低下した場合のつり荷の落下，ジブの降下，機体の傾き等を防止するために用いられる。

  解説

アキュムレータには，アンロード弁が用いられています。

よくでる問題 77

各制御弁に関する A〜E の記述のうち，正しい組合せはどれか。

A 絞り弁は，自動的に絞り部の開きが変わり，流量及び油圧の調整を行う弁である。

B シーケンス弁は，別々に作動する 2 つの油圧シリンダを順次に制御する場合に用いられる弁である。

C カウンタバランス弁は，一方向の流れには設定された背圧を与え，逆方向には自由に流れさせる弁である。

D 減圧弁は，油圧回路の一部を他よりも高い圧力で使用する場合に用いる弁である。

E リリーフ弁は，油圧回路が設定した圧力以下にならないように防止する制御弁である。

(1) A・B
(2) B・C
(3) C・D
(4) D・E
(5) E・A

AからEまでの選択肢のうち，シーケンス弁とカウンタバランス弁についての記述は正しいといえます。絞り弁は，絞り部の開きを自動的に変える機能は有していません。減圧弁は，油圧回路の一部を他よりも低い圧力で使用する場合に用いられます。リリーフ弁は，油圧回路が設定した圧力以上にならないように設けられた弁で，これにより油圧回路を保護しています。

第2編 原動機及び電気に関する知識

5 油圧装置の付属機器

チャレンジ問題

油圧装置の付属機器に関する説明として，誤っているものはどれか。

(1) 作動油タンクは，作動油を貯めておくもので，作動油を浄化するための付属品を備えている。
(2) オイルクーラーは，作動油の油温を110〜120℃以下に冷却するために用いられる。
(3) 圧力計は，油圧回路内の圧力を計る計器で，一般にブルドン管式圧力計が用いられる。
(4) 吸込用フィルタには，金網式とノッチワイヤ式のエレメントの他にマグネットを内蔵して鉄粉を吸引させる方式がある。
(5) ラインフィルタは，圧力管路用と戻り管路用があり，ノッチワイヤ，ろ過紙，焼結合金等のエレメントが用いられる。

■ 解答と解説 ■

作動油の油温が55〜60℃以上になると，油圧装置に様々な障害が生じるため，クーラーによって作動油の油温を強制的に冷却しています。

正解　(2)

これだけ重要ポイント

作動油タンクの付属品，圧力計等について詳しく学習しましょう。フィルタの種類，ゲージ圧力と絶対圧力，アキュムレータの役割を確実にマスターしましょう。

移動式クレーンの油圧装置には，作動油タンク，オイルクーラー，圧力計，アキュムレータ等の付属機器が用いられています。また，作動油タンクには，作動油を清浄に保つためにフィルタが取付けられています。

5-1 作動油タンク

　作動油タンクは，**作動油を貯蔵して油圧回路に油を供給する容器**です。作動油タンクには，油面計，エアブリーザ，フィルタ等の付属品が取付けられ，エアブリーザ以外には空気が出入りできないように接合面をパッキンやガスケット等を用いて気密性を高めています。また，吸込フィルタと戻しパイプが接近していると，戻ってきた作動油がタンク内を循環することなく油圧回路にそのまま送り出されるため，タンク内に隔板が設けられています。

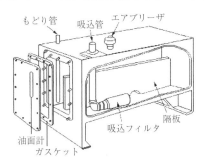

油面計

　作動油タンクの側面には，**タンク内の作動油の量を点検**できる油面計が取付けられています。作動油の油量は，移動式クレーンを走行状態（全縮状態）にし，油面計の上限（H）と下限（L）の間に油面があることを確認します。ジブやアウトリガを張出している場合は，作動油の油量を正しく測ることができません。

エアブリーザ

　エアブリーザは，作動油タンクの上部に取付けられ，タンク内の油面の上下に伴って**タンク内に進入する空気をろ過**し，作動油にゴミ等が入らないようにするもので，エアろ過エレメントを備えています。また，エアブリーザは作動油の注油口としても使用されています。

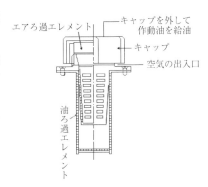

フィルタ

　フィルタは，油圧回路を流れる**作動油をろ過して**ごみ等の異物を取除いて油圧装置を保護するもので，ポンプ吸込側に取付ける吸込用フィルタとポンプ吐出側に取付けるラインフィルタがあります。

○　吸込用フィルタ

　　ポンプ吸込側に取付ける吸込用フィルタには，目の細かい金網を用いた金網式，ステンレスやメタルを円筒に巻きつけたノッチワイヤ式，マグネットを内蔵して金属粉を吸着させる方式のエレメント等が用いられています。ノッチワイヤ式は，ステンレス等の極細の金属糸を凹凸（ノッチ）に成型し，その隙間でろ過を行うろ過材です。

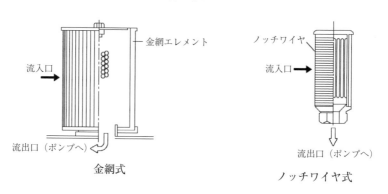

金網式　　　　　　　　　　　　ノッチワイヤ式

○　ラインフィルタ（管路用フィルタ）

　　ラインフィルタには，**圧力管路用フィルタ**と**戻り管路用フィルタ**があり，ろ過紙，ノッチワイヤ，焼結合金等のエレメントが用いられています。

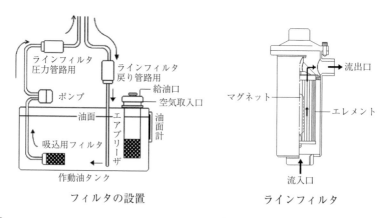

フィルタの設置　　　　　　　　　ラインフィルタ

5-2　オイルクーラー

　作動油の油温は，一般に55℃〜60℃が適正温度です。油温が55℃〜60℃を超えると，粘度が低下してポンプ効率の低下や油の劣化等の様々な障害を招きます。オイルクーラーは，油圧回路を流れて高温となった**作動油を強制的に冷却する装置**です。

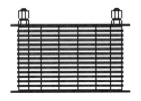

5-3　圧力計

　圧力計は，**油圧回路内の圧力を計る計器**で，ゲージ圧力計である**ブルドン管式圧力計**が広く用いられています。圧力には，ゲージ圧力と絶対圧力があり，**大気圧を「0 N/mm²」とした圧力をゲージ圧力**といい，**真空を「0 N/mm²」とした圧力を絶対圧力**といいます。

　気体である空気には，質量があります。地球上では，質量があるものは重力の影響を受けます。大気は，重力によって大地に引き寄せられて地表を押す力となりますが，これを大気圧といいます。ゲージ圧力計が 5 N/mm² を示している時，大気圧が 0.1N/mm² の場合の絶対圧力は 5.1N/mm² になります。

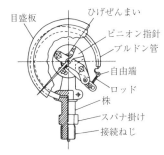

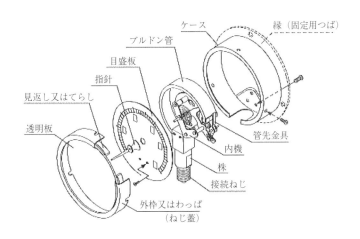

5-4　アキュムレータ

　アキュムレータは，密閉されたシェル内をブラダによって窒素ガスを封入する室と油室の2つ分け，**ガス室に窒素ガスを封入**することで，窒素ガスの圧縮性によって圧油を貯蔵することができます。封入された圧油は，必要に応じて蓄積又は放出されて次のような働きを行うことができます。

―アキュムレータの働き―

① 圧油の貯蔵

② 作動油に生じる衝撃圧（油撃）の吸収

③ 圧油の脈動の減衰

④ 油圧ポンプ停止時の油圧源

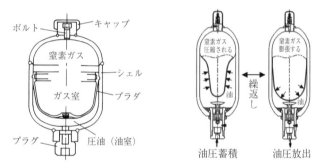

　油圧回路の圧力が窒素ガスの封入圧力よりも高くなると，窒素ガスが圧縮され，加圧された作動油（エネルギー）が蓄積されます。回路内の圧力が下がると，窒素ガスが膨張し，加圧された作動油（エネルギー）が放出されます。アキュムレータには，**アンロード弁を使用し，アキュムレータが設定圧に達した場合は，油圧ポンプの圧油をそのまま作動油タンクに逃がすことでエンジンの負荷を軽減**しています。

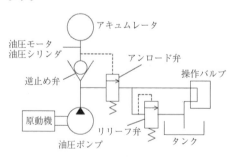

アンロード弁の回路

学科試験の実力を体感！　本試験によくでる問題

よくでる問題　78

作動油タンクの付属品として，通常，取付けられないものはどれか。

(1)　隔　板

(2)　油面計

(3)　エアブリーザ

(4)　吸込用フィルタ

(5)　オイルクーラー

 　解説

オイルクーラーは，作動油の油温を強制的に冷却させる装置で，作動油タンクの付属品ではありません。

よくでる問題　79

油圧装置の付属機器に関する説明として，誤っているものはどれか。

(1)　アキュムレータは，作動油を増圧する機能を有する。

(2)　作動油の油温が55～60℃以上になると種々の障害が起こるため，強制的に冷却する必要がある場合にはオイルクーラーが用いられる。

(3)　エアブリーザは，タンクに出入りする空気をろ過し，タンク内にごみ等が入らないようにするものである。

(4)　ラインフィルタは，油圧回路を流れる作動油をろ過してごみを取除くもので，圧力管路用と戻り管路用がある。

(5)　ポンプ吸込側に取付ける吸込み用フィルタには，金網式やノッチワイヤ式のエレメントの他に，マグネットを内蔵して鉄粉を吸引させる方式のエレメントがある。

　解説

アキュムレータには，作動油を増圧する機能はありません。

よくでる問題　80

圧力計に関する説明として，誤っているものはどれか。

(1) 圧力には，ゲージ圧力と絶対圧力がある。

(2) 圧力計は，油圧回路内の圧力を計る計器である。

(3) ゲージ圧力は，真空を「0 N/mm^2」とした圧力である。

(4) 圧力計には，一般にブルドン管式圧力計が用いられている。

(5) ゲージ圧力計が5 N/mm^{2}を示している時，大気圧が0.1N/mm^{2}の場合の絶対圧力は約5.1N/mm^{2}である。

ゲージ圧力は，大気圧を「0 N/mm^2」とした圧力です。

よくでる問題　81

アキュムレータに関する説明として，誤っているものはどれか。

(1) アキュムレータは，衝撃圧を吸収する。

(2) アキュムレータは，圧油の脈動を減衰させる。

(3) アキュムレータは，油圧ポンプ停止時の油圧源になる。

(4) アキュムレータのガス室には，空気が封入されており，空気の圧縮性によって圧油を貯蔵する。

(5) アキュムレータが規定の圧力に達した時，油圧ポンプの圧油はアンロード弁によってそのまま油タンクに逃がされる。

アキュムレータのガス室には，窒素ガスが封入されており，窒素ガスの圧縮性によって圧油を貯蔵することができます。

よくでる問題 82

油圧装置の構成を示した [　　] 内の A〜C に当てはまる用語の組合せとして，正しいものはどれか。

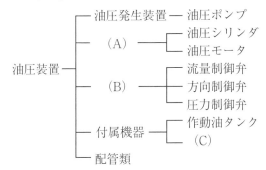

	A	B	C
(1)	油圧制御弁	油圧駆動装置	圧力計
(2)	油圧駆動装置	油圧制御弁	圧力計
(3)	油圧制御弁	圧力計	油圧駆動装置
(4)	油圧駆動装置	圧力計	油圧制御弁
(5)	圧力計	油圧駆動装置	油圧制御弁

  解説

油圧シリンダや油圧モータは，油圧駆動装置です。流量制御弁，方向制御弁，圧力制御弁は，油圧制御弁です。付属機器には，作動油タンク，圧力計等があります。

正　解

【問題78】 (5) 【問題79】 (1) 【問題80】 (3) 【問題81】 (4) 【問題82】 (2)

6 作動油及び油圧装置の保守

チャレンジ問題

作動油に関する説明として，誤っているものはどれか。

(1)　作動油の比重は，一般に0.85〜0.95程度である。
(2)　作動油は，可燃性であり，油が漏れると火災の恐れがある。
(3)　粘度の高い油を使用すると，ポンプの始動に大きな力を要する。
(4)　オイルクーラーの水漏れ等により作動油タンクに水分が入ると，作動油が泡立つようになる。
(5)　作動油の管路の油の流れを妨げようとする性質を粘性といい，粘性の程度を表す値を粘度という。

■ 解答と解説 ■

　正常な作動油は，通常0.05%程度の水分を含んでいますが，これ以上の水分が作動油タンクに入ると作動油が乳白色に変化します。

正解 (4)

これだけ重要ポイント

作動油の粘度，比重，引火点及び劣化の原因と対策について詳しく学習しましょう。また，配管類，シール，油圧装置の保守についての理解を深めましょう。

　作動油は，油圧装置の中で動力伝達媒体として使用される流体で，潤滑，防錆，冷却等の作用があります。油圧装置の主な故障の要因は，作動油への異物の混入や油漏れです。油圧装置を最良の状態に保つためには，装置に適合した作動油の選択と管理が重要です。このため，作動油，配管，シール等についての理解を深め，これらを適正に取扱うことにより，油圧装置の機能を十分に発揮させことができます。

6-1　作動油の性質

移動式クレーンに用いられる作動油は，油圧装置の中で激しく撹拌されるため，過酷な条件に耐えられる最適な作動油が使用されています。

粘度

作動油の管路への流れを妨げようとする性質を**粘性**といい，粘性の程度を示す値を**粘度**といいます。**作動油の温度が上昇**すると，粘度が低くなってさらさらと流れやすくなり，**潤滑性が悪くなって作動油の劣化を促進し**，ポンプ効率を悪くします。**作動油の温度が低い場合は，粘度が高くなり過ぎてポンプの運転に大きな力が必要**となり，磨耗を促進させます。粘度の適性範囲は，ポンプの種類や能力によって異なるため，メーカーが指定する作動油を使用する必要があります。作動油の選択は，移動式クレーンの稼動地域の温度と作動油の使用限界温度を参考とし，温度範囲の下限は外気温度の低い方で選びます。なお，作動油の体積は温度によって変化するため，**油温が下がると体積は小さく**なります。油温が1℃下がった場合は，体積が約0.99912倍になります。

粘度のグレード	32	46	68
選択基準（外気温度℃）	−15〜+15	−10〜+25	−5〜+35
使用限界温度（℃）	+70	+80	+90

比重

作動油には，種類や粘度が同じでも比重が異なるものがありますが，その場合は比重の小さい方が良い作動油といえます。作動油の比重は，同じ容積の4℃の純水と15℃の油の質量の比で表しています。一般に使用される**作動油の比重は0.85〜0.95程度**です。

引火点

作動油の引火点は，**180〜240℃**です。油圧回路が破損して作動油が吹き出した場合，**火気が近くにあれば引火する恐れ**があります。

酸化（劣化）

作動油の成分が化学反応を起こして変質することを酸化といいます。作動中の作動油は，金属や空気に接して激しく撹拌されます。水分や金属粉の混入又は**高温で激しく撹拌されると，作動油は酸化**しやすくなります。

6-2　作動油の判定

　作動油タンクに出入りする空気は，ごみや水分を持ち込みます。また，油圧装置自体が磨耗によって金属粉を少しずつ発生させます。作動油の劣化は，油圧装置のトラブルの原因となり，性能低下，作動不良，パッキンの破損による油漏れ等を生じさせるため，作動油は定期的に交換する必要があります。

作動油の判定

　作動油を判定する方法には，科学的分析による**性状試験**と目視で判定する**官能検査**とがあり，どちらも未使用の作動油と比較します。科学的分析による性状試験は，色彩，粘度，含水有量，沈殿物含有量，比重，引火点，酸価を測定し，作動油の劣化を定量的に判別しています。目視による判定は，検査する作動油を作動油タンクから採取し，採取した作動油と同種の未使用の作動油をそれぞれ試験管に入れて比較して判定します。

気泡混入

水分混入

水分によって白濁した油の点検方法

濡れた布を巻くと
内側に水分が凝結する。

白濁した作動油は
水分蒸発と共に
油が透明になる。

嗅覚による判定法

外　　観	におい	状　　態	対　　策
透明で色彩に変化なし	変化なし	良好	継続使用
透明ではあるが色が薄い	変化なし	異種油が混入	粘度が良ければそのまま使用
乳白色に変化している	変化なし	気泡や水分が混入	作動油の交換又は水分の除去
黒褐色に変化している	悪臭	劣化している	作動油の交換
透明ではあるが小さな黒点がある	変化なし	異物が混入	作動油の交換又は作動油のろ過
泡立っている	―	グリースが混入	作動油の交換

6-3　配管類

配管類には，管，継手，シール等があります。

管

管は，油圧装置へ作動油を流す流路（管路）として用いられています。管の種類には，高圧用ゴムホース，鋼管，ステンレス鋼管等があり，一般的には高圧用ゴムホースや鋼管が使用されています。

① 高圧用ゴムホース

高圧用ゴムホースは，ゴムの特質である柔軟性を生かし，**鋼管での配管が難しい場所や移動する装置等に接続する場合**に用いられます。

② 鋼管

鋼管は，鋼を圧延して形成した管路です。

③ ステンレス鋼管

クロムの含有量が10.5%以上の鋼を管にしたものをステンレス鋼管といい，錆びや汚れに強いのが特徴です。ステンレス鋼管は，**管の厚さを薄くする必要がある場合や質量を制限する必要がある場合**に用いられています。

継手

継手には，ねじ継手，フレア管継手，フレアレス管継手，回転継手等があります。

① ねじ継手

ねじ継手には，ネジが切られており，この**ネジを管にねじ込んでシール**（密封）する方式です。

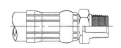

② フレア管継手

フレアには，広げた部分という意味があります。フレア管継手は，**管の先端をラッパ状に広げたフレア部を継手本体のナット側テーパ部にねじで締上げ，押し付けてシール**する方式です。

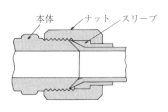

③　フレアレス管継手

フレアレス管継手（くい込み継手）は，管に取付けたスリーブをナットで締上げ，その先端を管にリング状にくい込ませてシールします。

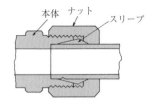

④　回転継手

回転継手（ロータリジョイント）は，**上部旋回体と下部走行体を繋ぐ配管**で，移動式クレーンの旋回によって流路がねじれることがありません。回転継手は，スピンドルとボディで構成され，スピンドルに配管の数だけ円周上に溝が切られています。移動式クレーンのキャリアにスピンドルを取付け，旋回体に取付けられたボディは旋回と共に回転する構造です。なお，クラッチ回路にも回転継手が用いられています。

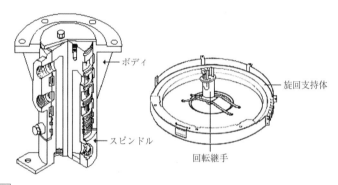

シール

シールは，**油圧装置の油漏れやゴミ又は水分の浸入等を防止**するために用いられる素材の総称で，次のような種類があります。

①　シールテープ

シールテープは，**テープ状のシールで，油漏れの恐れのある箇所**に巻付けます。右ねじのものに巻付ける場合は，テープを右巻きに巻付けます。

②　パッキン

パッキンは，綿布や石綿織布にゴムを含ませて成形したもの又は合成ゴムや皮を成形したもので，断面の形状にはV形，U形，L形等があり，**回転軸部**や往復運動部分に用いられています。

V形パッキン

③　Ｏリング

Ｏリングは，合成ゴムを成形したもので，**丸形断面（リング状）**の形状のものが**固定部分や摺動部分**に広く用いられていますが，**中速回転以上には適しません。**

④　ガスケット

ガスケットは，シールする部分に合せた**板状のシール**で，石綿，合成ゴム，金属等の材質があります。用途としては，**容器の蓋の合せ目等の密封**に用いられています。

⑤　オイルシール

オイルシールは，合成ゴムを**コの字形**に成形したもので，**回転部分や摺動部分**に用いられています。

断面

6-4　油圧装置の保守

油圧装置は，次の事項について考慮する必要があります。

作動油

①　水分の混入

採取した作動油が白濁又は泡立っている場合は，作動油タンクの不具合が原因である場合があります。**正常な作動油**は，通常0.05%程度の水分を含んでいますが，それ以上の**水分を多く含むと作動油は乳白色に変色**します。作動油に水分が混入している場合は，作動油タンクのドレンプラグを外して水分を除去します。

②　異物の混入

ギヤや摺動部の隙間に異物が入り込むと，異常摩擦によって新たな金属粉等の異物を発生させ，シリンダ壁の損傷や各制御弁の故障を招きます。その結果，異常音，異常発熱，速度低下，圧力上昇不良，油漏れ等を生じ，放っておくと大掛かりな修理が必要となります。このため，作動油の汚れが著しい場合は，劣化した作動油の交換又はクリーニングを行います。

シール

シールの老化は，作動油の漏れ，圧力低下，作動の不確実を起こす原因となるため，シールが不良の場合は交換する必要があります。

配　管

　配管の取付部は緩みやすいため，緩み，変形，接触，傷の有無，ホースのね じれ及び**配管類の油漏れ等を毎日点検**します。また，**配管内に空気が残ったま ま高速回転や全負荷運転を行うとポンプの焼付きの原因となる**ため，配管を取 外した時は配管内の空気を十分に抜く必要があります。

フィルタ

　フィルタは，**3ヶ月に1回程度**定期的に点検し，**エレメントを取外して清掃** します。溶剤にエレメントを長時間浸した後，ブラシ洗いをしてエレメントの **内側から外側へ**圧縮空気を吹き付けて異物を除去します。なお，溶剤は引火や 中毒を起こす恐れがあるため，取扱いに注意する必要があります。作動油の劣 化により，細かい異物がエレメントの隙間に入り込んでいる場合は，作動油を 交換すると共に新しいエレメントと交換します。

キャビテーション

　油圧ポンプの吸入条件が悪い場合，**作動油に空洞が発生**してポンプに異常音 が発生することがありますが，これを**キャビテーション**といいます。キャビ テーション（空洞現象）は，油圧ポンプの吸入条件が悪い等により，流動して いる液体の圧力の低い部分が気化し，非常に短い時間に気泡が発生したり消滅 したりして空洞が発生する現象です。キャビテーションによって発生したエ ネルギーは周囲に放射され，配管内壁や油圧機器等に衝突して激しい機械的損傷 を引き起こします。これを**エロージョン（壊食）**といいます。エロージョンが 長期間繰返されると，油圧装置の表面がボロボロになったり，欠けたり，最悪 の場合は大きな穴が開くことがあります。

　油圧回路内の異物，錆び等は，化学的洗浄や特殊フィルタによって除去する ことができます。これを**フラッシング（洗浄運転）**といいます。フラッシング は，作動油を管理するための重要な作業で，油圧装置の組付け，配管，作動油 の交換の際に実施されています。なお，油圧装置は高精度の部品で構成されて いるため，移動式クレーンの運転士等が安易に分解してはなりません。

学科試験の実力を体感！　本試験によくでる問題

よくでる問題　83

　　作動油に関する説明として，誤っているものはどれか。

(1)　正常な作動油は，通常0.5%程度の水分を含んでいる。

(2)　作動油は，水や金属粉の混入や油温が高いと劣化しやすい。

(3)　作動油の劣化とは，作動油中の成分が化学反応を起こして変質し，生成物が溜まることである。

(4)　作動油の使用限度の判定方法には，作動油を目視で判定する方法と化学的に分析して判定する方法がある。

(5)　作動油を目視で判定する方法は，検査する作動油と同種，同一銘柄の新しい作動油をそれぞれの試験管に入れて比較して判定する。

　　正常な作動油は，通常0.05%程度の水分を含んでいます。

よくでる問題　84

　　作動油に関する説明として，誤っているものはどれか。

(1)　作動油は，温度によって粘度が変化し，機械効率が変わる。

(2)　作動油の引火点は，80〜110℃程度である。

(3)　作動油は，高温で空気等に接して激しく撹拌されるため酸化しやすい。

(4)　作動油の温度が上昇すると，潤滑性が悪くなる。

(5)　作動油の体積は，温度によって変化し，温度が下がると作動油の体積は小さくなる。

　　作動油の引火点は，180〜240℃です。

よくでる問題　85

作動油タンクからの試料と同種同一銘柄の新しい油と比較した結果，乳白色に変化していた。この変化の原因として考えられるものはどれか。

(1)　グリースの混入

(2)　異物の混入

(3)　異種油の混入

(4)　水分の混入

(5)　金属粉混入による劣化

作動油に水分が混入すると，乳白色に変化します。

よくでる問題　86

油圧装置の配管類に関する説明として，誤っているものはどれか。

(1)　ねじ継手は，ねじが切られており，これをねじ込んで密封する。

(2)　高圧用ゴムホースは，鋼管の配管が困難な箇所や移動する装置の連結用に用いられる。

(3)　フレア管継手は，管の先端をラッパ状に広げ，この部分を継手本体に設けたナット側テーパ部にねじで締めあげ，押しつけて密封する。

(4)　くい込み継手は，管に取付けたスリーブをナットで締上げ，その先端を管にリング状にくい込ませて密封する。

(5)　肉厚や質量を制限する必要がない箇所には，ステンレス鋼管が使用されている。

管の厚さを薄くしたり，質量を制限したりする必要がある場合は，ステンレス鋼管が用いられています。

よくでる問題　87

シールに関する説明として，誤っているものはどれか。

(1)　Ｏリングは，合成ゴムをリング状に成形したもので，高速回転部分に用いられる。

(2)　オイルシールは，合成ゴムをコの字形に成形したもので，回転部分に用いられる。

(3)　シール材は，機器の油漏れやごみ等の浸入を防ぐために用いられる。

(4)　パッキンは，断面がＶ形，Ｕ形等の形状をしたシール材で，回転軸部に用いられる。

(5)　ガスケットには，合成ゴム，金属等の種々の材質のものがあり，容器の蓋の合せ目等の密封に用いられる。

Ｏリングは，合成ゴムをリング状に成形したもので，固定部分や摺動部分に用いられていますが，中速回転以上には適しません。

よくでる問題　88

作動油に金属粉が混入した場合に起きる可能性がある現象として，誤っているものはどれか。

(1)　オイルシールの損傷

(2)　ギヤケース内面の異常摩耗

(3)　作動油に気泡が発生

(4)　各種弁の故障

(5)　シリンダ壁の損傷

作動油に気泡が発生する原因には，グリースの混入が考えられます。

よくでる問題　89

作動油の状態と原因の組合せとして，誤っているものはどれか。

(1) 泡立っている……………………………………グリースが混入

(2) 透明ではあるが小さな黒点がある………異物が混入

(3) 乳白色に変化している…………………気泡や水分が混入

(4) 透明ではあるが色が薄い…………………水分が混入

(5) 黒褐色で悪臭がする………………………作動油が劣化

透明ではあるが色が薄い作動油には，異種油が混入しています。

よくでる問題　90

油圧装置の保守に関する説明として，不適切なものはどれか。

(1) 油圧ホースは，接触，ねじれ，変形，傷の有無，継手部の油漏れの有無について点検を行う。

(2) フィルタエレメントの洗浄は，水に長時間浸した後，ブラシ洗いをしてエレメントの外側から内側へ圧縮空気を吹き付ける。

(3) フィルタは，一般に3か月に1回程度，エレメントを取外して洗浄するが，洗浄してもごみや汚れが除去できない場合は新品と交換する。

(4) 油圧ポンプや油圧モータは，作動した状態で異常音，異常発熱の有無，速度低下，圧力上昇不良の有無，油漏れの有無について点検する。

(5) 油圧ポンプ，油圧駆動装置，制御弁等は，精度の高い部品で構成されているため，安易に分解や組立を行ってはならない。

エレメントは，内側から外側へ圧縮空気を吹き付けます。

よくでる問題　91

　下文中の〔　　〕のＡ及びＢに当てはまる用語の組合せとして，正しいものはどれか。

　「油圧ポンプの吸入条件が悪いと油中に〔　Ａ　〕が発生し，ポンプに異常音が発生する。これを〔　Ｂ　〕という。」

	Ａ	Ｂ
(1)	異物の混入	フラッシング
(2)	水　分	フラッシング
(3)	空　洞	キャビテーション
(4)	水　分	キャビテーション
(5)	空　洞	エロージョン

  解説

　油圧ポンプの吸入条件が悪いと油中に〔空洞〕が発生し，ポンプに異常音が発生する。これを〔キャビテーション〕という。

第2編　原動機及び電気に関する知識

7 電気の基礎知識

チャレンジ問題

回路を流れる電流に関する説明として，正しいものはどれか。

(1)　回路を流れる電流の大きさは，電圧に反比例し，抵抗に比例する。
(2)　回路を流れる電流の大きさは，電圧と抵抗に反比例する。
(3)　回路を流れる電流の大きさは，電圧に比例し，抵抗に反比例する。
(4)　回路を流れる電流の大きさは，電圧と抵抗に比例する。
(5)　回路を流れる電流の大きさは，抵抗÷電圧の式で求める。

■ 解答と解説 ■

　回路を流れる電流の大きさは，電圧に比例し，抵抗に反比例します。これをオームの法則といいます。

正解　(3)

これだけ重要ポイント

オームの法則を通じて電流，電圧，抵抗の関係を理解しましょう。また，合成抵抗の求め方ならびに基本単位と補助単位の用い方について学習しましょう。

　電流は，マイナスの電気（電荷）を持つ電子が原子の中から飛び出して移動することで発生します。電子が原子の軌道から離れて移動することを電気といい，この流れを電流といいます。マイナスの電気を帯びている電流は，プラスの方向に流れていますが，米国の物理学者の勘違いにより，電子の正体が明らかになるまで，電流はプラスからマイナスの方向に流れるという誤った説が世界中に浸透していました。この矛盾によって電気の説明や計算に問題が生じることはないため，今日では「電子はプラスの方向に流れ，その反対方向を電流とする。」という約束事として扱われています。

7-1 電　流

電流には直流と交流があり，単位には**アンペア（A）**が用いられています。

直流（DC）

直流は，乾電池やバッテリのように**電圧が一定で，電流の流れる方向が変わりません。**直流には，直流発電機（交流電動機で駆動）で直流を出力させるものや，シリコン整流器と電圧調整器で直流を出力させるものがあります。交流を整流したものは完全な直流ではなく，多少の波が残るため**脈流**と呼ばれます。乾電池やバッテリ等の直流は**平流**といい，直流を区別する場合に用いられています。なお，変圧器によって直流の電圧を変えることはできません。

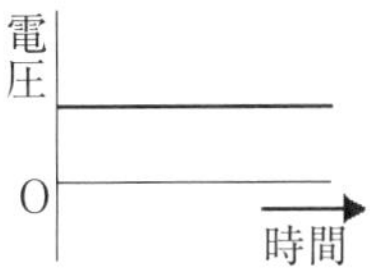

交流（AC）

交流は，**時間に対して電圧の大きさと電流の流れる方向が周期的に変化**するもので，変圧器によって容易に電圧を変えることができます。一般家庭には，2本の線によって100Vの電気を配電していますが，このような交流を**単相交流**といいます。200Vや400Vの電圧を使用する工場等では，単相交流3つを一定間隔にして3本の線で配電する**三相交流**が使用されています。

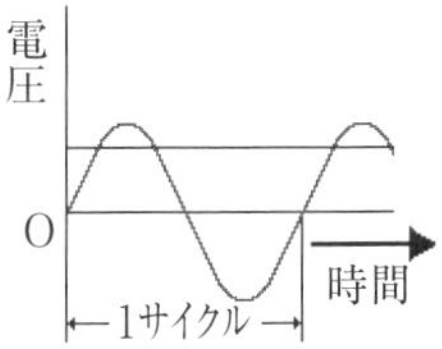

単相交流

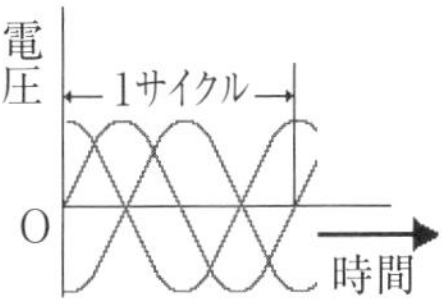

三相交流

周波数

1つの山と谷のカーブの波形を1サイクルといい，1秒間のサイクル数を**周波数**といいます。周波数の単位には**ヘルツ**（Hz）が用いられ，1つの山と谷のカーブの波形が1秒間に50回あれば50Hz，60回あれば60Hzといいます。

我が国の電源周波数は，静岡の富士川を境にして，おおむね東日本が50Hz，西日本が60Hzです。電源周波数にこのような違いが生じたのは，明治初期にドイツ製とアメリカ製の発電装置を別々に輸入したことが始まりといわれています。

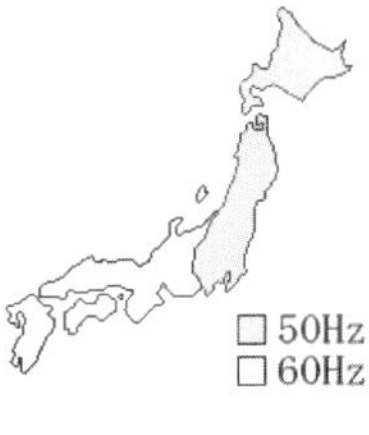

7-2　電　圧

　水は高い所から低い所に向かって流れますが，電流も高電位から低電位に向かって流れます。電流を流すためには電気の圧力が必要で，水位に相当する電位の差を電圧（電位差）といい，単位には**ボルト（V）**が用いられています。

7-3　抵　抗

　電気回路に電流が流れる時，この流れを妨げようとする作用が起きます。この作用を電気抵抗又は抵抗と呼び，単位には**オーム（Ω）**が用いられています。電気回路の抵抗の接続には，直列，並列，直並列があり，これらを1つの抵抗として換算することを抵抗の合成といい，この値を**合成抵抗（R）**といいます。抵抗 R_1 を3Ω，R_2 を6Ω，R_3 を12Ω，R_4 を18Ωとした場合，合成抵抗は次の式で求めることができます。

直列接続の合成抵抗

　直列接続の合成抵抗は，それぞれの抵抗の和で求めることができます。

$$R = R_1 + R_2$$

〔計算例〕
$$R = 3 + 6 = 9\,Ω$$

並列接続の合成抵抗

　並列接続の合成抵抗は，各抵抗値の逆数を足し，それを更に逆数にして求めます。**並列接続の合成抵抗**は，個々の**抵抗よりも小さい値**を示します。

$$R = \cfrac{1}{\cfrac{1}{R_1} + \cfrac{1}{R_2}}$$

〔計算例〕
$$R = \cfrac{1}{\cfrac{1}{3} + \cfrac{1}{6}} = \cfrac{1}{\cfrac{2}{6} + \cfrac{1}{6}} = \cfrac{1}{\cfrac{3}{6}} = \cfrac{6}{3} = 2\,Ω$$

直並列の合成抵抗

　直並列の合成抵抗は，直列接続と並列接続の計算式を組合せることで求めることができます。

$$R = R_1 + \cfrac{1}{\cfrac{1}{R_2 + R_3} + \cfrac{1}{R_4}}$$

〔計算例〕
$$R = 3 + \cfrac{1}{\cfrac{1}{6 + 12} + \cfrac{1}{18}} = 3 + \cfrac{1}{\cfrac{1}{18} + \cfrac{1}{18}} = 3 + \cfrac{1}{\cfrac{2}{18}}$$
$$= 3 + \cfrac{18}{2} = 3 + 9 = 12\,Ω$$

7-4　オームの法則

　回路を流れる**電流の大きさ**は，**電圧に比例**し，**抵抗に反比例**します。ドイツの物理学者オームが1826年に発見した法則により，**オームの法則**と呼ばれています。オームの法則は，次の式で表すことができます。

〔例〕

$$電流＝\frac{電圧}{抵抗}$$

電流（A）＝電圧÷抵抗	5 A ＝10V ÷ 2 Ω
電圧（V）＝電流×抵抗	10V ＝ 5 A × 2 Ω
抵抗（Ω）＝電圧÷電流	2 Ω ＝10V ÷ 5 A

補助単位

　電流，電圧，抵抗等の数値が大き過ぎる場合や小さ過ぎる場合は，基本単位と共に SI 単位系（国際単位系）で定められている補助単位を併用して桁数の表示を簡略化しています。

○　百万は M （メガ又はメグ）

　1,000,000Ω（100万オーム）＝ 1 MΩ（メガオーム）

　MΩは，本来はメガオームといいますが，メグオームと発音するのが通例です。

○　1,000は k （キロ）

　1,000V ＝ 1 kV（キロボルト）　　10,000V ＝10kV（キロボルト）

　1,000Ω＝ 1 kΩ（キロオーム）　　10,000Ω＝10kΩ（キロオーム）

○　千分の一は m （ミリ）

　1 A ＝1,000mA（ミリアンペア）

　0.001A ＝ 1 mA（ミリアンペア）

　抵抗の図記号は，旧 JIS 記号のギザギザの線状の図で示されていましたが，現在の国際規格では長方形の箱状の図で示すことになっています。旧 JIS 記号は，新規格の制定に伴って廃止されましたが，国際規格に拘束力は無いため，現在でも旧来の図記号を使用して表示している場合があります。

旧 JIS 記号　　　　　新 JIS 記号

7-5　交流の実効値

　直流は，電圧が一定であるため，平均値によって電気的効果を求めることができます。しかし，交流に平均値を用いると，正の半サイクルと負の半サイクルによって値がゼロになります。このため，交流の電気的効果を表わすためには，別の方法を用いる必要があります。そこで考え出されたのが実効値です。たとえば，直流電流によって電球を点灯し，ある明るさを得られたとします。次に，同じ電球に交流電流を加え，直流電流の時と同じ明るさになるまで電圧を上げると，直流電流の電気的効果と等しくなります。この値を交流の**実効値**といい，次の式で求めることができます。なお，交流電圧の瞬間の値を瞬時値といい，瞬時値の最も大きな値を**最大値**といいます。

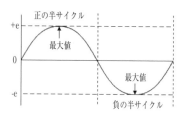

$$\text{実効値（V）} = \frac{\text{最大値}}{\sqrt{2}} = \text{最大値} \times 0.707$$

　一般家庭で使用されている100V の交流電圧は，実効値で示されており，最大値は次の式によって求めることができます。この式で分かる通り，一般家庭の交流電圧**100V の振れ幅は電圧 0 V から141.4V で変化**しています。なお，交流用の**電圧計や電流計の値も実効値**で示されています。

　交流の最大値（Em）＝実効値×$\sqrt{2}$ ＝実効値×1.414

　交流電圧100V の最大値＝100×1.414＝141.4V

7-6　ジュール熱

　電熱器は，ニクロム線の中の電子が原子や分子の抵抗とぶつかって発熱しています。この抵抗による**発熱作用をジュール熱**といいます。クレーンの電動機に定格荷重以上の負荷が掛かると，電動機に規定以上の電流が流れて巻線の温度が異常に上昇して焼付くことがありますが，これもジュール熱によるものです。イギリスのジュールの発見により，単位には J（ジュール）が用いられており，ジュール熱は電力量の求め方と同じ式で求めることができます。

　ジュール熱（J）＝電流×電圧×消費した時間

電流×電圧＝電力により

　ジュール熱（J）＝電力×消費した時間＝電力量

7-7 電力及び電力量

電力と電力量を水に例えると，電力は単位時間当たりの流量，電力量は溜まった水の量に相当します。1ワット時（ワットアワー）とは，1ワットの電力を1時間に渡って消費又は発電していることを示します。

電力

電動機に電流を流すと，電気エネルギーは機械エネルギーに変わって仕事を行います。この**電気エネルギーの単位時間当たりの仕事量を電力**といいます。また，電力は電気エネルギーを消費することでもあるため，**消費電力**とも呼ばれています。電力の単位にはW（ワット）を用い，1000Wは1kW（キロワット）と表します。電力は，電圧と電流の積で求めることができますが，電流と抵抗の積が電圧であることから，電流の2乗と抵抗の積によっても電力を求めることができます。

電力＝電圧×電流

又は

電力＝（電流）²×抵抗

> **例 題**
>
> 電圧が100Vで電流が2Aの時の電力
>
> 電力＝100×2＝200W

電球は，100V60W等と表示されています。100Vという表示は100Vの電圧を使用することを表し，60Wの表示は電球の消費電力を表しています。一般家庭の契約電流が30A，電圧が100Vの場合，電力の許容量は3000W（30×100）です。ご家庭の家電製品等の消費電力と契約電流を確認することで，ブレーカが切れる過ちを未然に防ぐことができます。

電力量

電力量は，**ある時間内に消費した電力の総量**を示すもので，電力と使用した時間の積によって求めることができます。電力量の単位には，Wh（ワットアワー）又はkWh（キロワットアワー）が用いられています。

電力量（Wh）＝電力（W）×消費した時間（h）

> **例 題**
>
> 800Wの電動機を2時間使用した時の電力量
>
> 電力量＝800×2＝1600Wh＝1.6kWh
>
> なお，1600Wの電動機を1時間使用した時の電力量も，800Wの電動機を2時間使用した時と同じ電力量になります。
>
> 電力量＝1600×1＝1600Wh＝1.6kWh

7-8　導体と不導体

　物質には，電気を通しやすい導体と，電気を通しにくい不導体があります。不導体は，物質内の原子核と電子の結び付きが非常に強く，物質の抵抗値が高いために電気が流れにくくなっています。電線にも電気抵抗があり，この抵抗によって送電した電気の一部は無駄に消費されています。これを**送電損失**といいます。発電所で発電された電力を消費地に送電する場合，送電による損失を抑えるために基幹的な長距離送電の区間に**特別高圧**（7000V を超える電圧）を三相三線式によって送電し，消費地に近い場所で何段かに分けて電圧を降圧して消費地に届けています。

　物質の抵抗は，長さに比例し，断面積に反比例します。したがって，物質の長さを２倍にすると抵抗は２倍になり，断面積を２倍にすると抵抗は1/2になります。図のような丸棒の直径を２倍にした場合は，断面積は４倍になるため，抵抗は1/4になります。なお，丸棒の断面積は次の式によって求めることができます。

半径0.5cm

直径１cm の丸棒の断面積
断面積＝0.5×0.5×3.14＝0.785

半径1cm

直径２cm の丸棒の断面積
断面積＝１×１×3.14＝3.14

導　体（電導体）

　導体は，電気抵抗が非常に小さく，電気を非常によく通す物質です。
　　銅・鉄・アルミニウム・金・銀・黒鉛・炭素等

不導体（絶縁体）

　不導体は，電気抵抗が非常に大きく，電気をほとんど通さない物質です。
　１．固体
　　ゴム・雲母・磁器・ガラス・ポリエチレンやセラミックス等の合成樹脂
　２．液体
　　鉱物油・純水（海水等の不純物が溶け込むと電気をよく通す。）
　３．気体
　　空気（強い電圧を加えた場合は放電現象が起きる。）

学科試験の実力を体感！　本試験によくでる問題

よくでる問題　92

電気に関する説明として，誤っているものはどれか。

(1)　直流は DC，交流は AC で表される。

(2)　交流は，電流の大きさと方向が周期的に変化する。

(3)　直流は，乾電池やバッテリから得ることができる。

(4)　一般家庭の電灯や電化製品には，単相交流が使用されている。

(5)　電力会社から供給される電力の周波数は，おおむね東日本では60Hz，西日本では50Hz である。

  解説

　電力会社から供給される電力の周波数は，おおむね東日本では50Hz，西日本では60Hz です。

よくでる問題　93

電気に関する説明として，誤っているものはどれか。

(1)　電気を非常によく通す物質を導体という。

(2)　交流の電圧の大きさは，最大値で示される。

(3)　直流は，変圧器によって電圧を変えることができない。

(4)　工場の動力用電源には，主に200～400V の三相交流が使用される。

(5)　回路が消費する電力は，回路に掛かる電圧と回路を流れる電流の積で求めることができる。

  解説

　交流の電圧の大きさは，電気的効果を表す実効値で示されています。最大値は，交流電圧のサイクルの最も大きな値です。一般家庭で使用されている交流 100V は実効値を示し，最大値は141.4V になります。

よくでる問題　94

電気抵抗に関する説明として，誤っているものはどれか。

(1) 電気抵抗は，物質によって値が異なる。

(2) 直列接続の合成抵抗は，各抵抗の和に等しい。

(3) 抵抗の値は，回路の電圧を回路に流れる電流で除して求める。

(4) 並列接続の合成抵抗は，個々のどの抵抗の値よりも小さい。

(5) 同じ導体の電気抵抗は，長さが2倍になると1/2になり，断面積が2倍になると2倍になる。

  解説

　物質の電気抵抗は，長さに比例し，断面積に反比例します。長さが2倍になると抵抗は2倍になり，断面積が2倍になると抵抗は1/2になります。

よくでる問題　95

　図のような回路の BC 間の合成抵抗 R の値と，AC 間に400V の電圧を加えた時に流れる電流 I の値の組合せとして，正しいものはどれか。

	R	I
(1)	660 Ω	0.3A
(2)	660 Ω	0.5A
(3)	360 Ω	0.4A
(4)	360 Ω	0.8A
(5)	260 Ω	1.0A

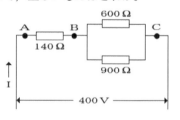

 解説

　回路の BC 間の合成抵抗 R は，次の式によって求めます。

$$合成抵抗 R = \cfrac{1}{\cfrac{1}{600}+\cfrac{1}{900}} = \cfrac{1}{\cfrac{9}{5400}+\cfrac{6}{5400}} = \cfrac{1}{\cfrac{15}{5400}} = \cfrac{1}{\cfrac{1}{360}} = \cfrac{360}{1} = 360 Ω$$

続いて，AB 間の抵抗と BC 間の R の合成抵抗を求めます。

　　AC 間の合成抵抗 = 140 + 360 = 500 Ω

これにより，次の式を用いて電流 I の値を求めます。

$$電流 I = \cfrac{電圧}{抵抗} = \cfrac{400}{500} = \cfrac{4}{5} = 0.8A$$

よくでる問題　96

　電気の単位に関する説明として，誤っているものはどれか。

(1)　電流を表す単位は，アンペア（A）である。

(2)　抵抗を表す単位は，オーム（Ω）である。

(3)　100,000Ωは，1 MΩと表すことができる。

(4)　10,000V は，10kV と表すことができる。

(5)　電圧を表す単位は，ボルト（V）である。

　M（メガ）は百万の位で，1,000,000Ωを1 MΩ（100万Ω）と表すことができます。100,000Ω（10万Ω）の場合は，0.1MΩと表します。

よくでる問題　97

　次のうち，電気の絶縁体のみの組合せはどれか。

(1)　ゴ　ム　　　　空　気

(2)　銅　　　　　　磁　器

(3)　鋳　鉄　　　　アルミニウム

(4)　ステンレス　　ポリ塩化ビニール樹脂

(5)　ガラス　　　　鋼

　ゴムと空気が絶縁体のみの組合せです。

正　解

【問題92】　(5)　【問題93】　(2)　【問題94】　(5)　【問題95】　(4)　【問題96】　(3)

【問題97】　(1)

8 感電の危険性と対策

チャレンジ問題

感電に関する説明として，誤っているものはどれか。

(1) 充電部分に接触しても，人体に電流が流れない場合は感電しない。

(2) 感電火傷は，アーク熱やジュール熱によって生じる。

(3) 感電による被害の程度は，人体内の通電経路と電流の大きさによって決まり，通電時間は関係しない。

(4) 高圧の充電部分に接触しても，通電時間が極めて短い場合は火傷だけですむことがある。

(5) 特別高圧の架空電線路は，充電部に接触しなくても，接近しただけで感電することがある。

■ 解答と解説 ■

感電による被害の程度は，人体内の通電経路と電流の大きさ及び通電時間によって決まります。

正解 (3)

これだけ重要ポイント

感電及び人体への影響について学習しましょう。また，送電，配電，離隔距離についての理解を深め，感電防止対策や救急処置の方法をマスターしましょう。

　架空電線又は電気機械器具の充電電路に近接する場所で工作物の建設，解体，点検，修理，塗装等の作業，あるいはこれらに附帯する作業，くい打機，くい抜機，移動式クレーン等の作業を行う場合は，架空電線や充電電路に接近又は接触して感電する恐れがある時は感電対策を講じなければならいと労働安全衛生規則に定められています。

8-1　感　電

　感電とは，感覚器官を持った生物に電流が流れて苦痛その他の影響を与えることで，死亡率が非常に高いのが特徴です。感電による生理学的効果には，不快感，痛み，筋肉の痙攣，心室細動，熱傷等があります。被害の程度は，人体に流れる電流の経路，電源の種類，電流の大きさ，通電時間，健康状態等に影響されますが，**最も人体に影響を与えるものは，電流の大きさと通電時間**です。ただし，**ほんの僅かな電流でも心臓等の重要な部分を直撃すると死亡する恐れ**があります。なお，心臓の心室が小刻みに震えて全身に血液を送ることができなくなる状態を心室細動といいます。

安全限界

　次の人体反応曲線図は，国際電気標準会議（IEC）において公開されたもので，交流電流が人体を通過した時の反応を示したものです。人体に50mAの電流が流れた場合，通電時間が３秒を超えると心室細動を起こして死に至ります。このため，**50mA秒を安全限界**と定めています。AC4.1以上の電流は，心室細動の可能性が高いため，心室細動電流と呼ばれています。

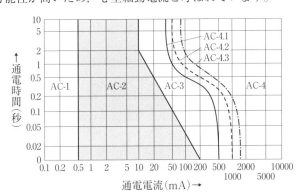

AC 1……無反応

AC 2……有害な生理的影響はない

AC 3……電流が２秒以上継続すると，痙攣性の筋収縮，呼吸困難，一時的な
　　　　　心拍停止，回復可能な心臓障害が生じる。

AC 4……AC 3の反応に心停止，呼吸停止，重度の火傷が加わる。

AC4.1― 心室細動の確率およそ５％以下

AC4.2― 心室細動の確率およそ50％以下

AC4.3― 心室細動の確率およそ50％以上

電気火傷の人体への影響

　低電圧による感電の死亡原因には，心臓麻痺や呼吸停止が多くみられます。高圧による感電災害には，この他に**アーク熱（放電による高熱）**や，人体に流れる電流による**ジュール熱（発熱）**による火傷が加わります。高熱物に触れての火傷は皮膚の浅い部分で収まる場合が多いのですが，**電気火傷は身体の内部組織までおよぶため非常に危険**です。

　アーク熱による火傷は，高熱により溶融した金属がガス化して皮膚表面に付着浸透し，熱傷面が青錆色になることがあります。ジュール熱による火傷は，人体のたんぱく質が凝固し，皮膚，腱，骨膜等の組織を壊死させます。電気火傷は，一般の火傷とは異なり，治療に多くの時間を要します。

交流電流が人体に流れた時の反応	
0.5mA	通常，無反応
1mA	電撃を感じる
5mA	相当な苦痛がある
10〜20mA	筋肉が収縮し，支配力を失う
50mA	相当に危険で死に至ることがある

感電被害の決定要因
1. 電流の大きさ
2. 通電時間
3. 通電経路
4. 電源の種類
5. 健康状態

人体の皮膚の抵抗値

　乾燥している人体の皮膚の抵抗値は約4000Ω，湿っている人体の皮膚の抵抗値は約2000Ω程度で，この**抵抗値が小さくなるほど感電被害の程度は大きくなります**。乾燥している皮膚の抵抗値4000Ωの人体が100Vの電圧に感電した場合は，25mA（100V÷4000Ω）の電流が人体に流れます。皮膚が湿っている場合は，50mA（100V÷2000Ω）の電流が人体に流れます。

　10〜20mA以上の電流が人体に流れ続けると，筋肉が痙攣して自由が利かなくなり，感電個所から離れられなくなります。このため通電時間が長くなって死に至ります。自分の意志で電路から離れられなくなる電流を不随電流といい，運動の自由までは失われない最大の電流を可随電流又は離脱電流といいます。成人男性の交流の可随電流の平均値は16mAですが，この値は相当な苦痛を伴います。このため，人間の個体差を考慮した安全な可随電流は男性では9mA，女性では6mA程度以下と考えられています。

8-2 送電及び配電

　発電所から変電所や開閉所に電力を送ることを**送電**，変電所から需要場所（工場，家庭等）に電力を送ることを**配電**といいます。電力の損失をできるだけ少なくするため，発電所から変電所等には275,000V〜500,000V（特別高圧）で送電し，中規模工場には6,600V（高圧）で配電しています。**小規模工場や一般家庭には，電柱上の変圧器で電圧を更に200V〜400V又は100Vに落として供給しています**。開閉所とは，その構内に遮断器等の開閉装置を設置して電路を開閉する所で，発電所，変電所及び需要場所以外をいうものです。

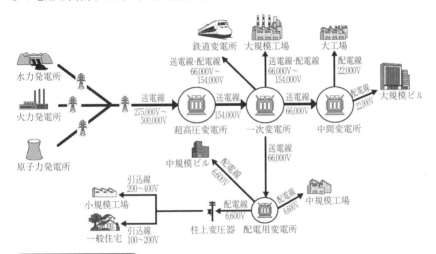

8-3 離隔距離

　電力のほとんどは，架空線路で送電されているため，移動式クレーンの設置場所が電線のすぐ近くということも多く，ジブや巻上用ワイヤロープ等が送電線や配電線に接触する感電災害がしばしば発生しています。また，**電圧が高い送電線や配電線の場合**は，移動式クレーンの**ジブや巻上用ワイヤロープが接近しただけで放電**し，ジブ等を経由して大地に流れるため，電線を切断させたり玉掛作業者を感電させたりする事故を発生させます。このため，送電線や配電線の通電電圧によって，送電線等からの**離隔距離（安全距離）**が定められています。

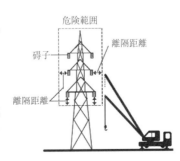

電圧と離隔距離

　各電力会社は，労働基準局長通達で定める離隔距離よりも長い距離を安全距離としています。送電線からの離隔距離は，鉄塔自体にも必要です。高電圧になるほど，離隔距離を取るために多くの碍子が必要となるため，鉄塔の碍子の数によっておおよその電圧を見分けることができます。

電　圧		碍子による目安	電力会社　目標値離隔距離
低圧	100V～200V	—	2 m
高圧	6,600V	1～2個	2 m
特別高圧	22,000V	3～4個	3 m
	66,000V	5～9個	4 m
	154,000V	7～11個	5 m
	275,000V	16～26個	7 m
	500,000V	20～41個	11m

人体の通電電流

　手と電線との接触抵抗，人体の抵抗，足と大地との接触抵抗は，抵抗を直列接続した電気回路を構成しています。よって，人体に流れる電流（通電電流）の大きさは次の式によって求めることができます。

$$通電電流＝\frac{電圧}{人体の内部抵抗＋接触抵抗}$$

例　題

　交流100V の配線の露出部に手が触れた時の人体の通電電流の求め方。ただし，回路の手と電線との接触抵抗を200Ω，人体の抵抗を300Ω，足と大地との接触抵抗を1500Ωとする。

　合成抵抗＝200Ω＋300Ω＋1500Ω＝2000Ω

　通電電流＝$\frac{100}{2000}$＝0.05A ＝50mA

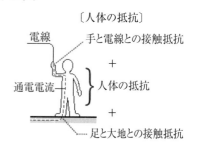

〔人体の抵抗〕

電線　　　手と電線との接触抵抗
　　　　　　　＋
通電電流　　人体の抵抗
　　　　　　　＋
　　　　　足と大地との接触抵抗

8-4 感電防止対策

移動式クレーンは，原則として，**送電線や配電線がジブ等に接触しない場所に設置します。送配電線に近接した場所に設置しなければならない場合**は，事前に電力会社に連絡して安全な作業方法について打ち合せを行い，充電電路の移設，絶縁防護管の装着，ロープや囲い等によって**感電防止の措置**を施します。これらの措置を講ずることが著しく困難な場合は，監視人を配置して作業を監視させ，その者の監視下で作業を実施します。移動式クレーンの運転士は，これらの対策が有効に機能していることを確認し，状況に応じたジブ長さ，起伏角度，旋回等によって離隔距離を確保しなければなりません。

―停電事故の社会的影響―

○　一般家庭……文化生活の停止

○　企業…………コンピュータ停止による混乱

○　工場…………操業停止，生産低下

○　病院……………手術中の停電は人命に関る

送配電線に接触した場合の措置

移動式クレーンのジブや巻上用ワイヤロープ等が作業中に誤って電線に接触した時は，あわてずに接触直前の操作とは逆の操作を行い，ジブ等を電線から引き離します。万一，電線が切れた場合は，垂れ下がった電線に人が近づかないように立入禁止の措置を施します。送配電線からジブを引き離すことが困難な場合は，電流が切れるまでフック，ワイヤロープ，ステップ等に一切触れないようにし，直ちに周囲の人に危険を知らせ，現場責任者や電力会社に連絡して指示を受けます。

立入禁止の措置

移動式クレーンの運転士は，ジブ等が送電線や配電線に接触しても，運転席に座っている限り感電することはありません。やむを得ず運転席から離れる場合は，機体のフレーム等には一切触れず，できるだけクレーンから離れた場所に飛び降ります。

救急処置

　救急処置とは，傷病者を救助し，医師又は救急隊員に引き継ぐまでの救命処置及び応急手当をいいます。万一，感電により人事不省になっている人がいる場合は，冷静に素早く**人工呼吸や心臓マッサージ等の救急処置**を施し，救急車の到着を待ちます。なお，感電している状態の人体には電気が流れているため，素手で触ると助けようとした人も感電します。このため，乾いた木材等の絶縁物で間接的に引っ張って感電箇所から引き離します。救命処置として心臓マッサージを行う場合は，胸の真ん中あたりに両手を重ねて圧迫します。血液を送り出すことができなくなる心室細動が３分以上経過すると，生存率は50％まで下がるといわれています。また，脳に血液が送られなくなると脳細胞が死滅し，最悪の場合は脳死の危険性を伴います。このため，一刻も早く蘇生さる必要があります。

手の組み方

学科試験の実力を体感！　本試験によくでる問題

よくでる問題　98

感電に関する説明として，誤っているものはどれか。

(1)　夏場は，身体の露出や発汗等によって感電災害が多くなる。

(2)　感電による危険性を通電電流の大きさと通電時間によって評価する場合，一般に50mA 秒を安全限界としている。

(3)　感電によって10〜20mA 以上の電流が人体に流れると，筋肉が痙攣を起こして自由が利かなくなる。

(4)　感電によって人事不省になっている人がいる場合は，風通しのよい涼しい場所に静かに寝かせて救急車の到着を待つ。

(5)　特別高圧の架空電路は，電路に直接接触しなくても，近くに接近しただけで感電する恐れがある。

解説

感電により人事不省になっている人がいる場合は，冷静に素早く人工呼吸や心臓マッサージ等の救急処置を施します。

よくでる問題　99

感電に関する説明として，誤っているものはどれか。

(1)　100V 以下の低圧の場合は，感電しても死亡する恐れはない。

(2)　人体の皮膚の抵抗は，身体内部の抵抗よりも大きい。

(3)　人体を流れる電流は，人体の抵抗が小さいほど大きくなる。

(4)　人体の皮膚が湿っている場合は，乾いている皮膚よりも抵抗値が著しく低下する。

(5)　電気火傷は，身体の内部の深くまでおよぶことが多く，高熱物に触れた場合よりも危険性が大きい。

解説

100V 以下の低圧であっても，通電時間が長い場合や心臓等の重要な部分を直撃した場合は死亡する恐れがあります。

よくでる問題　100

　交流100Vの電気配線の露出部に手が触れた時の人体に流れる電流として，正しいものはどれか。ただし，手と電線との接触抵抗を800Ω，人体の抵抗を500Ω，足と大地との接触抵抗を1200Ωとする。

(1)　30mA

(2)　40mA

(3)　50mA

(4)　60mA

(5)　70mA

解説

　人体への通電電流は，次の式によって求めることができます。

合成抵抗 $= 800 + 500 + 1200 = 2500\,Ω$

通電電流 $= \dfrac{100}{2500} = 0.04\text{A} = 40\text{mA}$

よくでる問題　101

　送電，配電及び離隔距離に関する説明として，誤っているものはどれか。

(1)　変電所から家庭や工場等に電力を送ることを配電という。

(2)　発電所から変電所や開閉所等に電力を送ることを送電という。

(3)　産業用の動力用電力は，柱上変圧器で電圧を100Vにして供給される。

(4)　送電線や配電線は，通電電圧によって送電線等からの離隔距離が定められている。

(5)　電力の損失をできるだけ少なくするため，発電所から変電所には特別高圧で送電している。

解説

　産業用の動力用電力は主に200〜400V，一般家庭には100Vの電力を柱上の変圧器で変圧して供給しています。

正　解

【問題98】　(4)　【問題99】　(1)　【問題100】　(2)　【問題101】　(3)

第3編
移動式クレーンの関係法令

1 移動式クレーンの製造等

 チャレンジ問題

　製造許可を受けなければならない移動式クレーンとして，正しいものはどれか。

(1)　つり上げ荷重が5.0 tのジブクレーン
(2)　つり上げ荷重が2.5 tのホイールクレーン
(3)　つり上げ荷重が0.5 tのフローチングクレーン
(4)　最大の定格荷重が2.5 t，つり具の質量が0.2 tのロコクレーン
(5)　最大の定格荷重が2.8 t，つり具の質量が0.2 tのトラッククレーン

■ 解答と解説 ■

　つり上げ荷重は，移動式クレーンの最大の定格荷重につり具の質量を含んだもので，つり上げ荷重が3 t以上の場合は製造許可を受けなければなりません。ジブクレーンは，移動式クレーンには該当しません。

正解　(5)

これだけ重要ポイント

　移動式クレーンの製造及び設置は，誰がどのような場合に何処に申請するのかについて学習しましょう。製造検査の内容や方法については，具体的なイメージを浮かべて理解しましょう。

　移動式クレーンの法令は，クレーン等安全規則，労働安全衛生法，労働安全衛生法施行令，労働安全規則よりなるものです。法令は，一般に馴染みのない法律用語が使用され，1つの条文のみでは全容を把握できないものがあります。本書においては，法令の趣旨の明確化と学習の便宜を図るため，難解な条文をできるだけ分かりやすく解説していますので，容易に理解することができます。それでは，移動式クレーンの法令の学習をスタートしましょう。

1-1　移動式クレーンの定義

　移動式クレーンとは，「**動力をもって荷をつり上げ**，これを水平に運搬することを目的とする機械装置で，**原動機を内蔵し**，かつ，**不特定の場所に移動**することができるもの。」とクレーン等安全規則に定められています。つり荷を降ろす運動及び水平方向の移動は，動力や人力のどちらでも差し支えありませんが，動力で荷をつり上げるものでなければなりません。したがって，**人力によって荷をつり上げるものは移動式クレーンに該当しません**。また，クレーン等安全規則第2条（適用の除外）によって，つり上げ荷重が0.5t未満のものも移動式クレーンに該当しません。

つり上げ荷重
0.5t以上

動力で
荷をつり上げる

原動機を内臓し
不特定の場所に移動

移動式クレーンの要件
1．動力によって荷をつり上げるもの
2．荷を水平に運搬する機械装置
3．原動機を内蔵し，かつ，不特定の場所に移動させることができるもの
4．つり上げ荷重が0.5t以上のもの

1-2　特定機械

　つり上げ荷重が3t以上の移動式クレーンは，労働安全衛生法第37条で特に危険な作業を行う**特定機械**に定められています。特定機械は，厚生労働大臣の定める基準（クレーン等構造規格）に適合していると認められる場合のみ製造が許可されています。クレーン等構造規格は，製造段階での機体の構造の欠陥や装置の不備から生じる災害を防止するために設けられたもので，移動式クレーン構造規格，クレーン構造規格，デリック構造規格等があり，これらを総称してクレーン等構造規格といいます。

特定機械の種類	製造許可を必要とするもの
移動式クレーン	つり上げ荷重が3t以上のもの
クレーン	つり上げ荷重が3t以上のもの
デリック	つり上げ荷重が2t以上のもの
その他の特定機械	建設用リフト，エレベーター，ボイラー，第1種圧力容器，ゴンドラ

1-3　移動式クレーンの製造

　つり上げ荷重が３ｔ以上の移動式クレーンを製造しようとする者は，製造しようとする移動式クレーンについて，あらかじめ，**所轄都道府県労働局長の許可**を受けなければならない。ただし，既に当該許可を受けている移動式クレーンと形式が同一である移動式クレーン（許可型式移動式クレーンという。）については，この限りでない。

２　前項の許可を受けようとする者は，**移動式クレーン製造許可申請書**に移動式クレーンの**組立図**及び次の事項を記載した書面を添えて，所轄都道府県労働局長に提出しなければならない。

　　1　強度計算の基準
　　2　製造の過程において行う検査のための設備の概要
　　3　主任設計者及び工作責任者の氏名及び経歴の概要

クレーン等安全規則第53条（製造許可）

　つり上げ荷重が３ｔ以上の移動式クレーンを製造する時は，次の場合を除き，製造許可を受けなければなりません。つり上げ荷重が３ｔ未満の移動式クレーンについては，製造許可や製造検査を受ける必要はありません。

○　許可型式移動式クレーン

　　許可型式移動式クレーンとは，製造する移動式クレーンの種類，形状，材料，能力，製造方法が許可を受けた移動式クレーンと同一のものをいうもので，製造許可を受けた移動式クレーンと同じものを製造する場合は，製造許可を受ける必要はありません。

○　移動式クレーンの製造に該当しないもの

　　巻上装置，走行装置，旋回装置，ブレーキ，車輪，フック等の各装置や部品のみの製作は，移動式クレーンの製造に該当しません。

検査設備の変更報告

　製造許可を受けた者は，当該許可に係る移動式クレーン又は許可型式移動式クレーンを製造する場合において，製造の過程において行う検査のための設備又は主任設計者もしくは工作責任者を変更した時は，遅滞なく，所轄都道府県労働局長に報告しなければならない。

クレーン等安全規則第54条（検査設備の変更報告）

移動式クレーンの製造検査

　つり上げ荷重が３ t 以上の移動式クレーンを製造した者は，当該移動式クレーンについて，所轄都道府県労働局長の検査を受けなければならない。

　製造検査を受けようとする者は，**移動式クレーン製造検査申請書**に**移動式クレーン明細書**，移動式クレーンの**組立図及び構造部分の強度計算書**を添えて所轄都道府県労働局長に提出しなければならない。この場合において，検査を受けようとする移動式クレーンが既に製造検査に合格している移動式クレーンと寸法及びつり上げ荷重が同一である時は，組立図及び強度計算書の添付を省略することができる。

クレーン等安全規則第55条第１項及び第５項（製造検査）

　製造検査においては，移動式クレーンの各部分の構造及び機能について点検を行う他，荷重試験及び安定度試験を行うものとする。

○　荷重試験

　　荷重試験は，移動式クレーンに**定格荷重の1.25倍に相当する荷重**（定格荷重が200t を超える場合は，定格荷重に50t を加えた荷重）の荷をつって，つり上げ，旋回，走行等の作動を行うものとする。

○　安定度試験

　　安定度試験は，移動式クレーンに**定格荷重の1.27倍に相当する荷重**の荷をつって，当該移動式クレーンの安定に関し最も不利な条件で地切りすることにより行うものとする。

クレーン等安全規則第55条第２項，第３項，第４項（製造検査）

　製造検査は，移動式クレーンが製造された段階において構造規格の諸条件を満たしているかどうかを検査するものです。移動式クレーン明細書には，ジブ最大長さ，最大作業半径，傾斜角の範囲，定格速度，ワイヤロープの直径，安全装置の種類及び性能，原動機の種類等が記載されています。

製造検査に合格した移動式クレーン

　所轄都道府県労働局長は，製造検査に合格した**移動式クレーンに刻印**を押し，かつ，**移動式クレーン明細書に製造検査済の印**を押して申請書を提出した者に交付するものとする。

クレーン等安全規則第55条第６項（製造検査）

製造検査を受ける場合の措置

製造検査を受ける者は，当該検査を受ける移動式クレーンについて，次の事項を行わなければならない。

1　検査しやすい位置に移すこと。

2　荷重試験及び安定度試験のための荷及び玉掛用具を準備すること。

2　所轄都道府県労働局長は，製造検査に必要があると認める時は，当該検査に係る移動式クレーンについて，当該検査を受ける者に次の事項を命ずることができる。

1　安全装置を分解すること。

2　塗装の一部を剥がすこと。

3　リベットを抜き出し，又は部材の一部に穴を開けること。

4　ワイヤロープの一部を切断すること。

5　当該検査のために必要と認められる事項。

3　製造検査を受ける者は，当該検査に立ち会わなければならない。

クレーン等安全規則第56条（製造検査を受ける場合の措置）

1-4　移動式クレーンの使用検査

次の者は，労働安全衛生法第38条第1項の規定（特定機械の検査規定）により，当該移動式クレーンについて，**都道府県労働局長の検査**を受けなければならない。

1　**移動式クレーンを輸入**した者。

2　製造検査又は使用検査を受けた後，設置しないで2年以上（設置しない期間の保管状況が良好であると都道府県労働局長が認めた移動式クレーンについては3年以上）経過した移動式クレーンを設置しようとする者。

3　**使用を廃止した移動式クレーンを再び設置又は使用**しようとする者。

使用検査を受けようとする者は，**移動式クレーン使用検査申請書**に移動式クレーン明細書，移動式クレーンの組立図及び強度計算書を添えて，都道府県労働局長に提出しなければならない。

クレーン等安全規則第57条第1項及び第4項（使用検査）

第3号の「設置又は使用しようとする者」には，つり上げ荷重が3t未満をつり上げ荷重3t以上に変更して設置する者や，パワーショベル等のアタッチメントを取替えて移動式クレーンとする用途変更等が含まれます。

国外で製造された移動式クレーン

外国において移動式クレーンを製造した者は，労働安全衛生法第38条第2項の規定（国外で製造された特定機械に関する検査規定）により，当該移動式クレーンについて，都道府県労働局長の検査を受けることができる。当該検査が行われた場合においては，当該移動式クレーンを輸入した者については，第57条第1項の規定は適用しない。

クレーン等安全規則第57条第2項（使用検査）

移動式クレーンを輸入又は外国において製造した者が使用検査を受けようとする時は，移動式クレーン使用検査申請書に当該申請に係る移動式クレーンの構造が厚生労働大臣の定める基準（移動式クレーンの構造に係る部分に限る。）に適合していることを厚生労働大臣が指定する者（外国に住所を有する者に限る。）が明らかにする書面を添付することができる。

クレーン等安全規則第57条第5項（使用検査）

国外で製造された特定機械は，日本国内で使用検査を受ける以外に，日本に輸出する前の段階において国外で検査を受けることができます。国外で検査を受けて合格すると，日本国内での使用検査が免除されます。

使用検査

第55条第2項からの第4項（製造検査の荷重試験及び安定度試験）までの規定は，使用検査について準用する。

クレーン等安全規則第57条第3項（使用検査）

使用検査は，製造検査と同様の検査が行われます。

使用検査を受ける場合の措置

第56条の規定（製造検査を受ける場合の措置）は，使用検査について準用する。

クレーン等安全規則第58条（使用検査を受ける場合の措置）

使用検査を受ける場合の措置は，製造検査を受ける場合の措置と同様です。

使用検査に合格した移動式クレーン

都道府県労働局長は，使用検査に合格した移動式クレーンに刻印を押し，かつ，その移動式クレーン明細書に**使用検査済の印**を押して申請書を提出した者に交付するものとする。

クレーン等安全規則第57条第6項（使用検査）

1-5　移動式クレーン検査証

　所轄都道府県労働局長又は都道府県労働局長は，それぞれ**製造検査又は使用検査に合格した移動式クレーン**について，**移動式クレーン検査証を交付**するものとする。

クレーン等安全規則第59条第1項（移動式クレーン検査証）

検査証の減失又は損傷

　移動式クレーンを設置している者は，移動式クレーン検査証を**減失又は損傷した時**は，移動式クレーン**検査証再交付申請書**に次の書面を添えて，**所轄労働基準監督署長を経由**し，移動式クレーン検査証の交付を受けた**都道府県労働局長に提出**し，**再交付**を受けなければならない。

1　移動式クレーン検査証を減失した時は，その旨を明らかにする書面
2　移動式クレーン検査証を損傷した時は，当該移動式クレーン検査証

クレーン等安全規則第59条第2項（移動式クレーン検査証）

移動式クレーンの異動

　移動式クレーンを設置している者に異動があった時は，移動式クレーンを設置している者は当該**異動後10日以内**に移動式クレーン**検査証書替申請証**に移動式クレーン検査証を添え，**所轄労働基準監督署長を経由**し，移動式クレーン検査証の交付を受けた**都道府県労働局長に提出**し，**書替**を受けなければならない。

クレーン等安全規則第59条第3項（クレーン検査証）

　異動とは，移動式クレーンの所有者が変更になること又は移動式クレーンを管理する事業所が変更になることをいいます。

検査証の有効期間

　移動式クレーン**検査証の有効期間**は，**2年**とする。ただし，製造検査又は使用検査の結果により，当該期間を**2年未満**とすることができる。

2　製造検査又は使用検査を受けた後，設置されていない移動式クレーンであって，その間の保管状況が良好であると都道府県労働基準局長が認めたものについては，当該移動式クレーン検査証の有効期間を製造検査又は使用検査の日から起算して3年を超えず，かつ，移動式クレーンを設置した日から起算して2年を超えない範囲内で延長することができる。

クレーン等安全規則第60条（検査証の有効期間）

1-6　移動式クレーンの設置

移動式クレーンの設置に関する条文は，移動式クレーンを設置しようとする事業者に対して定められたものです。

つり上げ荷重3t以上

つり上げ荷重が3t以上の移動式クレーンを設置しようとする事業者は，あらかじめ，**移動式クレーン設置報告書**に**移動式クレーン明細書（製造検査済又は使用検査済の印を押したもの）**及び**移動式クレーン検査証**を添えて，**所轄労働基準監督署長に提出**しなければならない。ただし，認定を受けた事業者については，この限りでない。

クレーン等安全規則第61条（設置報告書）

移動式クレーン設置報告書を提出した場合，所轄労働基準監督署長は，添付された移動式クレーン明細書によって台帳を作成し，かつ，移動式クレーン検査証に設置地及び事業の名称を記載して，当該検査証及び明細書を事業者に返還します。したがって，移動式クレーン検査証及び明細書は，最終的に移動式クレーンを設置した事業者が保有することになります。

認定事業者とは，労働安全衛生マネジメントシステムを適切に実施している等の諸条件を満たしていると労働基準監督署長が認定した事業者をいうもので，労働災害が多い事業者や重大な災害を発生させた事業者は認定されません。認定事業者は，**設置届，変更届，設置報告，休止報告の届出が免除**されます。ただし，落成検査及び変更検査は免除されません。なお，認定事業者は1年以内ごとに1回，実施状況等報告書等を所轄労働基準監督署に提出しなければなりません。

つり上げ荷重3t未満

事業者は，労働安全衛生法施行令第13条第3項第15号の移動式クレーンを設置した時は，当該移動式クレーンについて，第55条第3項の荷重試験及び安定度試験を行わなければならない。

クレーン等安全規則第62条（荷重試験等）

令第13条第3項第15号の移動式クレーンとは，つり上げ荷重が0.5t以上3t未満の移動式クレーンです。つり上げ荷重が0.5t以上3t未満の移動式クレーンを設置した事業者は，製造検査と同様の荷重試験及び安定度試験を行うことが義務付けられていますが，設置報告書を提出する必要はありません。

移動式クレーンの申請一覧

申請者	申請内容	申請先	申請書類
製造者	製造許可	所轄都道府県労働局長	製造許可申請書
	製造検査		製造検査申請書
輸入業者等	使用検査	都道府県労働局長	使用検査申請書
事業者	検査証の滅失	所轄労働基準監督署長を経由し，都道府県労働局長に提出	検査証再交付申請書
	検査証の損傷		
	設置者の異動		検査証書替申請証
	設　置	所轄労働基準監督署長	設置報告書
	変　更		変更届
	変更検査		変更検査申請書
	休　止		休止報告書
	使用の再開		使用再開検査申請書
	廃　止		検査証の返還
	3 t 未満に変更		
	事　故		事故報告書
	性能検査	登録性能検査機関	性能検査申請書
免許取得者	免許証の滅失	所轄都道府県労働局又は都道府県労働局長	免許証再交付申請書
	免許証の損傷		免許証再交付申請書
	免許の取消し	都道府県労働局長	免許証の返還
	免許の停止		

○　つり上げ荷重３t以上の移動式クレーンの製造及び設置

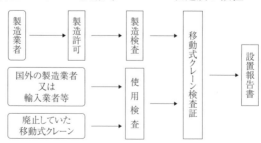

学科試験の実力を体感！　本試験によくでる問題

よくでる問題　102

つり上げ荷重が3t以上の移動式クレーンの製造から設置までの順序として，正しいものはどれか。

(1)　製造許可　→　製造検査　→　設置届　→　検査証交付

(2)　製造許可　→　製造検査　→　設置報告　→　使用検査

(3)　製造許可　→　製造検査　→　検査証交付　→　設置報告

(4)　製造検査　→　設置報告　→　使用検査　→　検査証交付

(5)　製造検査　→　検査証交付　→　設置届　→　使用検査

 解説

つり上げ荷重が3t以上の移動式クレーンの製造から設置までの正しい順序は，製造許可 → 製造検査 → 検査証交付 → 設置報告です。

よくでる問題　103

下文中の［　］内のA及びBに当てはまる用語として，正しいものはどれか。

「つり上げ荷重が3t以上の移動式クレーンを製造しようとする者は，あらかじめ，［　A　］の［　B　］を受けなければならない。」

	A	B
(1)	所轄都道府県労働局長	製造許可
(2)	所轄都道府県労働局長	製造検査
(3)	所轄労働基準監督署長	製造許可
(4)	所轄労働基準監督署長	製造検査
(5)	都道府県労働局長	製造検査

 解説

つり上げ荷重が3t以上の移動式クレーンを製造しようとする者は，製造しようとする移動式クレーンについて，あらかじめ，［所轄都道府県労働局長］の［製造許可］を受けなければならない。

よくでる問題　104

つり上げ荷重が10tの移動式クレーンの製造検査及び使用検査に関する説明として，法令上，誤っているものはどれか。

(1)　製造検査は，所轄都道府県労働局長が行う。

(2)　移動式クレーンを輸入した者は，使用検査を受けなければならない。

(3)　使用検査は，都道府県労働局長が行い，合格した移動式クレーンには刻印が押される。

(4)　製造検査の荷重試験は，定格荷重に相当する荷重の荷をつって，つり上げ，旋回，走行等の作動を行う。

(5)　製造検査の安定度試験は，定格荷重の1.27倍に相当する荷重の荷をつって，安定に関し最も不利な条件で地切りすることにより行う。

解説

製造検査の荷重試験は，移動式クレーンに定格荷重の1.25倍に相当する荷重の荷をつって，つり上げ，旋回，走行等の作動を行うものとする。

よくでる問題　105

下文中の［　　］内のA〜Cに当てはまる用語として，正しい組合せはどれか。ただし，認定を受けていない事業者とする。

「つり上げ荷重が3t以上の移動式クレーンを設置しようとする事業者は，あらかじめ，移動式クレーン設置［　A　］に移動式クレーン［　B　］及び移動式クレーン検査証を添えて，所轄［　C　］に提出しなければならない。」

	A	B	C
(1)	報告書	明細書	労働基準監督署長
(2)	報告書	明細書	都道府県労働局長
(3)	報告書	強度計算書	労働基準監督署長
(4)	届	強度計算書	都道府県労働局長
(5)	届	明細書	労働基準監督署長

移動式クレーン設置［報告書］に移動式クレーン［明細書］及び移動式クレーン検査証を添えて，所轄［労働基準監督署長］に提出しなければならない。

よくでる問題　106

設置報告書に関する説明として，誤っているものはどれか。

(1) つり上げ荷重が3t未満の移動式クレーンは，設置報告書を提出する対象ではない。

(2) 設置報告書は，移動式クレーンの設置前に提出しなければならない。

(3) 設置報告書は，所轄労働基準監督署長に提出しなければならない。

(4) 設置報告書には，移動式クレーンの明細書及び検査証を添付して提出しなければならない。

(5) 提出する明細書は，製造許可済の印を押したものでなければならない。

 　解説

移動式クレーン明細書は，製造検査済又は使用検査済の印を押したものでなければなりません。

よくでる問題　107

移動式クレーン検査証に関する説明として，誤っているものはどれか。

(1) 検査証は，製造検査又は使用検査に合格した移動式クレーンに交付される。

(2) 検査証の有効期間は，原則2年であるが，製造検査又は使用検査の結果によっては2年未満になることがある。

(3) 移動式クレーンの設置者に異動があった時は，異動後30日以内に検査証の書替えの手続きを行わなければならない。

(4) 検査証を損傷した時は，再交付を受けなければならない。

(5) つり上げ荷重が3t未満の移動式クレーンには，検査証は交付されない。

　解説

移動式クレーンの設置者に異動があった時は，異動後10日以内に設置者が検査証の書替えの手続きを行わなければなりません。

正　解

【問題102】　(3)　【問題103】　(1)　【問題104】　(4)　【問題105】　(1)　【問題106】　(5)

【問題107】　(3)

2 移動式クレーンの使用

チャレンジ問題

移動式クレーンの使用に関する説明として，誤っているものはどれか。

(1)　運転者は，荷をつったまま運転位置を離れてはならない。

(2)　原則として，移動式クレーンによって労働者を運搬又は労働者をつり上げて作業させてはならない。

(3)　つり上げ荷重が3t未満の移動式クレーンは，厚生労働大臣が定める規格を具備したものでなくても使用することができる。

(4)　移動式クレーンを用いて荷をつり上げる時は，外れ止め装置を使用しなければならない。

(5)　移動式クレーンが転倒する恐れのある軟弱な場所では，原則として，移動式クレーンを用いて作業を行ってはならない。

■ 解答と解説 ■

つり上げ荷重が0.5t以上3t未満の移動式クレーンは，厚生労働大臣が定める規格又は安全装置を具備したものでなければ使用してはなりません。

正解　(3)

これだけ重要ポイント

移動式クレーンの使用に関する**各条文**について学習しましょう。条文を定めた**理由**を理解することにより，学習効果を高めることができます。

移動式クレーンに係る作業には，安全を確保するための条文が定められています。法令に反しただけでは事故は起きないかも知れませんが，法令違反にヒューマンエラーが重なると大事故に繋がる恐れがあります。移動式クレーンの運転士等は，決して法令に反する行為を行ってはなりません。

2-1　設計の基準とされた負荷条件

　事業者は，移動式クレーンを使用する時は，移動式クレーンの構造部分を構成する鋼材等（鋼材の接合部及びリベット部を含む。）の変形及び折損を防止するため，設計の基準とされた荷重を受ける回数及び状態としてつる荷の重さ（負荷条件）に留意するものとする。

クレーン等安全規則第64条の2（設計の基準とされた負荷条件）

　この条文は，設計の基準を超える負荷条件で移動式クレーンを使用しないように努めることを規定したものです。荷重を受ける回数及び状態としてつる荷の重さは，移動式クレーン構造規格に定められています。

2-2　使用の制限

　事業者は，つり上げ荷重が3 t以上の移動式クレーンについては，**厚生労働大臣の定める基準**（移動式クレーンの構造に係る部分に限る。）に適合するものでなければ使用してはならない。

クレーン等安全規則第64条（使用の制限）

　つり上げ荷重が0.5t以上3 t未満の移動式クレーンは，**移動式クレーン構造規格を具備する**ものでなければ譲渡，貸与，設置をしてはならない。

労働安全衛生規則第27条（規格に適合した機械等の使用）

2-3　定格荷重の表示等

　移動式クレーンを用いて作業を行う時は，移動式クレーンの運転者及び玉掛けを行う者が当該移動式クレーンの**定格荷重**を常時知ることができるよう，表示その他の措置を講じなければならない。

クレーン等安全規則第70条の2（定格荷重の表示等）

　定格荷重を表示する定格荷重表には，様々な形式があります。その他の措置とは，定格荷重の表示を移動式クレーンの運転士と玉掛作業者が同時に見ることが困難な移動式クレーンの場合，ジブの最大作業半径の定格荷重を適当な位置に表示すると共に，ジブの作業半径に応じた定格荷重表を運転室に備え，かつ，同表を玉掛けに従事する者に携帯させる措置等をいうものです。

定格荷重表	
作業半径	定格荷重
m	t
m	t
m	t
m	t
m	t
フック質量	Kg

2-4　安全弁の調整

　事業者は，油圧を動力として用いる移動式クレーンの油圧の過度の昇圧を防止するための安全弁については，**最大の定格荷重に相当する荷重を掛けた時の油圧に相当する圧力以下で作用するように**調整しておかなければならない。ただし，第62条（荷重試験）の規定により，荷重試験又は安定度試験を行う場合において，油圧に相当する圧力で作用するように調整する時は，この限りでない。

　　　　　　　　　　　　　クレーン等安全規則第66条（安全弁の調整）

　本条は，つり上げ装置，ジブの起伏装置，伸縮装置等に油圧を用いる移動式クレーンの安全弁の吹出圧力の調整について規定したものです。

2-5　巻過防止装置の調整

　移動式クレーンの巻過防止装置については，フック，グラブバケット等のつり具の上面又は当該つり具の巻上用シーブの上面と，ジブ先端のシーブその他当該上面が接触する恐れのある物（傾斜したジブを除く。）の下面との間隔が0.25m以上（**直働式の巻過防止装置にあっては0.05m以上**）となるように調整しておかなければならない。

　　　　　　　　　　　　クレーン等安全規則第65条（巻過防止装置の調整）

2-6　安全装置の取外し等

　労働者は，安全装置等について，次の事項を守らなければならない。
1　**安全装置等を取外し**，又はその**機能を失わせないこと**。
2　臨時に**安全装置等を取外し又は機能を失わせる必要がある時**は，あらかじめ，**事業者の許可を受けること**。
3　前号の許可を受けて安全装置等を取外し又は機能を失わせた時は，その必要がなくなった後，直ちにこれを原状に復しておくこと。
4　安全装置等が取外され，又はその機能を失ったことを発見した時は，速やかに，その旨を事業者に申し出ること。
2　事業者は，労働者から前項第四号の規定による申出があった時は，速やかに，適当な措置を講じなければならない。

　　　　　　　　　　　労働安全衛生規則第29条（労働者の守るべき事項）

　本条は，取付けが義務付けられている巻過防止装置や過負荷防止装置等の安全装置について述べたものです。

2-7　検査証の備え付け

　つり上げ荷重が3t以上の移動式クレーンを用いて**作業を行う時**は，当該**移動式クレーンに検査証を備え付けて**おかなければならない。

クレーン等安全規則第63条（検査証の備え付け）

2-8　外れ止め装置の使用

　移動式クレーンを用いて**荷をつり上げる時**は，**外れ止め装置を使用**しなければならない。

クレーン等安全規則第66条の3（外れ止め装置の使用）

2-9　違法な指示の禁止

　注文者は，その請負人に対し，当該仕事に関し，その指示に従って当該請負人の労働者を労働させたならば，この**法律又はこれに基づく命令の規定に違反する指示をしてはならない。**

労働安全衛生法第31条の4（違法な指示の禁止）

　本条は，労働安全衛生法やクレーン等安全規則の法令等に反する命令を労働者に指示してはならないと定めたものです。

2-10　傾斜角の制限

　移動式クレーンは，移動式クレーン明細書に記載されている**ジブの傾斜角**（つり上げ荷重が3t未満の移動式クレーンにあっては，これを製造した者が指定したジブの傾斜角）の**範囲を超えて使用してはならない。**

クレーン等安全規則第70条（傾斜角の制限）

　つり上げ荷重が3t未満の移動式クレーンは，仕様書又は説明書に使用可能な傾斜角の範囲が記載されています。

2-11　過負荷の制限

　事業者は，移動式クレーンに**定格荷重を超える荷重を掛けて使用**してはならない。

クレーン等安全規則第69条（過負荷の制限）

　本条は，定格荷重を超える荷重を掛けて使用することを禁止したものです。荷重試験を行う場合を除き，如何なる例外も認められません。

2-12　搭乗の制限

移動式クレーンにより，労働者を運搬又は労働者をつり上げて作業させては
ならない。

クレーン等安全規則第72条（搭乗の制限）

　事業者は，前条の規定に係らず，**作業の性質上やむを得ない場合又は安全な
作業の遂行上必要な場合**は，移動式クレーンのつり具に**専用の搭乗設備**を設け
て労働者を乗せることができる。

2　事業者は，前条の搭乗設備については，墜落による労働者の危険を防止す
るため次の事項を行わなければならない。

　　1　搭乗設備の転位及び脱落を防止する措置を講じること。

　　2　労働者に要求性能墜落制止用器具等を使用させること。

　　3　搭乗設備と搭乗者との総重量の1.3倍に相当する重量に500kgを加えた
　　　値が移動式クレーンの定格荷重を超えないこと。

　　4　搭乗設備を下降させる時は，動力降下の方法によること。

3　労働者は，前項の場合において安全帯等の使用を命じられた時は，これを
使用しなければならない。

クレーン等安全規則第73条（搭乗の制限）

　移動式クレーンにより，労働者を運搬又はつり上げて作業させることは禁じ
られています。ただし，やむを得ない場合は，専用の搭乗設備に労働者を乗せ
て作業させることができます。作業の性質上やむを得ない場合とは，臨時に行
う小規模な短時間作業や作業方法が確立されていない補修作業をいいます。安
全な作業の遂行上必要な場合とは，移動式クレーンを使用することによって，
より安全な作業が期待できるものをいいます。また，要求性能墜落制止用器具
等とは，墜落による危険性に応じた性能を有する安全帯等をいうものです。

2-13　運転位置からの離脱の禁止

　事業者は，移動式クレーンの運転者を，荷をつったまま運転位置から離れさ
せてはならない。

2　前項の運転者は，**荷をつったまま**運転位置から離れてはならない。

クレーン等安全規則第75条（運転位置からの離脱の禁止）

　移動式クレーンの運転者が運転位置から離れる場合は，つり荷を降ろし，エ
ンジンを切ってから離れます。

2-14　使用の禁止

　地盤が軟弱であること，埋設物その他地下に存する工作物が損壊する恐れがあること等により，**移動式クレーンが転倒する恐れのある場所**においては，**移動式クレーンを用いて作業を行ってはならない。**ただし，当該場所において，移動式クレーンの転倒を防止するため必要な広さ及び強度を有する鉄板等が敷設され，その上に移動式クレーンを設置している時は，この限りでない。

　　　　クレーン等安全規則第70条の3（使用の禁止）

　工作物が損壊する恐れがあること等の「等」には，法肩の崩壊が含まれています。転倒を防止する必要な広さ及び強度とは，地盤の状況，地下の工作物の状況に応じた沈下しない広さ及びアウトリガに加わる荷重によって変形を生じない強度をいうものです。

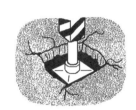

2-15　アウトリガの位置

　アウトリガを使用する移動式クレーンを用いて作業を行う時は，当該アウトリガを当該鉄板等の上で移動式クレーンが転倒する恐れのない位置にアウトリガを設置しなければならない。

　　　　　　　　クレーン等安全規則第70条の4（アウトリガの位置）

　鉄板等の「等」には，敷板が含まれます。転倒する恐れのない位置とは，鉄板等の中央部分をいうものです。

2-16　アウトリガの張出し

　アウトリガを有する移動式クレーン又は拡幅式のクローラを有する移動式クレーンを用いて作業を行う時は，当該アウトリガ又はクローラを**最大限に張出さなければならない。**ただし，アウトリガ又はクローラを最大限に張出すことができない場合であって，当該移動式クレーンに掛ける荷重が当該移動式クレーンのアウトリガ又はクローラの張出幅に応じた定格荷重を確実に下回ることが確実に見込まれる時は，この限りでない。

　　　　　　　　クレーン等安全規則第70条の5（アウトリガの張出し）

　本条は，原則として，アウトリガ等を最大限に張出さなければならないと定めています。ただし，移動式クレーンに掛ける荷重が定格荷重を確実に下回る場合は，この限りではありません。

2-17　作業の方法等の決定

　事業者は，移動式クレーンを用いて作業を行う時は，移動式クレーンの転倒等による労働者の危険を防止するため，あらかじめ，当該作業に係る場所の広さ，地形及び地質の状態，運搬しようとする荷の質量，使用する移動式クレーンの種類及び能力等を考慮して，次の事項を定めなければならない。

　　1　移動式クレーンによる作業の方法

　　2　移動式クレーンの転倒を防止するための方法

　　3　移動式クレーンによる作業に係る労働者の配置及び指揮の系統

　2　事業者は，当該事項について，作業の開始前に関係労働者に周知させなければならない。

クレーン等安全規則第66条の2（作業の方法等の決定等）

　移動式クレーンの転倒等の「等」には，移動式クレーンの上部旋回体による挟まれ，荷の落下，架空電線の充電電路による感電等が含まれます。移動式クレーンによる作業の方法とは，移動式クレーンの設置位置，一度につり上げる荷の質量，積み降ろしの位置，玉掛けの方法等をいいます。転倒を防止するための方法とは，地盤の状況に応じた鉄板の敷設，アウトリガの張出し及び位置等をいい，労働者の配置を定めるとは，作業の指揮，玉掛け，合図等を行う者を定め，作業場所ならびに立入禁止区域を定めることをいいます。

2-18　強風時の作業中止

　事業者は，強風のため**移動式クレーンに係る作業の実施について危険が予想される時**は，当該作業を中止しなければならない。

クレーン等安全規則第74条の3（強風時の作業中止）

　強風とは，10分間の平均風速が10m/s以上の風をいうものです。移動式クレーンに係る作業に危険が予想される時とは，風の影響によってつり荷に振れや回転が起こり，労働者に危険を及ぼす恐れがある時，定格荷重の荷をつり上げる作業中に荷の作業半径が風圧で増大し，定格荷重を超える荷重が掛かる恐れがある時をいいます。移動式クレーンは，機体の構造や荷の形状によって風の影響による危険度が異なるため，個々の作業によって適切な判断を下すことが大切です。

2-19　強風時における転倒の防止

　強風により作業を中止した移動式クレーンが転倒する恐れのある時は，当該移動式クレーンのジブの位置を固定させる等により，移動式クレーンの転倒による労働者の危険を防止するための措置を講じなければならない。

クレーン等安全規則第74条の4（強風時における転倒の防止）

　本条は，作業中以外の移動式クレーンの転倒する恐れのある時の労働者の危険を防止するための措置について定めたものです。労働者の危険を防止するための措置には，移動式クレーンのジブを堅固な物に固定させる又はジブを収納する等の他，移動式クレーンの転倒により危険がおよぶ恐れのある範囲内を立入禁止とする措置が含まれます。

2-20　ジブの組立等の作業

　事業者は，移動式クレーンのジブの組立又は解体の作業を行う時は，次の措置を講じなければならない。

1　**作業を指揮する者を選任**し，その者の指揮の下に作業を実施させること。

2　作業を行う区域に**関係労働者以外の労働者が立ち入ることを禁止**し，かつ，その旨を見やすい箇所に**表示**すること。

3　強風，大雨，大雪等の悪天候のため，作業の実施について**危険が予想される時**は，当該**作業に労働者を従事させない**こと。

2　事業者は，前項第1号の作業を指揮する者に，次の事項を行わせなければならない。

1　作業の方法及び労働者の配置を決定し，作業を指揮すること。

2　材料の欠点の有無並びに器具及び工具を点検し，不良品を取除くこと。

3　作業中，要求性能墜落制止用器具等及び保護帽の使用状況を監視すること。

クレーン等安全規則第75条の2（ジブの組立等の作業）

　ジブの組立又は解体の作業には，移動式クレーンに常時備えられている補助ジブを主ジブに着脱させる作業は含まれません。作業を行う区域の関係労働者とは，当該作業に従事する労働者，当該作業のための材料の運搬又は整理を行う労働者，作業の指示又は連絡等にあたる労働者をいうものです。第1項第3号の「強風，大雨，大雪等の悪天候」には，作業地域が悪天候になっていることの他に，当該地域に強風，大雨，大雪等の注意報又は警報が発せられ，悪天候になることが予想される場合が含まれます。

第3編　移動式クレーンの関係法令

―移動式クレーンの使用から廃止まで―

　移動式クレーンの使用から廃止に至るまでの各種検査や手続き等は，次のような流れで行われます。ただし，つり上げ荷重が0.5t未満のものは含まれません。

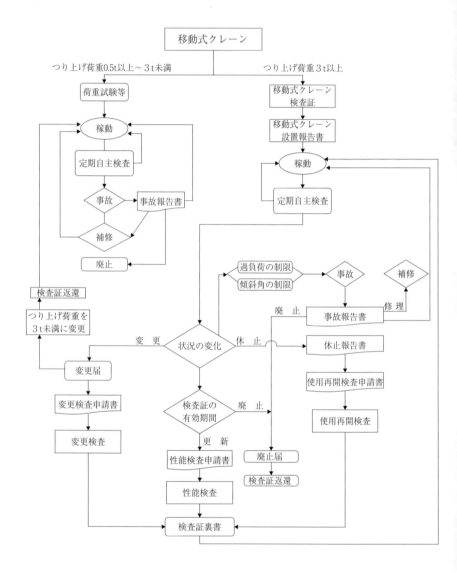

学科試験の実力を体感！ 本試験によくでる問題

よくでる問題 108

安全装置の遵守する事項として，誤っているものはどれか。

(1) 安全装置を取外したり，機能を失わせたりしないこと。

(2) 安全装置の機能の停止を発見した時は，事業者に申し出ること。

(3) 安全装置の取外しや機能を失わせる必要がある時は，あらかじめ，整備担当者の許可を受けること。

(4) 許可を受けた安全装置の取外しの必要がなくなった時は，直ちに原状に復すること。

(5) 事業者は，労働者から安全装置等の機能が失われている旨の申出があった時は，速やかに適当な措置を講じること。

  解説

安全装置の取外し等は，事業者の許可を受ける必要があります。

よくでる問題 109

下文中の［　　］に当てはまる用語として，正しいものはどれか。

「油圧を動力として用いる移動式クレーンの油圧の過度な昇圧を防止する安全弁は，平常時の作業においては［　　］に相当する荷重を掛けた時の圧力以下で作用するように調整しておかなければならない。」

(1) 最大の荷重

(2) 最大の定格荷重

(3) つり上げ荷重

(4) 定格荷重の1.25倍の荷重

(5) つり上げ荷重の1.25倍の荷重

  解説

油圧を動力として用いる移動式クレーンの油圧の過度な昇圧を防止する安全弁は，平常時の作業においては［最大の定格荷重］に相当する荷重を掛けた時の圧力以下で作用するように調整しておかなければならない。

よくでる問題　110

　移動式クレーンの作業における転倒等による危険を防止するため，法令上，事業者があらかじめ定める事項に該当しないものはどれか。

(1)　移動式クレーンによる作業の方法
(2)　移動式クレーンの転倒を防止するための方法
(3)　移動式クレーンによる作業に係る労働者の配置
(4)　移動式クレーンによる作業に係る指揮の系統
(5)　移動式クレーンの安全弁の機能の確認

　移動式クレーンの転倒等による危険を防止するために事業者があらかじめ定める事項には，安全弁の機能の確認は含まれません。

よくでる問題　111

　移動式クレーンの使用に関する説明として，誤っているものはどれか。

(1)　移動式クレーンを使用する時は，設計の基準とされた荷重を受ける回数及び状態としてつる荷の重さに留意する。
(2)　移動式クレーンを用いて作業を行う時は，移動式クレーンの運転者及び玉掛けを行う者が移動式クレーンの定格荷重を常時知ることができるよう，表示その他の措置を講じなければならない。
(3)　つり上げ荷重が3t以上の移動式クレーンは，厚生労働大臣の定める基準に適合するものでなければ使用してはならない。
(4)　移動式クレーンに荷をつったまま運転者を運転位置から離れさせる時は，原動機を止め，かつ，ブレーキを確実に掛ける等の措置を講じる。
(5)　地盤が軟弱な場合，転倒を防止するための必要な広さと強度を有する鉄板等の上に設置している時は移動式クレーンを使用できる。

　事業者は，如何なる場合も移動式クレーンに荷をつったまま運転者を運転位置から離れさせてはなりません。

よくでる問題　112

移動式クレーンの使用に関する説明として，誤っているものはどれか。

(1)　やむを得ない事由がある場合は，移動式クレーンに定格荷重を超える荷重を掛けて使用することができる。

(2)　アウトリガを有する移動式クレーンを用いて作業を行う時は，原則として，アウトリガを最大に張出さなければならない。

(3)　強風のため移動式クレーンが転倒する恐れがある場合は，ジブを堅固な物に固定する等の措置を講じなければならない。

(4)　移動式クレーンを用いて作業を行う時は，移動式クレーンに検査証を備え付けておかなければならない。

(5)　移動式クレーンの作業方法は，転倒等による災害を防止するため，地形及び地質の状態等を考慮して決定しなければならない。

移動式クレーンは，荷重試験を行う場合を除き，如何なる理由があろうとも定格荷重を超える荷重を掛けて使用してはなりません。

よくでる問題　113

移動式クレーンのジブの組立作業を行う場合の事業者が講じなければならない措置として，法令上，誤っているものはどれか。

(1)　作業を行う区域は，関係労働者以外の立入りを禁止する。

(2)　作業を指揮する者を選任し，その者の指揮の下に作業を実施させる。

(3)　作業中，作業を指揮する者に要求性能墜落制止用器具等や保護帽の使用状況を監視させる。

(4)　作業を指揮する者に材料の欠点の有無並びに器具及び工具の機能を点検させ，不良品を取除かせる。

(5)　作業の実施に危険が予想される時は，気象情報を把握した上で労働者を作業に従事させる。

強風，大雨，大雪等の悪天候のため，作業の実施について危険が予想される時は，労働者を作業に従事させてはなりません。

よくでる問題　114

　移動式クレーンのつり具に専用の搭乗設備を設けて労働者をつり上げて作業させる場合の説明として，誤っているものはどれか。

(1)　搭乗設備に乗る者には，安全帯を使用させる。

(2)　搭乗設備には，転位及び脱落を防止する措置を講じる。

(3)　搭乗設備を下降させる時は，動力降下の方法によること。

(4)　高所作業車の持ち合せがない場合は，搭乗設備を設けて労働者をつり上げて作業させることができる。

(5)　搭乗設備と搭乗者との総重量の1.3倍に相当する重量に500kgを加えた値が移動式クレーンの定格荷重を超えないこと。

 解説

　作業の性質上やむを得ない場合又は安全な作業の遂行上必要な場合は，専用の搭乗設備を設けて労働者を乗せることができます。高所作業車の有無は，作業の性質上やむを得ない場合には該当しません。

よくでる問題　115

　直働式巻過防止装置において，調整しておかなければならないつり具の上面とこれに接触する恐れがあるジブの先端のシーブその他当該上面が接触する恐れがある物（傾斜したジブを除く。）の下面との間隔との間隔として，正しいものはどれか。

(1)　0.05m 未満

(2)　0.05m 以上

(3)　0.25m 未満

(4)　0.25m 以上

(5)　0.50m 以上

  解説

　直働式巻過防止装置は0.05m 以上，間接式巻過防止装置は0.25m 以上となるように調整しておかなければなりません。

よくでる問題 116

　下文中の［　　］のA及びBに当てはまる用語の組合せとして，法令上，正しいものはどれか。

　「移動式クレーン［　A　］に記載されている［　B　］（つり上げ荷重が3t未満の移動式クレーンにあっては，これを製造した者が指定した［　B　］）の範囲を超えて使用してはならない。」

	A	B
(1)	明細書	ジブの傾斜角
(2)	明細書	アウトリガ
(3)	検査証	定格荷重
(4)	設置報告書	定格荷重
(5)	設置報告書	ジブの傾斜角

　移動式クレーン［明細書］に記載されている［ジブの傾斜角］（つり上げ荷重が3t未満の移動式クレーンにあっては，これを製造した者が指定した［ジブの傾斜角］）の範囲を超えて使用してはならない。

正　解
【問題108】　(3)　【問題109】　(2)　【問題110】　(5)　【問題111】　(4)　【問題112】　(1)
【問題113】　(5)　【問題114】　(4)　【問題115】　(2)　【問題116】　(1)

3 変更，休止及び性能検査

チャレンジ問題

　つり上げ荷重が 5 t の移動式クレーンの次の部分に変更を加える場合，法令上，変更届を提出する必要がないものはどれか。

(1) ジブ
(2) 原動機
(3) ブレーキ
(4) つり上げ機構
(5) 過負荷防止装置

■ 解答と解説 ■

　過負荷防止装置は，変更届の提出が必要な部分ではありません。したがって，変更届を提出する必要はありません。

正解　(5)

これだけ重要ポイント

変更届の提出が必要な部分及び変更検査の対象となる部分について学習しましょう。また，性能検査の荷重試験と他の荷重試験との違い及び検査証の有効期間について理解しましょう。

　移動式クレーンには，製造段階から設置，使用，廃止に至るまでの体系的な規制が設けられています。移動式クレーンの安全性が製造時において確認されていても，時間が経過するにつれて機能や強度は低下します。このため，移動式クレーンに性能検査を設けると共に，ジブを取替える場合や検査証の有効期間を超えて休止していた移動式クレーンを再び使用する場合の機会を捉えて検査を行うことで安全性を継続して維持し，移動式クレーンの不備を起因とする災害を防いでいます。

3-1　移動式クレーンの変更

　つり上げ荷重が 3 t 以上の移動式クレーンは，変更届の提出が必要な変更部分と，変更検査を必要とする部分が定められています。

変 更 届

　設置されている移動式クレーンについて，次の各号のいずれかに掲げる部分を変更しようとする事業者は，**移動式クレーン変更届に移動式クレーン検査証及び変更しようとする部分の図面**（ワイヤロープ又はつりチェーンの図面を除く。）を添えて，工事開始の**30日前**までに**所轄労働基準監督署長に提出**しなければならない。

1　ジブ，その他の構造部分
2　原動機
3　ブレーキ
4　つり上げ機構
5　ワイヤロープ又はつりチェーン
6　フック，グラブバケット等のつり具
7　**台車**

クレーン等安全規則第85条（変更届）

移動式クレーン明細書に記載されている継ぎジブの取付け又は取外しは，変更には含まれません。

変更検査の申請

　前条第 1 項第 1 号又は第 7 号に該当する部分に変更を加えた者は，当該移動式クレーンについて，**所轄労働基準監督署長の検査を受け**なければならない。ただし，所轄労働基準監督署長が当該検査の必要がないと認めた移動式クレーンについては，この限りでない。

　変更検査を受けようとする者は，移動式クレーン変更検査申請書を所轄労働基準監督署長に提出しなければならない。

クレーン等安全規則第86条第 1 項，第 3 項（変更検査）

　変更検査の申請を行う部分は，ジブ，その他の構造部分及び台車です。原動機等の変更は，変更検査の申請を行う必要はありません。所轄労働基準監督署長が変更検査の必要がないと認めた移動式クレーンには，変更によって，つり上げ荷重が 3 t 未満になる移動式クレーンが該当します。

変更検査の内容

第55条第2項から第4項までの規定（製造検査の規定）は，変更検査について準用する。

クレーン等安全規則第86条第2項（変更検査）

変更検査は，製造検査と同様の検査（P209参照）が行われます。

変更検査を受ける場合の措置

変更検査を受ける者は，当該検査を受ける移動式クレーンについて，荷重試験及び安定度試験のための荷及び玉掛用具を準備しなければならない。

2　所轄労働基準監督署長は，変更検査に必要があると認める時は，当該検査に係る移動式クレーンについて，次の事項の検査を受ける者に命ずることができる。

　　1　安全装置を分解すること

　　2　塗装の一部を剥がすこと

　　3　リベットを抜き出し又は部材の一部に穴を開けること

　　4　ワイヤロープの一部を切断すること

　　5　前各号に掲げる事項の他，当該検査のために必要と認める事項

3　変更検査を受ける者は，当該検査に立ち会わなければならない。

クレーン等安全規則第87条（変更検査を受ける場合の措置）

検査証の裏書

所轄労働基準監督署長は，変更検査に合格した移動式クレーン又は所轄労働基準監督署長が変更検査の必要がないと認めた移動式クレーンについて，**移動式クレーン検査証**に検査期日，変更部分及び検査結果について**裏書**を行うものとする。

クレーン等安全規則第88条（検査証の裏書）

変更検査の裏書きは，変更検査に合格したことを示すもので，移動式クレーン検査証の有効期間を更新するものではありません。

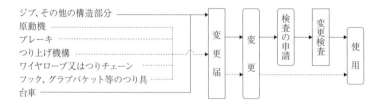

3-2　移動式クレーンの休止

　つり上げ荷重が3t以上の移動式クレーンを設置している者が移動式クレーンの使用を休止しようとする場合において，その**休止しようとする期間が移動式クレーン検査証の有効期間を経過した後に渡る時**は，移動式クレーン検査証の有効期間中にその旨を**所轄労働基準監督署長に報告**しなければならない。ただし，認定を受けた事業者については，この限りでない。

クレーン等安全規則第89条（休止の報告）

　本条の休止は，設置したまま相当期間使用しないものをいうものです。

3-3　移動式クレーンの使用再開

　使用を休止した移動式クレーンを再び使用しようとする者は，当該移動式クレーンについて，**所轄労働基準監督署長の検査**を受けなければならない。

2　第55条第2項から第4項までの規定（製造検査の規定）は，使用再開検査について準用する。

3　使用再開検査を受けようとする者は，**移動式クレーン使用再開検査申請書を所轄労働基準監督署長に提出**しなければならない。

クレーン等安全規則第90条（使用再開検査）

　使用再開検査及び使用再開検査を受ける場合の措置には，製造検査及び製造検査を受ける場合の措置が準用されます。（P209～P210参照）

検査証の裏書

　所轄労働基準監督署長は，使用再開検査に合格した移動式クレーンについて，移動式クレーン検査証に検査期日及び検査結果について裏書を行う。

クレーン等安全規則第92条（検査証の裏書）

　使用再開検査に合格した移動式クレーンは，移動式クレーン**検査証の有効期間が更新**されます。

3-4　移動式クレーンの廃止等

　移動式クレーンを設置している者が当該移動式クレーンについて，その**使用を廃止した時又はつり上げ荷重を3t未満に変更した時**は，その者は，遅滞なく，**移動式クレーン検査証を所轄労働基準監督署長に返還**しなければならない。

クレーン等安全規則第93条（検査証の返還）

　使用を廃止した移動式クレーンを再び使用する場合は，使用検査を受ける必要があります。

3-5　移動式クレーンの性能検査

　製造検査又は使用検査に合格した移動式クレーンには，検査証が交付されています。移動式クレーン検査証は，原則として2年の有効期間が設けられており，有効期間の満了を迎える移動式クレーンを継続して使用するためには，検査証の有効期間内に性能検査を受けなければなりません。検査証の有効期間が過ぎた移動式クレーン（休止報告がなされたものを除く。）は，廃止したものとみなされ，使用することができません。

性能検査の申請

　検査証の有効期間の更新を受けようとする者は，厚生労働省令で定めるところにより，当該特定機械等及びこれに係る厚生労働省令で定める事項について，厚生労働大臣の登録を受けた者（**登録性能検査機関**）が行う**性能検査**を受けなければならない。

労働安全衛生法第41条（性能検査の申請）

　移動式クレーンに係る性能検査（労働基準監督署長が行うものに限る。）を受けようとする者は，移動式クレーン性能検査申請書を所轄労働基準監督署長に提出しなければならない。

クレーン等安全規則第82条（性能検査の申請）

　性能検査の申請は，通常，登録性能検査機関に行います。ただし，登録性能検査機関の検査業務の全部又は一部の休止又は廃止の届出があった時又は停止を命じられた時，天災その他の事由により登録性能検査機関が性能検査業務の全部又は一部を実施することが困難な時，その他必要があると認める時は，登録性能検査機関の性能検査業務の全部又は一部について所轄労働基準監督署長が検査を行います。

性能検査

　移動式クレーンに係る性能検査においては，**移動式クレーンの各部分の構造及び機能**について点検を行う他，**荷重試験**を行うものとする。
2　第76条第4項の規定は，前項の荷重試験について準用する。

クレーン等安全規則第81条（性能検査）

　第76条第4項は，1年以内ごとに1回，定期に行う自主検査の規定で，「**移動式クレーンに定格荷重に相当する荷重の荷をつって，つり上げ，旋回，走行等の作動を定格速度により行うものとする。**」と定められています。

性能検査を受ける場合の措置

　第56条（製造検査を受ける場合の措置）の規定は，移動式クレーンに係る性能検査を受ける場合について準用する。

クレーン等安全規則第83条（性能検査を受ける場合の措置）

検査証の有効期間の更新

　登録性能検査機関は，移動式クレーンに係る性能検査に合格した移動式クレーンについて，移動式クレーン検査証の有効期間を更新するものとする。この場合において，性能検査の結果により**2年未満又は2年を超え3年以内の期間**を定めて有効期間を更新することができる。

クレーン等安全規則第84条（検査証の有効期間の更新）

　移動式クレーン検査証の**有効期間満了日前2ヶ月以内**に性能検査を受けた場合は，検査証に記載されている**有効期間の満了日の翌日が起算日**となります。また，検査証の**有効期間が2ヶ月を超えて残っている場合**は，**性能検査を受けた日の翌日が起算日**となります。このため，検査証の有効期間の満了前の2ヶ月以内に性能検査を受けるのが一般的です。

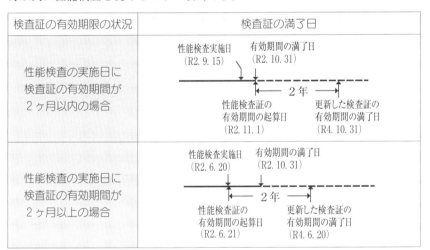

検査証の有効期限の状況	検査証の満了日
性能検査の実施日に検査証の有効期間が2ヶ月以内の場合	性能検査実施日（R2.9.15）　有効期間の満了日（R2.10.31）　2年　性能検査証の有効期間の起算日（R2.11.1）　更新した検査証の有効期間の満了日（R4.10.31）
性能検査の実施日に検査証の有効期間が2ヶ月以上の場合	性能検査実施日（R2.6.20）　有効期間の満了日（R2.10.31）　2年　性能検査証の有効期間の起算日（R2.6.21）　更新した検査証の有効期間の満了日（R4.6.20）

○　検査証の有効期間が経過した移動式クレーン

　検査証を受けていない特定機械等（変更又は再使用に係る検査を受けなければならない特定機械等で，裏書を受けていないものを含む。）は，使用してはならない。

労働安全衛生法第40条第1項（使用の制限）

学科試験の実力を体感！　本試験によくでる問題

よくでる問題　117

つり上げ荷重が20t のトラッククレーンの次の部分を変更した場合，変更検査を受けなければならないものはどれか。

(1)　原動機

(2)　アウトリガ

(3)　箱型構造ジブ

(4)　旋回用ブレーキ

(5)　巻上用ワイヤロープ

ジブ，その他の構造部分及び台車に変更を加えた場合は，変更検査を受けなければなりません。

よくでる問題　118

つり上げ荷重が10t の移動式クレーンの変更検査に関する説明として，法令上，誤っているものはどれか。

(1)　変更検査は，所轄都道府県労働局長が行う。

(2)　変更検査を受ける者は，荷重試験及び安定度試験のための荷及び玉掛用具を準備しなければならない。

(3)　変更検査の荷重試験は，移動式クレーンに定格荷重の1.25倍に相当する荷重の荷をつって，つり上げ，旋回，走行等の作動を行う。

(4)　変更検査の安定度試験は，移動式クレーンに定格荷重の1.27倍に相当する荷重の荷をつって，安定に関し最も不利な条件で地切りすることにより行うものとする。

(5)　変更検査に合格しても，検査証の有効期間は更新されない。

変更検査は，所轄労働基準監督署長が行います。

よくでる問題　119

使用再開検査を受けなければならない移動式クレーンとして，法令上，該当するものはどれか。ただし，認定事業者を除く。

(1)　移動式クレーンを輸入した時。

(2)　使用を廃止した移動式クレーンを再び使用しようとする時。

(3)　移動式クレーン検査証の有効期間を更新しようとする時。

(4)　移動式クレーン検査証の有効期間を経過して休止している移動式クレーンを再び使用する時。

(5)　製造検査を受けた後，2年以上設置されなかった移動式クレーンを設置し，使用しようとする時。

  解説

移動式クレーン検査証の有効期間を経過して休止している移動式クレーンを再び使用する時は，使用再開検査を受けなければなりません。選択肢(1)，(2)，(5)は使用検査，選択肢(3)は性能検査を受けなければなりません。

よくでる問題　120

移動式クレーンの使用再開検査に関する説明として，法令上，誤っているものはどれか。

(1)　移動式クレーンの使用再開検査を受けようとする者は，移動式クレーン使用再開検査申請書を所轄労働基準監督署長に提出しなければならない。

(2)　移動式クレーンの使用再開検査では，安定度試験を行う。

(3)　使用再開検査を受ける者は，検査のためにワイヤロープの一部を切断することを命じられることがある。

(4)　使用再開検査を受ける者は，検査に立ち会わなければならない。

(5)　使用再開検査の安定度試験は，移動式クレーンに定格荷重の1.25倍に相当する荷重の荷をつって，つり上げ，旋回，走行等を行う。

  解説

使用再開検査の安定度試験は，移動式クレーンに定格荷重の1.27倍に相当する荷をつり，移動式クレーンの安定に関して最も不利な条件で地切りすることにより行われます。

よくでる問題　121

移動式クレーンの性能検査に関する説明として，誤っているものはどれか。

(1)　性能検査を受ける者は，検査に立ち会わなければならない。

(2)　性能検査を受ける者は，荷重試験のための荷と玉掛用具を準備しなければならない。

(3)　性能検査を受けようとする者は，原則として，性能検査申請書を所轄労働基準監督署長に提出しなければならない。

(4)　性能検査を受ける者は，検査に必要な場合には塗装の一部を剥がすように命じられることがある。

(5)　性能検査を受ける者は，検査に必要な場合には安全装置を分解するように命じられることがある。

 解説

　性能検査を受けようとする者は，原則として，性能検査申請書を登録性能検査機関に提出しなければなりません。登録性能検査機関が休止，廃止，登録の取消し等の場合は，労働基準監督署長が性能検査を行います。

よくでる問題　122

下文中の [　　] のA～C に当てはまる用語として，正しいものはどれか。

「移動式クレーンに係る性能検査においては，移動式クレーンの各部分の [　A　] 及び [　B　] について点検を行う他，[　C　] 試験を行う。」

	A	B	C
(1)	装　置	損傷の有無	安定度
(2)	構　造	機　能	安定度
(3)	装　置	機　能	安定度
(4)	装　置	損傷の有無	荷　重
(5)	構　造	機　能	荷　重

  解説

　移動式クレーンに係る性能検査においては，移動式クレーンの各部分の [構造] 及び [機能] について点検を行う他，[荷重] 試験を行う。

よくでる問題 123

性能検査の荷重試験に使用する荷の荷重として，正しいものはどれか。

(1) 定格荷重に相当する荷重
(2) 定格荷重の1.25倍に相当する荷重
(3) 定格荷重の1.27倍に相当する荷重
(4) つり上げ荷重に相当する荷重
(5) つり上げ荷重の1.25倍に相当する荷重

性能検査の荷重試験は，移動式クレーンに定格荷重に相当する荷重の荷をつって，つり上げ，旋回，走行等の作動を定格速度により行います。

よくでる問題 124

性能検査等に関する説明として，法令上，誤っているものはどれか。

(1) 検査証の有効期間が過ぎた移動式クレーン（休止報告がなされたものを除く。）は，廃止したものとみなされる。
(2) 移動式クレーン検査証の有効期間が3ヶ月を超えて残っている場合は，性能検査を受けた翌日を起算日とする。
(3) 性能検査では，移動式クレーンの各部分の構造及び機能について点検を行う他，荷重試験を行う。
(4) 性能検査では，安定度試験は行われない。
(5) 性能検査に合格すると，2年未満又は2年を超え3年以内の期間を定めて移動式クレーン検査証の有効期間が更新される。

移動式クレーン検査証の有効期間が2ヶ月を超えて残っている場合は，性能検査を受けた翌日が起算日になります。

| 正　解 |
【問題117】 (3) 【問題118】 (1) 【問題119】 (4) 【問題120】 (5) 【問題121】 (3)
【問題122】 (5) 【問題123】 (1) 【問題124】 (2)

4 移動式クレーンの自主検査

チャレンジ問題

その日の作業を開始する前に行う移動式クレーンの点検項目として，法令上，規定されていないものはどれか。

(1) つり具の損傷の有無
(2) ブレーキの機能
(3) クラッチの機能
(4) 巻過防止装置の機能
(5) 過負荷警報装置の機能

■ 解答と解説 ■

つり具の損傷の有無は，1月以内ごとに1回，定期に行う自主検査の点検項目です。

正解　(1)

これだけ重要ポイント

1月以内ごとに1回，定期に行う自主検査及び作業開始前に行う検査項目について学習しましょう。また，1年以内ごとに1回，定期に行う自主検査の荷重試験についての理解を深めましょう。

移動式クレーン（休止している移動式クレーンを除く。）は，一定期間ごとに検査を実施し，整備不良等による災害を未然に防止することが義務付けられています。移動式クレーンの自主検査には，年次自主検査，月次自主検査及び作業開始前の点検があり，それぞれに検査項目が設けられています。自主検査で実施されている荷重試験は，製造検査等の荷重試験とは異なり，定格荷重に相当する荷重の荷をつって行います。なお，自主検査においては安定度試験を行う必要はありません。

4-1　定期自主検査

　労働安全衛生法と同法に基づくクレーン等安全規則により，つり上げ荷重が0.5t以上の移動式クレーンは，定期に自主検査を行うことが義務付けられています。自主検査を行うための資格は，特に必要ありませんが，厚生労働省は，事業者に対して，検査を行う者に教育カリキュラム等を定めた「定期自主検査者安全教育要領」に基づいた教育（定期自主検査者安全教育）を受けさせることを勧奨しています。

自主検査	年次定期自主検査	月次定期自主検査	作業開始前の点検
点検の時期	1年以内ごとに1回	1月以内ごとに1回	作業開始前
点検実施者	事業者又は 事業者が指名する者	事業者又は 事業者が指名する者	運転者
結果の記録	年次自主検査表	月例自主検査表	点検簿
記録の保存	3年間保存	3年間保存	法的にはない

年次自主検査

　事業者は，移動式クレーンを設置した後，**1年以内ごとに1回**，定期に移動式クレーンの自主検査を行わなければならない。ただし，1年を超える期間使用しない移動式クレーンの**使用しない期間においては，この限りでない。**

2　事業者は，前項ただし書の移動式クレーンについては，その使用を再び開始する際に自主検査を行わなければならない。

3　事業者は，前2項の自主検査においては，荷重試験を行わなければならない。ただし，**自主検査を行う日前2ヶ月以内に性能検査を受け，荷重試験を行った移動式クレーン又は自主検査を行う日後2ヶ月以内に検査証の有効期間が満了する移動式クレーン**については，この限りでない。

4　荷重試験は，移動式クレーンに**定格荷重に相当する荷重の荷をつって，つり上げ，旋回，走行等の作動を定格速度により行う**ものとする。

クレーン等安全規則第76条（定期自主検査）

　移動式クレーンの1年以内ごとに1回，定期に行う自主検査の検査項目や検査方法は，定期自主検査指針に定められています。この指針には，自主検査を行うための具体的な手順が記載されています。

月次自主検査

　事業者は，移動式クレーンについては，**1月以内ごとに1回**，定期に次の事項について自主検査を行わなければならない。ただし，1月を超える期間使用しない移動式クレーンの使用しない期間においては，この限りでない。

1　巻過防止装置その他の安全装置，過負荷警報装置その他の警報装置，ブレーキ及びクラッチの異常の有無

2　ワイヤロープ及びつりチェーンの損傷の有無

3　フック，グラブバケット等のつり具の損傷の有無

4　配線，配電盤及びコントローラの異常の有無

2　事業者は，前項ただし書の移動式クレーンについては，その使用を再び開始する際に自主検査を行わなければならない。

クレーン等安全規則第77条（定期自主検査）

4-2　作業開始前の点検

　事業者は，移動式クレーンを用いて作業を行う時は，その日の作業を開始する前に巻過防止装置，**過負荷警報装置その他の警報装置，ブレーキ，クラッチ及びコントローラの機能**について点検を行わなければならない。

クレーン等安全規則第78条（作業開始前の点検）

　作業開始前の点検は，実際に移動式クレーンを作動させて確認します。

4-3　自主検査等の記録

　事業者は，この節に定める自主検査及び点検（作業開始前の点検を除く。）の結果を記録し，これを**3年間保存**しなければならない。

クレーン等安全規則第79条（自主検査等の記録）

4-4　移動式クレーンの補修

　事業者は，この節に定める自主検査又は点検を行った場合において**異常を認めた時**は，**直ちに補修**しなければならない。

クレーン等安全規則第80条（補修）

　事業者は，法及びこれに基づく命令により設けた安全装置，**覆い**，囲い等（以下，安全装置等という。）が**有効な状態**で使用されるように，それらの**点検及び整備**を行わなければならない。

労働安全衛生規則第28条（安全装置等の有効保持）

学科試験の実力を体感！　本試験によくでる問題

よくでる問題　125

その日の作業を開始する前に行う移動式クレーンの点検項目として，法令に定められていないものはどれか。

(1)　ブレーキの機能

(2)　クラッチの機能

(3)　巻過防止装置の機能

(4)　過負荷警報装置の機能

(5)　ワイヤロープの損傷の有無

  解説

ワイヤロープの損傷の有無は，1月以内ごとに1回，定期に行う検査の項目です。

よくでる問題　126

移動式クレーンの自主検査に関する説明として，法令上，誤っているものはどれか。

(1)　1月以内ごとに1回行う定期自主検査においては，ブレーキの異常の有無について検査を行わなければならない。

(2)　作業開始前の点検においては，コントローラの機能について点検を行わなければならない。

(3)　定期自主検査を行った場合，移動式クレーン検査証にその結果を記載しなければならない。

(4)　定期自主検査の記録は，3年間保存しなければならない。

(5)　つり上げ荷重が3 t未満の移動式クレーンについても，自主検査を行わなければならない。

  解説

移動式クレーン検査証は，自主検査の結果を記録するものではありません。検査の結果は，市販又は自ら作成した自主検査表又は点検簿に記載します。

よくでる問題　127

　移動式クレーンの自主検査に関する説明として，法令上，誤っているものはどれか。

(1)　移動式クレーン検査証が交付されていない移動式クレーンについても，定期自主検査を行わなければならない。

(2)　1月を超える期間使用しない移動式クレーンは，使用しない期間中の定期自主検査を行わなくてよい。

(3)　1年以内ごとに1回，定期に行う自主検査においては，安定度試験を行わなくてよい。

(4)　1月以内ごとに1回行う定期自主検査を実施して異常を認めた時は，次回の定期自主検査までに補修しなければならない。

(5)　1年以内ごとに1回，定期に行う自主検査には，検査項目，検査方法，判定基準を定めた「定期自主検査指針」が公表されている。

　定期自主検査又は作業開始前の点検を行って異常を認めた時は，直ちに補修しなければなりません。

よくでる問題　128

　移動式クレーンの設置後，1年以内ごとに1回，定期に行う自主検査の荷重試験に用いる荷重として，正しいものはどれか。

(1)　定格荷重に相当する荷重

(2)　定格荷重の1.25倍に相当する荷重

(3)　定格荷重の1.27倍に相当する荷重

(4)　つり上げ荷重に相当する荷重

(5)　つり上げ荷重の1.25倍に相当する荷重

　自主検査の荷重試験は，移動式クレーンに定格荷重に相当する荷重の荷をつり，つり上げ，旋回，走行等の作動を定格速度により行うものです。

よくでる問題　129

　下文中の　[　　]　のＡ及びＢに当てはまる用語の組合せとして，法令上，正しいものはどれか。

　「事業者は，移動式クレーンを用いて作業を行う時は，その日の作業を開始する前に　[　Ａ　]，過負荷防止装置，その他の警報装置，[　Ｂ　]，クラッチ及びコントローラの機能について点検を行わなければならない。」

	Ａ	Ｂ
(1)	アウトリガ	フック
(2)	巻過防止装置	ブレーキ
(3)	フック	油圧モータ
(4)	ワイヤロープ	アウトリガ
(5)	グラブバケット	ワイヤロープ

解説

　事業者は，移動式クレーンを用いて作業を行う時は，その日の作業を開始する前に　[巻過防止装置]，過負荷防止装置，その他の警報装置，[ブレーキ]，クラッチ及びコントローラの機能について点検を行わなければならない。

正　解

【問題125】　(5)　【問題126】　(3)　【問題127】　(4)　【問題128】　(1)　【問題129】　(2)

5 玉掛け及び玉掛用具

チャレンジ問題

移動式クレーンの合図に関する説明として，正しいものはどれか。

(1) 合図は，定められた方法であれば誰が行ってもよい。
(2) 合図は，事業者に指名された者だけが行うことができる。
(3) 合図の方法は，移動式クレーンの運転者が定めることができる。
(4) 合図の方法は，合図を行う者が定め，移動式クレーンの運転者と関係労働者に周知させる。
(5) 事業者は，移動式クレーンの運転者に単独で作業を行わせる時であっても合図を行う者を指名しなければならない。

■ 解答と解説 ■

合図は，事業者に指名された者だけが行うことができます。

正解　(2)

これだけ重要ポイント

使用が禁止されているワイヤロープの素線の断線率や直径の減少率の求め方について習得しましょう。また，つり荷の下への立入禁止の範囲を正しく理解しましょう。

　玉掛けとは，ワイヤロープや繊維ロープ等を荷に掛けたり移動式クレーンのフックに掛けたりする一連の作業をいうものです。平成2年以前の法令の表記には，「玉掛」と「玉掛け」が混在していましたが，平成16年の法令の改正により，現在は「玉掛け」に統一されています。ただし，「玉掛用具」のような場合には送り仮名が省略されています。なお，クレーン等安全規則においては，「クレーン，移動式クレーン又はデリックの玉掛用具」と規定されていますが，ここでは移動式クレーンの玉掛用具として解説しています。

5-1　移動式クレーンの合図

　事業者は，移動式クレーンを用いて作業を行う時は，移動式クレーンの運転について一定の**合図を定め**，**合図を行う者を指名**し，その者に合図を行わせなければならない。ただし，**移動式クレーンの運転者に単独で作業を行わせる時は，この限りでない。**

2　前項の指名を受けた者は，同項の作業に従事する時は，同項の合図を行わなければならない。

3　第1項の作業に従事する労働者は，合図に従わなければならない。

クレーン等安全規則第71条（運転の合図）

　特定元方事業者は，その労働者及び関係請負人の労働者の作業が同一の場所において行われる場合において，当該作業が移動式クレーンを用いて行うものである時は，移動式クレーンの運転についての**合図を統一的に定め**，これを**関係請負人に周知**させなければならない。

2　特定元方事業者及び関係請負人は，自ら行う作業について前項の移動式クレーンの運転についての合図を定める時は，同項の規定により統一的に定められた合図と同一のものを定めなければならない。

労働安全衛生規則第639条（クレーンの合図の統一）

　事業者は，合図を行う者を玉掛けの有資格者の中から指名しなければなりません。また，合図者の合図が不明瞭な場合は，運転する者の判断ではなく，合図者に再度確認した上で運転しなければなりません。特定業種である建設業や造船業の業務の一部を請負人に請け負わせている事業者を特定元方事業者といい，請負契約による請負人を関係請負人（協力会社）といいます。

5-2　重量表示

　1つの貨物で，重量が1t以上のものを発送しようとする者は，見やすく，かつ，容易に消滅しない方法で，当該貨物にその重量を表示しなければならない。ただし，包装されていない貨物で，その重量が一見して明らかであるものを発送しようとする時は，この限りでない。

労働安全衛生法第35条（重量表示）

　1つの荷の重さが1t以上ある場合は，荷の見やすい位置に重量を表示することが義務付けられています。荷の重さは，国際単位系の質量で表示すべきですが，実社会では今でも重力単位の表示方法が用いられています。

5-3　立入禁止

　事業者は，移動式クレーンに係る作業を行う時は，当該移動式クレーンの上部旋回体と接触することにより労働者に危険が生ずる恐れのある箇所に労働者を立入らせてはならない。

クレーン等安全規則第74条（立入禁止）

　事業者は，移動式クレーンに係る作業を行う場合であって，次の各号のいずれかに該当する時は，つり上げられている荷（第6号の場合にあっては，つり具を含む。）の下に労働者を立入らせてはならない。

1　**ハッカーを用いて玉掛けをした荷**がつり上げられている時
2　**つりクランプ1個を用いて玉掛けをした荷**がつり上げられている時
3　ワイヤロープ等（つりチェーン，繊維ロープ又は繊維ベルト等）を用いて**1箇所に玉掛けをした荷**がつり上げられている時（荷に設けられた穴又は**アイボルト**にワイヤロープ等を通して玉掛けをしている場合を除く。）
4　複数の荷が一度につり上げられている場合であって，複数の荷が結束されて箱に入れられる等により**固定されていない時**
5　**磁力又は陰圧**により吸着させるつり具又は玉掛用具を用いて玉掛けをした荷がつり上げられている時
6　**動力下降以外の方法**（自由降下）によって荷やつり具を下降させる時

クレーン等安全規則第74条の2（立入禁止）

　本条は，荷の下にやむを得ず立入らなければならない場合の荷の下への立入禁止の範囲を定めたものです。ハッカーは，先端がツメの形をしたもので，このツメを荷の端に引っ掛けて使用するため，ハッカーの使用数に係らず，つり上げられている荷の下への労働者の立入りを禁じています。荷の下には，荷の直下及び荷の振れや回転する恐れのある直下が含まれます。磁力，陰圧とは，リフチングマグネット，バキュームリフターをいうものです。

ハッカー

クランプ

アイボルト

5-4 使用範囲の制限

　事業者は，磁力もしくは陰圧により吸着させる玉掛用具，チェーンブロック又はチェーンレバーホイスト（以下，玉掛用具という。）を用いて玉掛けの作業を行う時は，玉掛用具について定められた使用荷重等の範囲で使用しなければならない。

2　事業者は，つりクランプを用いて玉掛けの作業を行う時は，つりクランプの用途に応じて玉掛けの作業を行うと共に，つりクランプについて定められた使用荷重等の範囲で使用しなければならない。

クレーン等安全規則第219条の2（使用範囲の制限）

チェーンブロック　　チェーンレバー　　横つりクランプ

5-5 リングの具備等

　事業者は，エンドレスでないワイヤロープ又はつりチェーンについては，その**両端にフック，シャックル，リング又はアイ（輪の形状）を備えているもの**でなければ移動式クレーンの**玉掛用具として使用してはならない。**

2　前項のアイは，アイスプライスもしくは圧縮止め又はこれらと同等以上の強さを保持する方法によるものでなければならない。この場合において，アイスプライスは，ワイヤロープのすべてのストランドを**3回以上**編み込んだ後，それぞれのストランドの素線の半数の素線を切り，残された素線を更に**2回以上**（すべてのストランドを4回以上編み込んだ場合には，1回以上）編み込むものとする。クレーン等安全規則第219条（リングの具備等）

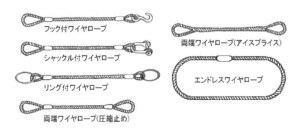

5-6　玉掛用具の安全係数

　移動式クレーン等に使用される玉掛用具は，玉掛用ワイヤロープ等の破断する荷重よりも低い荷重で使用することで安全性を高めています。

玉掛用ワイヤロープ

　事業者は，移動式クレーンの玉掛用具であるワイヤロープの**安全係数**については，**6以上**でなければ使用してはならない。

2　前項の安全係数は，ワイヤロープの**切断荷重の値をワイヤロープに掛かる荷重の最大の値で除した値**とする。

　　　　　　　　　クレーン等安全規則第213条（玉掛用ワイヤロープの安全係数）

　本条は，玉掛用ワイヤロープの安全係数の最低値を示したものです。仮に破断荷重が600kgの玉掛用ワイヤロープの場合は，そのロープには100kgを超える荷重を掛けてはならないと定めたものです。

玉掛用つりチェーン

　事業者は，移動式クレーンの玉掛用具であるつりチェーンの安全係数については，次の各号に掲げるつりチェーンの区分に応じ，当該各号に掲げる値以上でなければ使用してはならない。

　1　次のいずれにも該当するつりチェーン　**安全係数4以上**

　　イ　切断荷重の2分の1の荷重で引っ張った場合において，その伸びが
　　　0.5%以下のものであること。

　　ロ　その引張強さの値が400N/mm²以上であり，かつ，その伸びが，次の
　　　表の上欄に掲げる引張強さの値に応じ，それぞれ同表の下欄に掲げる値
　　　以上となるものであること。

引張強さ（N/mm²）	伸び（%）
400以上630未満	20
630以上1000未満	17
1000以上	15

　2　前号に該当しないつりチェーン　**安全係数5以上**

2　前項の安全係数は，つりチェーンの切断荷重の値を，つりチェーンに掛かる荷重の最大の値で除した値とする。

　　　　　　　クレーン等安全規則第213条の2（玉掛用つりチェーンの安全係数）

玉掛用フック等

　事業者は，移動式クレーンの玉掛用具であるフック又はシャックルの安全係数については，**5以上**でなければ使用してはならない。

2　前項の安全係数は，フック又はシャックルの切断荷重の値を，フック又はシャックルに掛かる荷重の最大の値で除した値とする。

クレーン等安全規則第214条（玉掛用フック等の安全係数）

フック　　　　　　　　シャックル

5-7　不適格な玉掛用具

　次のような玉掛用具は，移動式クレーン等の玉掛けに使用することが禁止されています。

ワイヤロープ

　事業者は，次の各号のいずれかに該当するワイヤロープを移動式クレーンの玉掛用具として使用してはならない。

1　ワイヤロープ1よりの間において素線（フィラー線を除く。）の数の**10％以上の素線が切断**しているもの

2　直径の減少が公称径の**7％を超える**もの

3　キンクしたもの（局部的なより）

4　著しい形崩れ又は腐食があるもの

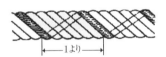

例題1

　6×24のワイヤロープ1よりの間において15本の素線が切断している場合，10％以上の素線が切断しているため，玉掛けには使用できません。

$$素線の切断率 = \frac{15}{6 \times 24} \times 100 = \frac{15}{144} \times 100 ≒ 10.41\%$$

例題2

　公称径14mmのワイヤロープの直径が12mmに減少している場合，直径の減少が公称径の7％を超えているため，玉掛けには使用できません。

$$直径の減少率 = \frac{14-12}{14} \times 100 = \frac{2}{14} \times 100 ≒ 14.28\%$$

つりチェーン

事業者は，次の各号のいずれかに該当するつりチェーンを移動式クレーンの玉掛用具として使用してはならない。

1　伸びが，製造された時の長さの**5％を超えるもの**

2　リンクの断面の直径の減少が，製造された時のリンクの断面の直径の**10％を超えるもの**

3　亀裂があるもの

クレーン等安全規則第216条（不適格なつりチェーンの使用禁止）

フック等

事業者は，フック，シャックル，リング等の金具で，**変形しているもの又は亀裂**があるものを移動式クレーンの玉掛用具として使用してはならない。

クレーン等安全規則第217条（不適格なフック等の使用禁止）

繊維ロープ等

事業者は，次の各号のいずれかに該当する繊維ロープ又は繊維ベルトを移動式クレーンの玉掛用具として使用してはならない。

1　**ストランドが切断**しているもの

2　**著しい損傷又は腐食**があるもの

クレーン等安全規則第218条（不適格な繊維ロープ等の使用禁止）

5-8　玉掛用具の点検

移動式クレーンの玉掛用具であるワイヤロープ，つりチェーン，繊維ロープ，繊維ベルト又はフック，シャックル，リング等の金具（以下，ワイヤロープ等という。）を用いて玉掛けの作業を行う時は，その日の作業を開始する前にワイヤロープ等の異常の有無について点検を行わなければならない。

2　事業者は，前項の点検を行った場合において，異常を認めた時は，直ちに補修しなければならない。

クレーン等安全規則第220条（作業開始前の点検）

学科試験の実力を体感！　本試験によくでる問題

よくでる問題　130

　移動式クレーンの合図に関する説明として，誤っているものはどれか。

(1)　事業者は，一定の合図を定めなければならない。

(2)　合図を行う者は，定められた合図を行わなければならない。

(3)　事業者は，合図を行う者を玉掛補助者から指名しなければならない。

(4)　玉掛作業を行う者は，合図を行う者の合図に従わなければならない。

(5)　移動式クレーンを運転する際，合図者の合図が不明瞭な場合は，運転する者の判断で運転を行わずに合図者の合図を再度確認する。

  解説

　事業者は，玉掛補助者ではなく，玉掛けの有資格者の中から合図を行う者を指名しなければなりません。

よくでる問題　131

　下文中の［　　］に当てはまる用語として，正しいものはどれか。

「1つの貨物で，重量が［　　］のものを発送しようとする者は，見やすく，かつ，容易に消滅しない方法で，当該貨物にその重量を表示しなければならない。ただし，包装されていない貨物で，その重量が一見して明らかであるものを発送しようとする時は，この限りでない。」

(1)　1 t 未満

(2)　1 t 以上

(3)　3 t 未満

(4)　3 t 以上

(5)　5 t 以上

  解説

　1つの貨物で，重量が［1 t 以上］のものを発送しようとする者は，見やすく，かつ，容易に消滅しない方法で，当該貨物にその重量を表示しなければならない。ただし，包装されていない貨物で，その重量が一見して明らかであるものを発送しようとする時は，この限りでない。

よくでる問題　132

下文中の［　　］のＡからＤに当てはまる用語の組合せとして，正しいものはどれか。

「特定元方事業者は，その労働者及び［　Ａ　］の労働者の作業が［　Ｂ　］の場所において行われる場合において，当該作業が移動式クレーンを用いて行うものである時は，移動式クレーンの運転についての［　Ｃ　］を統一的に定め，これを［　Ｄ　］に周知させなければならない。」

	A	B	C	D
(1)	請負人	それぞれ	連絡方法	関係労働者
(2)	事業者	同一	合図	関係労働者
(3)	請負人	同一	作業方法	請負人
(4)	関係請負人	同一	合図	関係請負人
(5)	関係請負人	それぞれ	作業方法	関係請負人

  解説

特定元方事業者は，その労働者及び［関係請負人］の労働者の作業が［同一］の場所において行われる場合において，当該作業が移動式クレーンを用いて行うものである時は，移動式クレーンの運転についての［合図］を統一的に定め，これを［関係請負人］に周知させなければならない。

よくでる問題　133

移動式クレーンに係る作業において，法令上，つり荷の下に労働者を立入らせてはならないものはどれか。

(1) 動力降下によって荷を降下させる時
(2) ハッカー2個を用いて玉掛けをした荷をつり上げている時
(3) アイボルトにワイヤロープを通した荷をつり上げている時
(4) つりクランプ2個を用いて玉掛けをした荷をつり上げている時
(5) 複数の鋼管を結束した荷を2本のワイヤロープでつり上げている時

  解説

ハッカーは，使用個数に係らず，これを用いてつり上げている荷の下に労働者を立入らせてはなりません。

よくでる問題　134

　移動式クレーンを用いて作業を行う時の合図又は立入禁止の措置に関する説明として，法令上，誤っているものはどれか。

(1)　移動式クレーン運転者と玉掛作業者に作業を行わせる時は，合図を行う者を指名しなければならない。

(2)　動力下降以外の方法によって荷を下降させる時は，つり荷の下に労働者を立入らせてはならない。

(3)　つり上げ荷重が 3 t 未満の移動式クレーンを用いて運転者と玉掛作業者に作業を行わせる場合は，合図を定めなくてよい。

(4)　バキューム式つり具を用いて玉掛けをした荷がつり上げられている時は，つり荷の下に労働者を立入らせてはならない。

(5)　移動式クレーンの上部旋回体と接触することにより労働者に危険が生ずる恐れのある箇所には，労働者を立入らせてはならない。

　クレーン等安全規則第71条（運転の合図）の条文は，つり上げ荷重0.5t 以上の移動式クレーンの合図について定めたものです。したがって，つり上げ荷重が 3 t 未満の移動式クレーンについても合図を定める必要があります。

よくでる問題　135

　移動式クレーンの玉掛用具として，法令上，使用できないものはどれか。

(1)　ロープの両端に針金を巻いたワイヤロープ

(2)　ロープの両端にアイを備えているワイヤロープ

(3)　ロープの両端にリングを備えているワイヤロープ

(4)　ロープの両端にシャックルを備えているワイヤロープ

(5)　ロープの両端にフックを備えているワイヤロープ

　両端に針金を巻いたロープは，玉掛用具に使用することができません。

よくでる問題　136

移動式クレーンの玉掛用具として，法令上，使用できないものはどれか。

(1)　安全係数が6のワイヤロープ

(2)　安全係数が5のシャックル

(3)　安全係数が6の玉掛用フック

(4)　公称径16mm の直径が14mm に減少しているワイヤロープ

(5)　「6×24」のワイヤロープ1より間に12本の素線が断線しているもの

　　公称径16mm のワイヤロープが14mm に減少しているものは，直径の減少率が7％を超えているため，玉掛用具として使用することができません。

$$直径の減少率 = \frac{16-14}{16} \times 100 = \frac{2}{16} \times 100 = 12.5\%$$

　　「6×24」のロープの1より間に12本の素線が切断しているものは，10％以上の素線の切断ではないため，玉掛用具として使用することができます。

$$素線の切断率 = \frac{12}{6 \times 24} \times 100 = \frac{12}{144} \times 100 ≒ 8.33\%$$

よくでる問題　137

移動式クレーンの玉掛用具として，法令上，使用できるものはどれか。

(1)　つりチェーンに亀裂があるもの

(2)　ストランドが切断している繊維ロープ

(3)　著しく損傷している繊維ロープ

(4)　つりチェーンの長さが製造された時の6％に伸びたもの

(5)　つりチェーンのリンクの断面が製造された時の7％に減少したもの

　　チェーンの長さが製造された時の5％を超えているつりチェーン及びリンクの断面が製造された時の直径の10％を超えて減少しているつりチェーンは，玉掛用具として使用することができません。リンクの断面の減少が製造された時の7％のつりチェーンは，玉掛用具として使用することができます。

よくでる問題・138

下文中の〔　〕内のA及びBに当てはまる用語の組合せとして，法令上，正しいものはどれか。

「ワイヤロープのアイは，アイスプライスもしくは圧縮止め又はこれらと同等以上の強さを保持する方法によるものでなければならない。この場合において，アイスプライスは，ワイヤロープのすべてのストランドを〔　A　〕編み込んだ後，それぞれのストランドの素線の半数の素線を切り，残された素線を更に〔　B　〕編み込むものとする。ただし，すべてのストランドを4回以上編み込んだ場合には，1回以上編み込むものとする。」

	A	B
(1)	2回以上	1回以上
(2)	2回以上	2回以上
(3)	3回以上	1回以上
(4)	3回以上	2回以上
(5)	5回以上	3回以上

ワイヤロープのアイは，アイスプライスもしくは圧縮止め又はこれらと同等以上の強さを保持する方法によるものでなければならない。この場合において，アイスプライスは，ワイヤロープのすべてのストランドを〔3回以上〕編み込んだ後，それぞれのストランドの素線の半数の素線を切り，残された素線を更に〔2回以上〕編み込むものとする。ただし，すべてのストランドを4回以上編み込んだ場合には，1回以上編み込むものとする。

正　解

【問題130】（3）【問題131】（2）【問題132】（4）【問題133】（2）【問題134】（3）
【問題135】（1）【問題136】（4）【問題137】（5）【問題138】（4）

6 移動式クレーンの免許等

チャレンジ問題

　つり上げ荷重が0.5t以上の移動式クレーンに次の事故又は災害が発生した場合，法令上，所轄労働基準監督署長に報告が義務付けられていないものはどれか。

(1)　積載形トラッククレーンが転倒した時
(2)　ラフテレーンクレーンのジブが折損した時
(3)　オールテレーンクレーンの油圧シリンダに亀裂が発生した時
(4)　クローラクレーンの巻上用ワイヤロープが切断した時
(5)　トラッククレーンによる労働災害により，労働者が3日間休業した時

■ 解答と解説 ■

　油圧シリンダに亀裂が発生した時は，直ちに補修しなければなりませんが，所轄労働基準監督署長へ報告する必要はありません。

正解　(3)

これだけ重要ポイント

　運転の業務に係る特別の教育及び小型移動式クレーン運転技能講習の修了者が運転できる範囲について理解を深めましょう。また，免許の取消し及び事故報告の要件についても学習しましょう。

　人体や財産に危害を与える恐れのある業務については，一定要件を備える者に限り就業を認めています。これを免許制度といいます。小型移動式クレーン運転技能講習を修了した者及び移動式クレーンの運転の業務に係る特別教育を修了した者は，つり上げ荷重5t未満又は1t未満の移動式クレーンの運転の業務に従事することができますが，これらは技能講習修了者又は特別教育修了者といい，移動式クレーン運転士とは呼称されません。

6-1　移動式クレーンの運転の業務

　移動式クレーンを運転することができる資格には，移動式クレーン運転士免許の他，移動式クレーンの運転の業務に係る特別の教育及び小型移動式クレーン運転技能講習の資格があります。

移動式クレーンの つり上げ荷重	運転の資格		
	特別の教育	技能講習	運転士免許
つり上げ荷重0.5t以上 １t未満の移動式クレーン	運転可	運転可	運転可
つり上げ荷重１t以上 ５t未満の移動式クレーン	運転不可		
つり上げ荷重５t以上の 移動式クレーン		運転不可	
道路上を走行させる資格や玉掛けの資格は含まれません。			

特別の教育

　事業者は，つり上げ荷重が１t未満の移動式クレーンの運転（道路上を走行させる運転を除く。）の業務に労働者を就かせる時は，当該労働者に対し，当該業務に関する**安全のための特別の教育**を行わなければならない。

2　前項の特別の教育は，次の科目について行わなければならない。

　1　移動式クレーンに関する知識

　2　原動機及び電気に関する知識（以下，省略）

3　前２項に定めるものの他，第１項の特別の教育に関し必要な事項は，厚生労働大臣が定める。

クレーン等安全規則第67条（特別の教育）

　特別の教育は，事業者の責任において実施すべきもので，所定労働時間内に教育を行うことを原則とし，法定時間外に特別の教育を行う場合には割増賃金を支払わなければなりません。また，特別の教育に掛かる費用は事業者が負担しなければなりません。なお，移動式クレーン運転士免許を有する者や小型移動式クレーン運転技能講習を修了した者は，特別の教育の全部を省略することができます。

小型移動式クレーン運転技能講習

　事業者は，つり上げ荷重が5 t以上の移動式クレーンの運転の業務については，移動式クレーン運転士免許を受けた者でなければ，当該業務に就かせてはならない。ただし，**つり上げ荷重が1 t以上5 t未満の移動式クレーンの運転の業務については，小型移動式クレーン運転技能講習を修了した者を当該業務に就かせることができる。**

クレーン等安全規則第68条（就業制限）

　小型移動式クレーン運転技能講習を修了した者は，つり上げ荷重が5 t未満の移動式クレーンの運転の業務に就くことができます。つり上げ荷重が5 t以上の移動式クレーンは，移動式クレーン運転士免許を受けた者でなければ運転の業務に就くことができません。

6-2　移動式クレーン運転士免許

　移動式クレーンの運転その他の業務で，政令で定める免許は，都道府県労働局長が行う免許試験に合格した者，その他厚生労働省令で定める資格を有する者に対し，免許証を交付して行う。

労働安全衛生法第72条第1項（免許）

　都道府県労働局長は，移動式クレーン運転士免許試験に合格した者，学科試験に合格して移動式クレーン運転実技教習を修了した者等に対して免許を与えると定めています。

免許の欠格事項

　次の各号のいずれかに該当する者には，免許を与えない。

　1　免許を取消され，その**取消しの日から起算して1年を経過しない者**

　2　免許の種類に応じて，**厚生労働省令で定める者**

　移動式クレーンの運転その他の業務で，政令で定める免許については，心身の障害により当該免許に係る業務を適正に行うことができない者として厚生労働省令で定めるものには，同項の免許を与えないことがある。

労働安全衛生法第72条第2項及び第3項（免許）

　移動式クレーン運転士免許に係る**厚生労働省令で定める者は，満18歳に満たない者**とする。

クレーン等安全規則第230条（免許の欠格事項）

　18歳未満であっても，免許試験を受けることはできます。ただし，満18歳を満たした時でなければ免許証の交付を受けることができません。

免許証の有効期間

　免許には，有効期間を設けることができる。

2　都道府県労働局長は，免許の有効期間の更新の申請があった場合には，当該免許を受けた者が厚生労働省令で定める要件に該当する時でなければ，当該免許の有効期間を更新してはならない。

労働安全衛生法第73条（免許）

　移動式クレーン等の免許に有効期間を設けることはできますが，**現在の移動式クレーン運転士免許には有効期間は設けられていません**。また，更新制度もないため，生涯有効です。

6-3　免許証の携帯

　業務に就くことができる者は，当該**業務に従事する時**は，これに係る免許証その他その資格を証する**書面を携帯**していなければならない。

労働安全衛生法第61条第３項（就業制限）

　免許に係る業務に従事する時は，免許証等を携帯しなければなりません。

6-4　免許証の再交付又は書替

　免許証の交付を受けた者で，当該**免許に係る業務に現に就いている者又は就こうとする者**は，これを**滅失又は損傷**した時は，**免許証再交付申請書**を免許証の交付を受けた**都道府県労働局長**又はその者の住所を管轄する**都道府県労働局長**に提出し，**免許証の再交付**を受けなければならない。

2　前項に規定する者は，**氏名を変更した時**は，**免許証書替申請書**を免許証の交付を受けた都道府県労働局長又はその者の住所を管轄する都道府県労働局長に提出し，**免許証の書替**を受けなければならない。

労働安全衛生規則第67条（免許証の再交付又は書替）

　第１項は，免許に係る業務に現に就いている者又は就こうとする者が免許証を滅失又は損傷した時の免許証の再交付について定めたものです。免許に係る業務に現に就いていない者や就くことがない者は，免許証自体が不要のため，これらの法令に従う必要はありません。第２項は，氏名を変更した時の免許証の書替について定めたものです。住所や本籍を変更した場合は，免許証を書替える必要がありません。

○　滅失又は損傷した時 → 免許証再交付申請書 → 再交付

○　氏名を変更した時 → 免許証書替申請書 → 免許証の書替

6-5　免許の取消し

　都道府県労働局長は，免許の種類に応じて，厚生労働省令で定める者に該当するに至った時は，その**免許を取り消さなければならない**。

2　都道府県労働局長は，免許を受けた者が次の各号のいずれかに該当するに至った時は，その**免許を取消し**，又は期間（第1号，第2号に該当する場合にあっては，**6ヶ月を超えない範囲内の期間**）を定めてその免許の効力を停止することができる。

　1　故意又は重大な過失により，当該免許に係る業務について**重大な事故を発生させた時**

　2　当該免許に係る業務について，この**法律又はこれに基づく命令の規定に違反した時**

　3　当該免許がクレーンの運転その他の業務で，政令で定める免許である場合にあっては，心身の障害により当該免許に係る業務を適正に行うことができない者となった時

　4　免許の許可条件に違反した時

　5　免許の種類に応じて，厚生労働省令で定める時

3　前項第3号に該当し，同項の規定により免許を取り消された者であっても，その者がその取消しの理由となった事項に該当しなくなった時，その他その後の事情により再び免許を与えるのが適当であると認められるに至った時は，再び免許を与えることができる。

労働安全衛生法第74条（免許の取消し等）

　法第74条第2項第5号の厚生労働省令で定める時は，次の通りとする。

　1　**免許試験の受験についての不正その他の不正の行為があった時**

　2　**免許証を他人に譲渡又は貸与した時**

労働安全衛生規則第66条（免許の取消し等）

　免許の取消しの処分を受けた者は，遅滞なく，免許の取消しをした**都道府県労働局長に免許証を返還しなければならない**。

2　前項の規定により免許証の返還を受けた都道府県労働局長は，当該免許証に当該取消しに係る免許と異なる種類の免許に係る事項が記載されている時は，当該免許証から当該取消しに係る免許に係る事項を抹消して，免許証の再交付を行うものとする。

労働安全衛生規則第68条（免許証の返還）

6-6　事故報告

　事業者は，移動式クレーン（つり上げ荷重が0.5t未満の移動式クレーンを除く。）に次の事故が発生した場合は，遅滞なく，**報告書を所轄労働基準監督署長に提出**しなければならない。

　イ　転倒，倒壊又はジブの折損
　ロ　ワイヤロープ又はつりチェーンの切断

労働安全衛生規則第96条第5号（事故報告）

6-7　労働者死傷病報告

　事業者は，**労働者が労働災害その他就業中**又は事業場内もしくはその附属建設物内における負傷，窒息又は急性中毒により**死亡又は休業した時**は，遅滞なく，**報告書を所轄労働基準監督署長に提出**しなければならない。

　2　前項の場合において，**休業の日数が4日に満たない時**は，事業者は同項の規定に係らず，1月から3月まで，4月から6月まで，7月から9月まで及び10月から12月までの期間における当該事実について，**報告書をそれぞれの期間における最後の月の翌月末日までに所轄労働基準監督署長に提出**しなければならない。
労働安全衛生規則第97条（労働者死傷病報告）

　休業4日未満の労働災害については，労災保険ではなく，使用者が労働者に対し，休業補償を行うことになっています。

6-8　講習の指示

　都道府県労働局長は，労働災害が発生した場合において，その再発を防止するために必要があると認める時は，労働災害に係る事業者に対し，期間を定めて，**労働災害が発生した事業場の安全管理者**，その他労働災害の防止のための**業務に従事する者に都道府県労働局長の指定する者が行う講習を受けさせる**よう指示することができる。

労働安全衛生法第99条の2（講習の指示）

　都道府県労働局長は，クレーンの運転その他の業務で政令に定める**業務に就くことができる者**が，当該業務について，この**法律又はこれに基づく命令の規定に違反して労働災害を発生させた場合**において，その再発を防止するため必要があると認める時は，その者に対し，期間を定めて都道府県労働局長の指定する者が行う**講習を受けるよう指示**することができる。

労働安全衛生法第99条の3（講習の指示）

6-9　玉掛けの業務

　事業者は，**つり上げ荷重が１t以上の移動式クレーンの玉掛けの業務**については，次の各号のいずれかに該当する者でなければ，当該業務に就かせてはならない。

1　**玉掛技能講習を修了した者**
2　職業訓練のうちの訓練科の欄に掲げる玉掛科の訓練を修了した者
3　その他厚生労働大臣が定める者

クレーン等安全規則第221条（就業制限）

　事業者は，**つり上げ荷重が１t未満の移動式クレーンの玉掛けの業務**に労働者を就かせる時は，労働者に対し，当該業務に関する**安全のための特別の教育**を行わなければならない。

クレーン等安全規則第222条（特別の教育）

　第222条は，事業者に対し，つり上げ荷重が１t未満の移動式クレーンの玉掛けの業務に労働者を就かせる時は，労働災害の防止のために労働者に特別の教育を行うことを義務付けたものです。玉掛けの安全のための特別の教育は，移動式クレーンの安全のための特別の教育と同じく，事業者の責任において実施すべきもので，所定労働時間内に教育を行うことを原則とし，特別の教育に掛かる費用は事業者が負担すべきものと定められています。なお，玉掛技能講習の修了者は，特別の教育の全部を省略することができます。

─つり上げ荷重と玉掛けの資格との関係─

　玉掛けの業務は，つり荷の質量ではなく，玉掛作業に使用される移動式クレーンのつり上げ荷重によって就くことのできる資格が定められています。玉掛けの安全のための特別の教育を修了した者は，つり上げ荷重が１t以上の移動式クレーンの玉掛業務に就くことができません。つり荷の質量がたとえ500kgであったとしても，つり上げ荷重が１t以上の移動式クレーンを使用する場合は，玉掛技能講習の修了者でなければ玉掛けの業務に就くことができません。ただし，玉掛けの資格を有していない者は，移動式クレーンの合図を除き，玉掛けの有資格者の下で補助作業を行うことはできます。

つり上げ荷重	特別の教育	玉掛技能講習
１t未満	○	○
１t以上	×	○

学科試験の実力を体感！　本試験によくでる問題

よくでる問題　139

　移動式クレーン運転士免許等に関する説明として，法令上，誤っているものはどれか。
(1)　移動式クレーン運転士免許には，有効期間が設けられていない。
(2)　移動式クレーン運転士免許のみでは，玉掛けの業務に就けない。
(3)　移動式クレーン運転士免許を有する者は，つり上げ荷重が5tのジブクレーンの運転の業務に就くことができる。
(4)　玉掛技能講習を修了した者は，つり上げ荷重が100tの移動式クレーンの玉掛けの業務に就くことができる。
(5)　移動式クレーンの運転の業務に係る特別の教育を受けた者は，つり上げ荷重が0.6tの移動式クレーンの運転の業務に就くことができる。

 解説

　つり上げ荷重が5tのジブクレーンは，クレーン・デリック運転士免許を有するものでなければ運転することができません。

よくでる問題　140

　移動式クレーン運転士免許を受けた者でなければ運転できないクレーンとして，法令上，正しいものはどれか。
(1)　つり上げ荷重が3tのロコクレーン
(2)　つり上げ荷重が2tのテルハ
(3)　つり上げ荷重が8tのアンローダ
(4)　つり上げ荷重が10tのホイールクレーン
(5)　つり上げ荷重が3tのクローラクレーン

 解説

　テルハやアンローダは，クレーンの種類に属するものです。つり上げ荷重が3tのロコクレーン及びクローラクレーンは，小型移動式クレーン運転技能講習を修了した者でも運転することができます。

よくでる問題　141

移動式クレーンの運転（道路上を走行させる運転を除く。）又は玉掛けの業務に関する説明として，法令上，誤っているものはどれか。

(1)　移動式クレーンの運転の業務に係る特別の教育を受けた者は，つり上げ荷重が1t未満の移動式クレーンの運転の業務に就くことができる。

(2)　小型移動式クレーン運転技能講習を修了した者は，つり上げ荷重が5t未満の移動式クレーンの運転の業務に就くことができる。

(3)　移動式クレーン運転士免許を受けた者は，すべての移動式クレーンの運転の業務に就くことができる。

(4)　玉掛技能講習を修了した者は，あらゆる移動式クレーンの玉掛けの業務に就くことができる。

(5)　移動式クレーン運転士免許を受けた者で玉掛けの業務に係る特別の教育を受けた者は，すべての移動式クレーンの運転と玉掛けの業務に就くことができる。

  解説

　玉掛けの業務に係る特別の教育を受けた者は，つり上げ荷重が1t未満の移動式クレーンでなければ玉掛けの業務に就くことができません。

よくでる問題　142

移動式クレーン運転士免許に関する説明として，誤っているものはどれか。

(1)　満18歳に満たない者は，免許を取得できない。

(2)　免許に係る業務に就く時は，免許証を携帯しなければならない。

(3)　免許証を他人に譲渡又は貸与した時は，免許を取消されることがある。

(4)　重大な過失により，重大な事故を発生させた時は，免許の取消し又は1年を超えない範囲で免許の効力の停止を受けることがある。

(5)　免許に係る業務に就いている者が免許証を滅失した時は，免許証の再交付を受けなければならない。

  解説

　重大な過失により，重大な事故を発生させた時は，免許の取消し又は6ヶ月を超えない範囲で免許の効力の停止を受けることがあります。

よくでる問題　143

下文中の［　　］のA〜Cに当てはまる用語の組合せとして，正しいものはどれか。

「免許証の交付を受けた者で，当該免許に係る業務に現に就いている者又は就こうとする者は，［　A　］を変更した時は，免許証書替申請書を免許証の交付を受けた［　B　］又はその者の［　C　］を管轄する［　B　］に提出し，免許証の書替を受けなければならない。」

	A	B	C
(1)	住所	労働基準監督署長	所属事務所の所在地
(2)	住所	都道府県労働局長	所属事務所の所在地
(3)	氏名	都道府県労働局長	住所
(4)	氏名	労働基準監督署長	住所
(5)	本籍	労働基準監督署長	所属事務所の所在地

［氏名］を変更した時は，免許証書替申請書を免許証の交付を受けた［都道府県労働局長］又はその者の［住所］を管轄する［都道府県労働局長］に提出し，免許証の書替を受けなければならない。

よくでる問題　144

労働安全衛生規則やクレーン等安全規則に基づき，所轄労働基準監督署長に報告する必要がないものはどれか。

(1) つり上げ荷重が0.5 t 未満の移動式クレーンに倒壊事故が発生した時
(2) つり上げ荷重が5 t の移動式クレーンのジブに折損事故が発生した時
(3) つり上げ荷重が20 t の移動式クレーンの起伏用ワイヤロープに切断事故が発生した時
(4) 検査証の有効期間を超えてクレーンの使用を休止しようとする時
(5) つり上げ荷重が3 t の移動式クレーンに労働災害が発生し，労働者が7日間休業した時

つり上げ荷重が0.5 t 未満の移動式クレーンは，クレーン等安全規則の適用を受けないため，倒壊する事故が発生しても報告する必要はありません。

よくでる問題　145

　移動式クレーンの運転業務等に関する説明として，法令上，**誤っているもの**はどれか。

(1)　事業者は，つり上げ荷重が1t未満の移動式クレーンの運転の業務に労働者を就かせる時は，移動式クレーンの運転の業務に関する安全のための特別の教育を行わなければならない。

(2)　労働災害により労働者が休業した日数が7日に満たない時は，事業者はその事実について，報告書をそれぞれの期間における最後の月の翌月末日までに所轄労働基準監督署長に提出しなければならない。

(3)　事業者は，労働災害により労働者が死亡又は休業した時は，遅滞なく，報告書を所轄労働基準監督署長に提出しなければならない。

(4)　労働安全衛生法令に違反して労働災害を発生させた場合は，労働災害再発防止講習を受講するよう指示されることがある。

(5)　事業者は，つり上げ荷重が1t未満の移動式クレーンの玉掛けの業務に労働者を就かせる時は，玉掛の業務に関する安全のための特別の教育を行わなければならない。

　労働災害により労働者が休業した日数が4日に満たない時は，事業者はその事実について，報告書をそれぞれの期間における最後の月の翌月末日までに所轄労働基準監督署長に提出しなければなりません。

| 正　解 |

【問題139】　(3)　【問題140】　(4)　【問題141】　(5)　【問題142】　(4)　【問題143】　(3)
【問題144】　(1)　【問題145】　(2)

第4編

力学に関する知識

1 力に関する事項

チャレンジ問題

力に関する説明として，誤っているものはどれか。

(1)　力には，力の大きさ，力の向き，力の作用点の３つの要素がある。

(2)　作用と反作用は，力の大きさが等しく，向きが反対である。

(3)　１つの点に大きさの異なる多数の力が作用して物体が動く時，物体は最も力の大きい方向に動く。

(4)　力の分解とは，１つの力を，これと同じ作用となる互いにある角度を持つ２つ以上の力に分けることである。

(5)　１点で支えられて水平な状態で静止している天秤棒は，支える点の時計回りと反時計回りの力のモーメントが等しい。

■ 解答と解説 ■

　１つの点に大きさの異なる多数の力が作用して物体が動く時，物体は合力の方向に動きます。

| 正解 | (3) |

これだけ重要ポイント

力の三要素，力の合成，質量を力に換算する定数，単位の用い方について理解を深めましょう。力のモーメントは，左回りに作用する力と右回りに作用する力を意識して学習しましょう。

　物体の質量が大きくなるほど，物体には大きな万有引力が作用するため，物体を動かすためには大きな力が必要になります。地球は，地球上の物体に対して$9.80665 m/s^2$の重力加速度を与えていますが，移動式クレーン等の試験においては簡略して$9.8 m/s^2$としています。また，力を表す単位にはN（ニュートン）やkN（キロニュートン）が用いられています。

1-1　力について

　質量のあるものを手に持つと，手は真下に引かれようとします。また，バネの一端を手で引っ張ると，力を加えた方向にバネは伸び，元に戻ろうとして手を引っ張り返します。このような作用や静止している物体を動かしたり静止させたり，あるいは物体を変形させる作用を力学では力といいます。

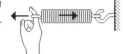

作用反作用の法則

　万有引力で有名なイギリスの物理学者アイザック・ニュートンは，運動に関する性質を体系化し，３つの法則にまとめています。第１法則及び第２法則については，他の項目で詳しく解説しています。

第1法則（慣性の法則）

　物体は，外部からの力が作用しない限り，静止又は動き続ける。

第2法則（運動の法則）

　物体の加速度は，物体に作用する力に比例し，物体の質量に反比例する。

第3法則（作用反作用の法則）

　物体には，**同じ直線上で作用し，大きさが等しく，向きが反対の作用**が働きます。この反対に働く作用を**反作用**といいます。

作用 ⇐　　　⇒ 反作用

力の単位

　地球は，地球上の物体に対して9.8m/s^{2}の重力加速度を与えています。物体を動かす力の大きさは，物体の質量に比例するため，「**物体の質量×重力加速度**」で表すことができます。質量が１kgの物体の場合は，作用する力の大きさは9.8N（１kg×9.8）です。この9.8Nという数値は，地球上の１kgの物体に働く重力の大きさ，すなわち，物体を動かす力の大きさを表しています。**重力加速度は，質量を力に換算する定数**として用いられています。kgの単位に定数を掛けた時の力の大きさはN（ニュートン）で表し，tの単位に定数を掛けた時にはkN（キロニュートン）で表します。

質　量	計算式	力の大きさ
1 kg	1 kg ×9.8	9.8N
1000kg	1000kg ×9.8	9800N
1 t	1 t ×9.8	9.8kN

力の三要素

力には，力の大きさ，力の向き，力の作用点の３つの要素があり，これを**力の三要素**といいます。力の大きさ，力の向き，力の作用する位置のいずれかを変えると，物体に与える効果が変わります。ただし，**作用線上で作用点を動かしても力の効果は変わりません。**

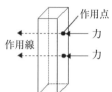

力の三要素
大きさ………どれぐらいの力か
方　向………どの方向に働いているか
作用点………どこに作用しているか

力の大きさが５Nの場合，１Nの力を１cmの長さとすると，力の作用点から力の方向に５cmの作用線を引くことで力の大きさと方向を矢印で表すことができます。このように大きさと方向を持つ量をベクトル量といい，単に大きさだけを表す場合はスカラ量といいます。

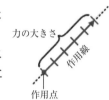

1-2　力の合成及び分解

１つの物体に２つ以上の力が作用する時，これらの力を合成して１つの力に置き換えることができます。この合成した力を**合力**といい，合成以前のそれぞれの力を**分力**といいます。

１点に作用する２つの力の合成

図のような点OにF_1とF_2の２つ力が作用する場合，点AからOBに平行な線ACを引き，点BからはOAに平行な線BCを引いて平行四辺形を作ります。続いて点Oから点Cまで直線を引くと，F_1とF_2の合力Rを求めることができます。これを力の**平行四辺形の法則**といいます。平行四辺形の法則を逆に応用すると，１つの力を互いにある角度を持つ２つ以上の力に分けることができます。これを**力の分解**といいます。

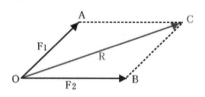

1点に作用する3つ以上の力の合成

　平行四辺形の法則は，1点に作用する力が3つ以上ある場合でも合力を求めることができます。図のF_1，F_2，F_3の合力は，初めにF_1とF_2を二辺とする平行四辺形を作り，F_1とF_2の合力R_1を求めます。続いてR_1とF_3を二辺とする平行四辺形を作り，F_1，F_2，F_3の合力R_2を求めます。**1つの物体に大きさの異なる多数の力が作用する時**，物体は**合力の方向**に動きます。

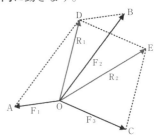

平行な2つの力の合成

　図のような物体の点A及びBに，それぞれ平行な力F_1とF_2が作用している時，同一線上で向きが反対で大きさの等しい力を，その物体に加えても物体に与える影響がないことを利用し，F_1とF_2の合力Rを求めることができます。

　図の点AとBを結ぶ直線上に点Cと点Dを加え，平行四辺形の法則によってF_1とACの合力R_1及びF_2とBDの合力R_2を求めます。次にR_1とR_2の作用線を延長して交点Oを求めます。続いて点OからR_1とR_2に等しい（R_1）と（R_2）を定め，平行四辺形の法則を用いてR_1とR_2の合力Rを求めます。Rは，F_1とF_2の和，つまりF_1とF_2の合力であり，方向はF_1とF_2に平行になります。

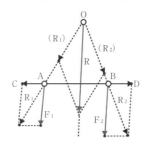

一直線上に作用する2つの力の合成

　一直線上に2つの力が作用する時の合力は，**2つの力の方向が同じ**であれば**力の和**で示し，**力の方向が反対**であれば**力の差**で示します。

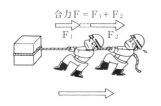

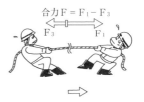

1-3　力のモーメント

　力の**モーメント**とは，**物体を回転させようとする力の働き**です。たとえば，ナットを締付ける時，スパナをナットの近くで締付けるよりも，スパナの端で締付ける方が小さな力で締付けることができます。物体を回転させようとする作用は，力の大きさだけではなく，回転軸の中心から力の作用点までの長さが関係しています。**回転軸の中心から力の作用点までの長さを腕の長さ**といい，力のモーメントは次の式で求めることができます。力のモーメントの単位には，ニュートンセンチメートル（N.cm）又はニュートンメートル（N.m）が用いられています。

　力のモーメント＝力の大きさ×腕の長さ

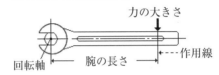

力のモーメントの回転方向

　モーメントには，物体を時計回り（右回り）に回転させようとするものと，反時計回り（左回り）に回転させようとするものがあります。移動式クレーンは，作業半径が大きくなるほど力のモーメントでいう腕の長さが大きくなるため，同じ質量のつり荷であっても移動式クレーンを転倒させようとするモーメントが大きくなります。移動式クレーンの安定度（P106参照）は，機体側の安定モーメントとジブ側の転倒モーメントの比で求めることができます。

例　題

　図のように一体となって回転する滑車Aに質量5tの荷を掛けた時，この荷とつり合うために必要な滑車Bに掛ける力（F）は何kNを要するか。ただし，ワイヤロープや滑車の質量及び摩擦等は考えないものとする。

　図のFの値は，左回りと右回りのモーメントのつり合いによって求めることができます。

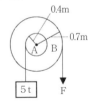

　$5 \times 0.4 \times 9.8 = F \times 0.7$

　$19.6 = 0.7F$

　$F = \dfrac{19.6}{0.7} = 28kN$

1-4　力のつり合い

1つの物体に多数の力が働いても平衡が保たれて仕事がなされず，その物体が動かない状態である時，これらの力はつり合っているといいます。

1点に作用する力のつり合い

右の図は，質量 W の物体を F_1，F_2 の力で引っ張った時の力のつり合いを示したものです。物体を引っ張る力を示す F_1，F_2 の合力 R が F（W）に等しい時に物体は静止します。1点に2つの力（R と F）が作用してつり合っている時，2つの力の大きさは等しく，向きは互いに反対になります。

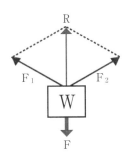

平行力のつり合い

左回りのモーメントと右回りのモーメントがつり合うことを**平行力のつり合い**といいます。1点に支えられた天秤が水平な状態で静止している時，支えた点の時計回りと反時計回りのモーメントは等しくなります。図のような質量の異なる W_1 と W_2 の天秤の端から支点までの水平距離を A，B とすると，次の式の場合にモーメントは等しくなります。

$$W_1 \times 9.8 \times A = W_2 \times 9.8 \times B$$

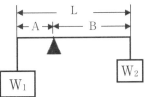

上記の式を展開すると，図の天秤 A と B の長さを次の式で求めることができます。ただし，天秤の長さを求める場合は，質量を力に換算する定数を用いる必要はありません。

○　天秤 A の長さ

$$W_1 \times A = W_2 \times (L - A)$$
$$W_1 \times A = W_2 \times L - W_2 \times A$$
$$W_1 \times A + W_2 \times A = W_2 \times L$$
$$A \times (W_1 + W_2) = W_2 \times L$$
$$A = \frac{W_2}{W_1 + W_2} \times L$$

○　天秤 B の長さ

$$W_2 \times B = W_1 \times (L - B)$$
$$W_2 \times B = W_1 \times L - W_1 \times B$$
$$W_2 \times B + W_1 \times B = W_1 \times L$$
$$B \times (W_1 + W_2) = W_1 \times L$$
$$B = \frac{W_1}{W_1 + W_2} \times L$$

※　天秤 A の長さを求める時は分子に W_2 の質量，B の長さを求める時は分子に W_1 の質量を使用するのがポイントです。

例題1

　1点に支えられて水平な状態でつり合っている図の天秤 A と B の長さの求め方。ただし，天秤の質量は考えないものとする。

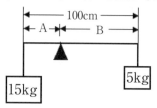

$$A = \frac{5}{15 + 5} \times 100 = 25\text{cm}$$

$$B = \frac{15}{15 + 5} \times 100 = 75\text{cm}$$

※　A 及び B の長さは，荷の質量の比によって求めることができます。

例題2

　図のような「てこ」を用いて，質量30kg の荷を A 点に力を加えて持ち上げる時，これを支えるために必要な力（P）は何 N が必要か。ただし，「てこ」及びワイヤロープ等の質量は考えないものとする。

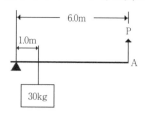

　図のような場合は，質量30kg の荷を左回りのモーメントとして捉えます。

$$30 \times 9.8 \times 1.0 = P \times 6.0$$
$$294 = 6P$$
$$P = \frac{294}{6} = 49\text{N}$$

多数の力のつり合い

　図のような天秤に多数の力が作用してつり合っている時，左回りと右回りのモーメントが等しくなります。また，ある1点を軸とする左右のモーメントの和（すべての力の合力）はゼロになります。

$$W_1 \times A = W_2 \times (L - C - A) + W_3 \times (L - A)$$

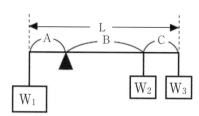

学科試験の実力を体感！　本試験によくでる問題

よくでる問題　146

　図の点 O に P₁，P₂，P₃の 3 つの力が作用している時，これらの合力として正しいものはどれか。

(1)　A

(2)　B

(3)　C

(4)　D

(5)　E

  解説

　平行四辺形の法則により，点 O に P₁，P₂，P₃の 3 つの力が作用している時の合力を求めることができます。図の OP₁と OP₂を二辺とする平行四辺形を作り，その 2 つの合力 A を求めます。続いて，OA と OP₃を二辺とする平行四辺形を作り，P₁，P₂，P₃の合力 B を求めます。

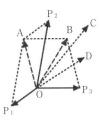

よくでる問題　147

　力に関する説明として，誤っているものはどれか。

(1)　力の三要素とは，力の大きさ，力の向き，力の作用点をいう。

(2)　力の作用点は，力の加わる場所である。

(3)　力の大きさや力の向きを変えると，物体に与える効果が変わる。

(4)　力を矢印で表す場合，作用線の長さは力の大きさを示す。

(5)　力の作用点を作用線上で動かすと，力の効果が変わる。

  解説

　力の作用点を作用線上で動かしても，力の作用点は変わらないため，力の効果は変わりません。

よくでる問題　148

力に関する説明として，誤っているものはどれか。

(1)　一直線上に作用する2つの力の方向が同じ場合は力の積で示す。

(2)　力のモーメントとは，物体を回転させようとする力の働きである。

(3)　合成した力を合力といい，合成以前のそれぞれの力を分力という。

(4)　力のモーメントは，力の大きさが同じであれば腕の長さに比例する。

(5)　1つの物体に多数の力が働き，平衡が保たれて仕事がなされず，その物体が動かない状態である時の力はつり合っているという。

 解説

　一直線上に2つの力が作用する時の合力は，2つの力の方向が同じであれば力の和で示し，力の方向が反対であれば力の差で示します。

よくでる問題　149

　図のような天秤がつり合う荷の質量（W）と，天秤を支える力（F）の組合せとして，正しいものはどれか。ただし，天秤及びワイヤロープ等の質量は考えないものとする。

	W	F
(1)	20 kg	196 N
(2)	30 kg	294 N
(3)	30 kg	490 N
(4)	30 kg	500 N
(5)	40 kg	392 N

 解説

　図のような天秤は，W×1＝20×1.5によってつり合っています。したがって，荷の質量Wの値は

　荷の質量 W ＝20×1.5＝30kg

　天秤を支える支点には，荷の質量Wに20kgを加えた質量が掛かります。これに質量を力に換算する定数を用いて天秤を支える力（F）を求めると

　天秤を支える力（F）＝（30＋20）×9.8＝490N

よくでる問題　150

　図のようなスパナでナットを締付ける時，ナットの中心を回転軸とするモーメントの値として，正しいものはどれか。

(1)　14.7 N.m

(2)　19.6 N.m

(3)　39.2 N.m

(4)　49.0 N.m

(5)　58.8 N.m

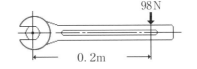

　力のモーメントは，力の大きさ×腕の長さで求めることができます。

　　力のモーメント＝98N ×0.2m ＝19.6N.m

よくでる問題　151

　図のような天秤が点 O を支点としてつり合っている時の質量（W）として，正しいものはどれか。ただし，天秤等の質量は考えないものとする。

(1)　20 kg

(2)　30 kg

(3)　40 kg

(4)　50 kg

(5)　60 kg

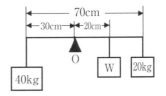

　質量 W の値は，モーメントのつり合いによって求めることができます。

　　左回りのモーメント＝40×30＝1200

　　右回りのモーメント＝ W ×20＋20×（70−30）＝20W ＋800

　左回りのモーメント＝右回りのモーメントにより

　　1200＝20W ＋800

　　1200−800＝20W

　　400＝20W

　　$W = \dfrac{400}{20} = 20\text{kg}$

よくでる問題　152

図のような移動式クレーンにおいて，機体を転倒させようとするBの状態のモーメントは，Aの状態のモーメントの何倍になるか。ただし，ジブ及びワイヤロープ等の質量は考えないものとする。

(1) 1.5倍

(2) 2.0倍

(3) 2.5倍

(4) 3.0倍

(5) 6.0倍

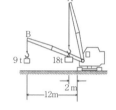

  解説

転倒モーメントの比は，次の式で求めることができます。

$$\frac{\text{B の転倒モーメント}}{\text{A の転倒モーメント}} = \frac{9 \times 12}{18 \times 2} = \frac{108}{36} = 3 \text{ 倍}$$

よくでる問題　153

図のように一体となって回転する滑車Aに質量4tの荷を掛けた時，この荷とつり合うために必要な滑車Bに掛ける力（F）として，正しいものはどれか。ただし，ワイヤロープや滑車の質量等は考えないものとする。

(1) 18.5 kN

(2) 21.5 kN

(3) 24.5 kN

(4) 28.5 kN

(5) 31.5 kN

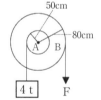

  解説

Fの値をkNの単位で求めるためには，滑車中心まで長さをmの単位にする必要があります。

$$4 \times 9.8 \times 0.5 = F \times 0.8$$

$$19.6 = 0.8F$$

$$F = \frac{19.6}{0.8} = 24.5 \text{kN}$$

よくでる問題 154

　図のような質量5tの品物を重心Gから，それぞれ1mと6mの所をワイヤロープでつった時のAのワイヤロープとBのワイヤロープに掛かる力として，正しい組合せはどれか。

	A	B
(1)	14 kN	35 kN
(2)	21 kN	28 kN
(3)	28 kN	21 kN
(4)	35 kN	14 kN
(5)	42 kN	7 kN

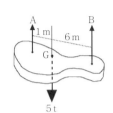

 解説

　この問題は，天秤の問題となんら変わりありません。ワイヤロープに掛かる力をキロニュートン（kN）の単位で求めるため，質量を力の単位に換算し，それぞれのワイヤロープに掛かる力を求めます。

　質量5tの品物に掛かる力の大きさ = 5t ×9.8 = 49kN

　Aの値は，A，B間の長さの比により $\dfrac{6}{1+6}$ になるため，$49 \times \dfrac{6}{7} = 42\text{kN}$

　Bの値は，A，B間の長さの比により $\dfrac{1}{1+6}$ になるため，$49 \times \dfrac{1}{7} = 7\ \text{kN}$

2 質量及び比重

チャレンジ問題

質量及び比重に関する説明として，誤っているものはどれか。

(1)　地球上と月面上では，同じ物体でも質量が異なる。
(2)　体積が同じ物体であっても，材質が違うと質量が異なる。
(3)　物体の質量は，体積に単位体積当たりの質量を掛けて求める。
(4)　水$2.7m^3$の質量とアルミニウム$1 m^3$の質量は，ほぼ同じである。
(5)　物体の質量と，その物体と同じ体積の4℃の純水の質量との比を比重という。

■ 解答と解説 ■

地球上と月面上では，同じ物体であれば質量は同じです。質量は，如何なる空間においても変化しません。

正解　(1)

これだけ重要ポイント

物体の質量や比重についての理解を深め，体積の求め方について学習しましょう。また，主要な物質の比重を記憶に留め，これらの物質の質量を求めることができるようになりましょう。

月面の重力は，地球重力の$1/6$です。質量$6 kg$の物体は，月面でも$6 kg$の質量ですが，重量は$1 kgf$になります。重量とは，このように状態に応じて変化するあやふやな存在です。我が国では，法定計量単位をSI単位（世界共通の単位）に統一するため，計量法の全面改正が行われました。これにより，今まで慣れ親しんでいた重量は1999年を限りに追放処分となりました。本書や試験に登場する荷重は，重量ではなく，この質量を示しています。ただし，力学においては力を表す用語として荷重が用いられています。

2-1 質　量

　質量は，重量（重さ）と同じように扱われがちですが，力学では質量と重量には明確な違いがあります。重量とは，その物体に掛かる重力をいい，重力に左右されないものが質量です。質量とは，物体そのものの量であるため，どこで計測しても同じ値を示します。これまでは人工物であるキログラム原器が質量の定義に用いられていましたが，現在は未来永劫不変なプランク定数という基礎物理定数が質量の定義に使用されています。つまりは，原子の数によって質量は定められています。

　質量とは，物体そのものを構成する物質の量で，地球上や宇宙の如何なる空間においても，その物質の量は変わりません。物体の単位体積当たりの質量及び物体の質量は，次の式で求めることができます。質量の単位には，kg や t が用いられています。

物体の質量＝物体の体積×物体の単位体積当たりの質量

$$物体の単位体積当たりの質量＝\frac{物体の質量}{物体の体積}$$

様々な物質の 1 m³当たりの質量 （t）

物質の種類	1 m³当たりの質量	物質の種類	1 m³当たりの質量
鉛	11.4	砂	1.9
銅	8.9	石炭粉	1.0
鋼	7.8	石炭塊	0.8
鋳鉄	7.2	コークス	0.5
亜鉛	7.1	水	1.0
銑鉄	7.0	カシ	0.9
アルミニウム	2.7	ケヤキ	0.7
粘土	2.6	スギ	0.4
コンクリート	2.3	ヒノキ	0.4
土	2.0	キリ	0.3
○　木材の質量は，気乾質量			
○　土，砂，石炭等は，見かけ質量（ばらの状態での質量）			

2-2　比　重

　比重は，物体の質量と，その物体と同じ体積の4℃の純水の質量との比で表すことができます。4℃の純水は0.999972g/cm³で，ほぼ1.0g/cm³であるため，この比重を1としています。純水の温度が4℃以上又は4℃以下の場合は，1の数値から遠ざかるため，1に最も近い4℃の純水を基準としています。物質は，比重が1よりも大きい場合は水に沈み，1よりも小さい場合は水に浮きます。なお，様々な物質の1 m³当りの質量の表は，比重を表す数値と変わらないため，これを比重表として用いることができます。

$$比重＝\frac{物体の質量}{物体と同じ体積の4℃の純水の質量}$$

2-3　物体の体積

　ある物体が3次元の空間においてどれだけの場所を占めるかを表す度合いを体積といい，次の式で求めることがでます。

形　状		体積の計算式
長方体	縦　横　高さ	縦×横×高さ
円　柱	直径　高さ	(半径)²×3.14×高さ
円　筒	高さ　直径	$\frac{外径＋内径}{2}×厚さ×3.14×高さ$
球	直径	$(半径)^3×3.14×\frac{4}{3}$
円　錐	高さ　直径	$(半径)^2×3.14×高さ×\frac{1}{3}$

学科試験の実力を体感！　本試験によくでる問題

よくでる問題　155

質量及び比重に関する説明として，誤っているものはどれか。

(1)　鋳鉄 1 m³ の質量は，7.2 t である。

(2)　銅 1 m³ の質量は，8.9 t である。

(3)　長さが同じアルミの丸棒の直径が 3 倍になると，質量は 9 倍になる。

(4)　物体の単位体積当たりの質量は，物体の質量を体積で除して求める。

(5)　同じ材質の立方体の一辺の長さが 4 倍になると，質量は12倍になる。

一辺の長さが 1 cm の立方体の体積は，1 cm³ です。この立方体の一辺の長さを 4 倍の 4 cm にすると，体積は64倍（4 × 4 × 4）になります。したがって，同じ材質の立方体の一辺の長さが 4 倍になると，質量は64倍になります。

よくでる問題　156

長さ 5 m，幅 3 m，厚さ0.02m の鋼板10枚の質量の値として，正しいものはどれか。

(1)　23.4 t

(2)　24.5 t

(3)　25.4 t

(4)　26.5 t

(5)　27.4 t

次の式により，鋼板の総体積を求めることができます。

　　長さ×幅×厚さ×枚数 = 5 × 3 ×0.02×10 = 3 m³

鋼の 1 m³ の質量は，7.8t です。したがって，鋼板の全質量は

　　3 ×7.8＝23.4t

よくでる問題　157

質量及び比重に関する説明として，誤っているものはどれか。

(1)　鉛の1 m³の質量は，11.4 t である。

(2)　比重が1より大きい物体は，水に浮かぶ。

(3)　質量の単位には，kg や t が用いられる。

(4)　体積が同じ場合，銅は鉄よりも重く，鉛より軽い。

(5)　鉛，鋼，アルミニウム，コンクリートの順序は，比重の大きさの順序になっている。

解説

比重が1より大きい物体は，水に沈みます。質量に関する問題は，物質の比重を知らなければ解くことができないものがあります。少なくとも，鉛，銅，鋼，鋳鉄，アルミニウム等の比重を覚えておきましょう。

よくでる問題　158

図のような鋼製品のおおよその質量として，正しいものはどれか。

(1)　4 t

(2)　8 t

(3)　12 t

(4)　16 t

(5)　19 t

解説

円錐の体積は，次の式によって求めることができます。

円錐の体積 = （半径）^{2}×3.14×高さ×$\frac{1}{3}$

= 1^2×3.14× 2 ×$\frac{1}{3}$≒2.093m³

鋼の1 m³の質量は，7.8 t です。したがって，物体の質量は

物体の質量＝物体の体積×物体の単位体積当たりの質量

鋼製品の質量＝2.093×7.8≒16.32≒16 t

よくでる問題　159

　図のような直径30cm の穴の開いた厚さ5 cm，幅1.5m，長さ3 m の鋼板の
おおよその質量として，正しいものはどれか。

(1)　1.53 t

(2)　1.63 t

(3)　1.73 t

(4)　1.83 t

(5)　1.93 t

　鋼板の質量は，鋼板の体積から穴の体積を引き，その値に鋼の比重を乗じて
求めることができます。なお，鋼板に開いた穴の直径の単位が異なっているた
め，メートルの単位にします。

$$
\begin{aligned}
鋼板のおおよその質量 &= （幅 \times 長さ - 半径^2 \times 3.14）\times 厚さ \times 鋼板の比重 \\
&= （1.5 \times 3 - 0.15^2 \times 3.14）\times 0.05 \times 7.8 \\
&= （4.5 - 0.07065）\times 0.05 \times 7.8 \\
&≒ （4.5 - 0.07）\times 0.05 \times 7.8 \\
&≒ 4.43 \times 0.05 \times 7.8 \\
&≒ 1.7277 \\
&≒ 1.73 \text{ t}
\end{aligned}
$$

③ 重心及び安定

チャレンジ問題

重心に関する説明として，誤っているものはどれか。

(1)　物体の重心は，物体内部にあるとは限らない。
(2)　物体の置き方を変えると，物体内部の重心位置が変わる。
(3)　物体を1点でつった時，その点を通る鉛直線は必ず重心を通る。
(4)　簡単な形状の物体や，その組合せである物体の重心は，図や数式で求めることができる。
(5)　物体を構成する各部分には，それぞれ重力が作用しているが，それらの合力の作用点を重心という。

■ 解答と解説 ■

物体の置き方を変えても，物体内部の重心位置は変わりません。

正解　(2)

これだけ重要ポイント

物体の重心と安定についての理解を深めましょう。また，数式による重心位置の求め方を学習しましょう。力に関する事項の平行力のつり合いが理解できていれば，容易に解くことがでます。

力学では，「重心は，空間的広がりをもって質量が分布するような系において，その質量に対して他の物体から働く万有引力の合力の作用点」と説明されています。もう少し分かりやすく解説すると，「物体は小さな分子で構成され，それぞれの分子には重力が作用している。これらの重力が1点に集中して働く作用点を重心という。」ということです。物体の重力を考慮して重心を捉えた場合，その点を支えることで全体を支えることができる点を重心といいます。つまり，バランスを取ることができる1点を重心といいます。

3-1　物体の重心

　物体の重心は，常に１つの点で，物体の位置や置き方を変えても物体内の重心位置は変わりません。また，物体の材料が異なっていても形状が同じで材質が均一であれば，重心は同じ位置にあります。なお，**重心が必ずしも物体内部にあるとは限りません**。物体の１点をワイヤロープでつった時，**重心は必ずロープの鉛直線上を通る**ため，物体の互いに異なる任意の箇所をつって，その作用線の交点を求めることで物体の重心を求めることができます。

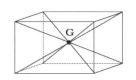

目安による重心の求め方

　重心が図 A のように偏っている状態で荷をつると，つり荷は図 B のように傾きます。これは F_1 と F_2 がつり合おうとして，ずれを修正するために起きるもので，この傾いた状態で F_1 と F_2 はつり合っています。つり荷の傾きは，ワイヤロープの滑りや荷の落下の原因となるため，クレーンのフックを荷の重心の真上に移動させ，荷を水平につり上げる必要があります。傾いた状態で荷をつった場合は，一方のワイヤロープに大きな負荷が掛かります。

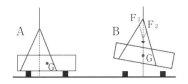

―玉掛けの手順―

1．移動式クレーンのフックを荷の重心の真上に移動させる。

2．同じ長さのワイヤロープを使用し，A と B の間隔を同じ間隔にする。

3．荷の重心位置を目安で定め，玉掛けを行う。

4．荷を少しつり上げ，つり荷の状態を確認する。

5．つり荷が傾く場合は，一旦，つり荷を下ろし，下がっていた方向にロープをずらす。

6．再度，荷をつり上げて状態を確認する。

7．つり荷が安定しない場合は，水平になるまでこの手順を繰返す。

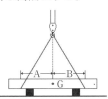

図式による重心の求め方

　簡単な形状の物体や，その組合せである物体は，物体を分割してそれぞれの重心を求め，その合力で物体全体の重心を求めることができます。図のような形状の場合，物体を A と B の 2 つに分け，それぞれの対角線の交点によって重心 G_1・G_2 を求めます。次に A の重心 G_1 から任意の直線 G_1・D を引き，更に G_1・D 上で質量比を逆にした点 C を求めます。続いて点 C から D・G_2 に平行な直線 C・G を引き，G_1・G_2 と交わる交点を求めることで，接合された物体の重心 G を求めることができます。

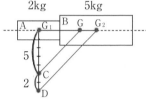

数式による重心の求め方

　図式によって重心を求めることができる物体は，数式によっても重心位置を求めることができます。

　図のような物体を A と B に分け，それぞれの対角線の交点によって重心 G_1 と G_2 を求めます。A の質量を W_1，B の質量を W_2 とすると，A の重心 G_1 から接合された物体の重心 G までの a の長さ及び b の長さは，平行力のつり合いによって求めることができます。

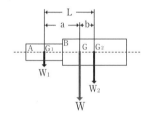

$$a = \frac{W_2}{W_1 + W_2} \times L \qquad b = \frac{W_1}{W_1 + W_2} \times L$$

例　題

　図のように組合された物体において，A の質量が20kg，B の質量が70kg，A と B の重心間の長さを90cm とした場合，B の重心 G_2 から接合された重心 G までの長さ（X）の求め方。

$$X = \frac{20}{20 + 70} \times 90$$

$$= \frac{2}{9} \times 90$$

$$= 20cm$$

基本形の重心位置

形　状		重心の求め方	重心の位置
平面形	三角形	3中線の交点又は中央の底辺から1/3の高さ	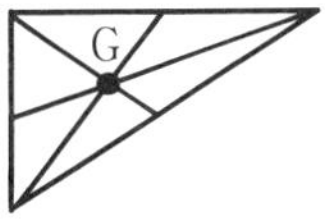 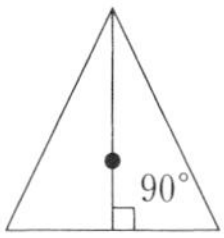
	平行四辺形	対角線の交点	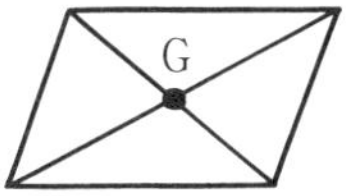
	台形	台形を2つの三角形に分け，その重心を結ぶ直線とAD，BCの中点を結ぶ直線MNの交点	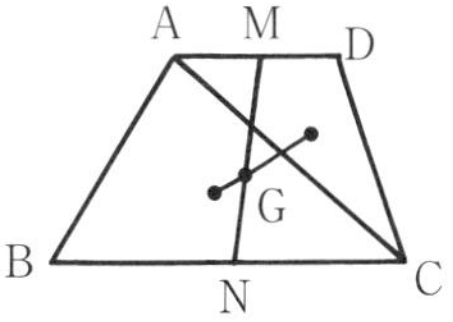
	半円筒形	半円筒形は，物体の外側に重心が存在。半円筒形を小さく分割し，分割したそれぞれの重心の合力により重心位置を求めると，右図の位置に重心がある。	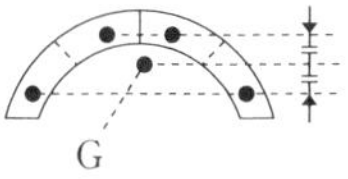
立体形	立方体	2つの面の重心位置を結ぶ直線の1/2の距離	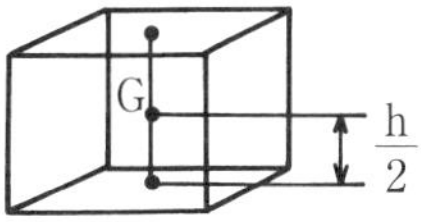
	円錐	底面の重心軸から1/4の高さ	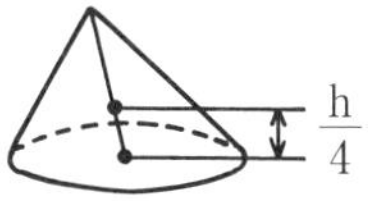
	四角錐		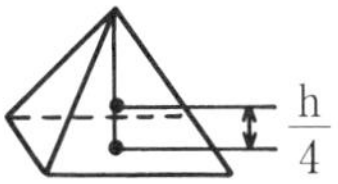

3-2　物体の安定（座り）

　物体には，少し傾けるとすぐ倒れる安定性の悪い状態と，少々傾けてもすぐに元に戻る安定性の良い状態があります。静止している物体を少し傾けて手を離した時，**物体が元の位置へ戻ろうとする場合**は，その物体は**安定又は座りが良い**といい，**転倒しようとする場合は不安定又は座りが悪い**といいます。また，**傾いたままの状態で停止する場合は中立の座り**といいます。図のように重心からの鉛直線が物体の底面を通る時は，物体を元に戻そうとするモーメントが働いて物体は元の位置に戻ります。また，**重心からの鉛直線が物体の底面を外れた時は，物体を倒そうとするモーメントが働いて物体は転倒**します。

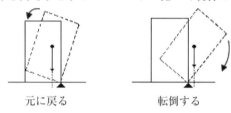

元に戻る　　　　　　　　転倒する

　物体を床面上に置いた時，重心位置が低く，底面の広がりが大きいほど物体を安定させようとするモーメントが大きくなります。このため，同じ物体であっても，置き方を変えることで安定性を変えることができます。図の直方体の物体AをBのような置き方に変えると，BはAよりも底面積が大きく，重心位置が低くなるため，BはAよりも安定性が良くなります。したがって，物体を安定した状態に保つためには，**重心位置が低く，底面積が広くなるように置くことが重要**です。

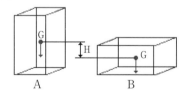

学科試験の実力を体感！　本試験によくでる問題

よくでる問題　160

物体の重心に関する説明として，正しいものはどれか。

(1) すべての重心は，必ずその物体の内部にある。

(2) 複雑な形状の物体は，重心が2つ以上になることがある。

(3) 物体の置き方を変えると，物体内の重心位置が変わる。

(4) 物体は，重心が高くなるほど安定する。

(5) 物体の1点をワイヤロープでつった場合，重心は必ずロープの鉛直線上を通る。

  解説

　この問題は，正しいものを選択する問題です。重心は，ただ1つの点で，物体の内部にあるとは限りません。また，物体の置き方を変えても，物体内の重心位置が変わることはなく，重心が低くなるほど安定します。

よくでる問題　161

物体の安定に関する説明として，誤っているものはどれか。

(1) 静止している物体を少し傾けて離した時，その物体が元の位置へ戻ろうとする場合，その物体は安定な状態という。

(2) 物体には，座りが良い状態と，座りが悪い状態がある。

(3) 物体を床面上に置く場合，一般に重心位置が低くなるように置くと安定性が良くなる。

(4) 静止している物体を少し傾けて離した時，重心からの鉛直線が物体の底面より外側にある場合は，その物体は倒れない。

(5) 直方体の物体の置き方に変える場合，物体の底面積が小さくなるほど安定性が悪くなる。

  解説

　静止している物体を少し傾けて離した時，重心からの鉛直線が物体の底面から外れている時は，その物体は転倒します。

よくでる問題　162

図のような平面形の重心（G）として，誤っているものはどれか。

(1)

形状の中心

(2)

半円筒形の中心

(3)

対角線の交点

(4)

円の中心

(5)

三中線の交点

  解説

半円筒形は，物体の外側に重心（G）があります。

よくでる問題　163

図のように組合されている物体の A の質量が20kg，B の質量が60kg，A と B の重心間の長さが140cm の場合，接合された重心位置 G から B の重心 G_2 までの長さ（X）として，正しいものはどれか。

(1)　35 cm

(2)　40 cm

(3)　45 cm

(4)　50 cm

(5)　55 cm

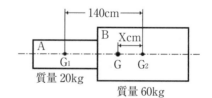

  解説

$$X = \frac{A の質量}{A の質量 + B の質量} \times A と B の重心間の長さ$$

$$= \frac{20}{20 + 60} \times 140 = \frac{20}{80} \times 140 = \frac{1}{4} \times 140$$

$$= 35cm$$

第4編 力学に関する知識

よくでる問題 164

質量が同じ A と B の鋼板を図のように接合した場合，鋼板の左端（e）から接合された重心 G までの長さ（X）として，正しいものはどれか。

(1)　90 cm

(2)　100 cm

(3)　110 cm

(4)　120 cm

(5)　130 cm

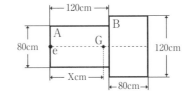

鋼板の左端（e）から接合された重心 G までの長さ（X）を求めるためには，次の式よって下図の a の値を求めます。

$$a = \frac{B の質量}{A の質量 + B の質量} \times L$$

A と B の質量は同じであるため，仮に各鋼板の質量を 1 kg とすると

$$a = \frac{1}{1+1} \times 100 = \frac{1}{2} \times 100 = 50 \text{cm}$$

接合前の鋼板 A と B の重心は，それぞれの対角線の交点にあります。鋼板の長さは判明しているため，鋼板の左端（e）から A の重心までの長さは

鋼板の左端（e）から A の重心までの長さ ＝ 120 ÷ 2 ＝ 60cm

したがって，鋼板の左端（e）から接合された重心 G までの長さは

X ＝ 50 ＋ 60 ＝ 110cm

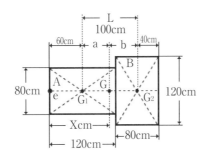

正　解

【問題160】　(5)　【問題161】　(4)　【問題162】　(2)　【問題163】　(1)　【問題164】　(3)

4 運動及び摩擦力

チャレンジ問題

物体の運動に関する説明として，誤っているものはどれか。

(1)　運動摩擦力は，静止摩擦力より小さい。

(2)　遠心力と向心力は，力の大きさが等しく，力の方向が反対である。

(3)　転がり摩擦の大きさは，滑り摩擦よりも摩擦力が非常に大きい。

(4)　等速運動を続けている物体に負の加速度を与えると，停止させることができる。

(5)　運動している物体は，同一の運動を永遠に続けようとする性質があるが，これを慣性という。

■ 解答と解説 ■

転がり摩擦は，滑り摩擦に比べて摩擦力が非常に小さいものです。

正解　(3)

これだけ重要ポイント

速度，摩擦力，慣性，遠心力等についての理解を深めましょう。また，加速度及び摩擦力の求め方を学習しましょう。計算問題は，それぞれの単位に注意する必要があります。

　運動の基本的な法則には，運動の法則，慣性の法則，作用反作用の法則があります。物理学における運動とは，ある物体が他の物体に対して，その位置を変えることと定義されています。道路を走行している乗物に乗っている人は，その乗物に対しては静止していますが，道路に対しては運動しています。したがって，運動には何に対して運動しているのかという基準を定める必要があります。我々の日常生活においては，この地球の大地を基準として運動を捉えています。

4-1　物体の運動

　等速運動とは，電車がレールの上を 1 秒間に10m，10秒間に100m の速度で走行するような物体の運動をいうもので，速度が常に一定である運動です。等速運動は，どの時間においても同じ速度を示すため，平均速度と瞬間速度の値が等しく，等速運動を行っている物体に負（－）の加速度を与えると停止させることができます。不等速運動とは，速度ゼロの状態から走り始め，交通の流れに合せて走行し，速度を落して停車する自動車のような速度が一定でない運動です。加速度による運動は，時間と共に速度が変化するため，この運動も不等速運動といえます。

等速運動＝速度が常に一定である運動

不等速運動＝速度が一定でない運動

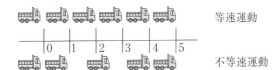

4-2　物体の速度

　物体の運動の速い又は遅いといった程度を表す量を速さといい，単位時間に物体が移動する距離で表します。速さと速度は，一般に同義語として扱われていますが，厳密には速さと速度は区別されています。等速運動をしている物体が毎時50km で走っているというように，移動量だけを示す場合を速さといいます。また，北に向かって毎時50km で走っているというように，方向と速さを表したものを速度といいます。

速さ（スカラ量）＝単位時間に移動する距離

速度（ベクトル量）＝単位時間に移動する距離＋移動する方向

　速さは，次の式により求めることができます。ただし，不等速運動の場合は，速度が一定ではないため，平均の速さを表します。

$$速さ＝\frac{移動した距離}{移動に要した時間}$$

センチメートル毎秒	cm/s	※　m/s 等の s は，英語の second の一
メートル毎秒	m/s	文字を付けたもので，m/s は m/sec
メートル毎分	m/min	と表す場合があります。
キロメートル毎時	km/h	

4-3　加速度

　加速度は，**物体が速度を変えながら運動する時の変化の程度を示す量**です。加速度には，正（＋）と負（－）の加速度があり，次第に速度を増加させる場合を**正の加速度**，減少させる場合を**負の加速度**といいます。速度 V_1 が t 秒後に V_2 になった時の加速度は，次の式によって求めることができます。加速度の単位には，m/s^2（メートル毎秒毎秒）や cm/s^2（センチメートル毎秒毎秒）が用いられています。

$$加速度 = \frac{V_2 - V_1}{t}$$

例　題

　天井クレーンの走行速度が 5 秒後に 0.1m/s から 0.6m/s になった時の加速度の求め方。

$$加速度 = \frac{0.6 - 0.1}{5} = \frac{0.5}{5} = 0.1m/s^2$$

4-4　摩擦力

　机の上に置かれた物体にひもをつけて引っ張る時，引っ張る力が小さい場合は停止したままですが，引っ張る力がある程度の大きさになると物体は動き出します。力を加えない限り，物体に摩擦力が作用することはありませんが，静止している物体に力を加えると，物体の接触面に抵抗力が働きます。この**物体の運動を妨げようとする力**を**静止摩擦力**といい，動き始める瞬間が最大の摩擦力になります。この**最大の摩擦力**を**最大静止摩擦力**といいます。

　水平面に静止している物体は，力を加えて動き始めるまでは大きな力を必要としますが，一端動きだすと物体に加える力は小さくて済みます。運動している物体に作用する摩擦力を**運動摩擦力**といい，**運動摩擦力は最大静止摩擦力よりも小さい値を示します**。摩擦力は，物体の質量が大きいほど大きくなり，接触面が滑らかなほど小さくなります。

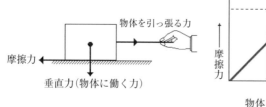

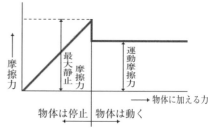

摩擦の法則

　摩擦の法則は，「**静止摩擦力及び運動摩擦力の大きさは，接触面に作用する垂直力に比例し，接触面積の大きさは関係しない。**」というもので，その経験則を見いだしたアモントンとクーロンの名前により，アモントン・クーロンの法則と呼ばれています。物体の接触面に作用する垂直力と最大静止摩擦力の比を**静止摩擦係数**といい，最大静止摩擦力及び静止摩擦係数の関係は次の式で表すことができます。摩擦力は，物体が転がる時にも作用します。球や円柱等が転がる時に働く摩擦力を**転がり摩擦力**といい，**滑り摩擦力**と比べて数10分の1程度と非常に小さいものです。このため，ボールベアリングやローラベアリング等が移動式クレーン等の旋回支持体に用いられています。

　　最大静止摩擦力＝垂直力×静止摩擦係数

　　静止摩擦係数＝ $\dfrac{\text{最大静止摩擦力}}{\text{垂直力}}$

斜面の摩擦

　床面を徐々に傾けていく場合，斜面に置かれた物体に作用する重力を垂直力と斜面に平行な力に分解した時，斜面に平行な力と斜面に対して垂直な力に摩擦係数を乗じた値の合力が垂直抗力とつり合った時に物体は停止します。

　　物体がつり合う状態＝斜面に平行な力＋（斜面に垂直な力×摩擦係数）

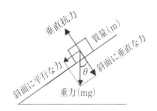

例　題

　図のように置かれた物体の質量によって生じる分力のうち，斜面に平行な力を5N，斜面に直角な力を6Nとした時，物体を斜面から落下させないために必要とするロープに加える力（F）の求め方。ただし，物体と斜面の摩擦係数は0.5とし，ロープや滑車の質量及び摩擦は考えないものとする。

　　F＝5＋（6×0.5）
　　　＝5＋3＝8N

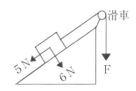

4-5　慣　性

　外から力が作用しない限り，静止している物体は永遠に静止を続け，運動している物体は同一の運動を永遠に続けようとする性質があります。この性質を**慣性**といい，**物体が慣性によって物体が動く力を慣性力**といいます。車や電車が急発進すると，中に乗っている人は図のように進行方向とは反対方向に倒れそうになりますが，これは慣性力によるものです。また，移動式クレーンの作業において荷揺れが起こるのも慣性力の仕業です。物体には慣性力が働くため，静止している物体を動かしたり静止させたり，あるいは方向を変えるためには力が必要であり，物体の速度の変わり方や質量が大きいほど大きな力を必要とします。**慣性力は，加速度や質量に比例**するため，加速度や質量が大きくなるほど慣性力は大きくなります。

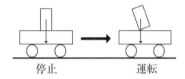

停止　　　　　運転

4-6　遠心力及び向心力

　ある物体に糸を結び，その端を持って振り回すと，手は引っ張られる力を強く感じます。物体を図の A の位置で離すと，物体は慣性によって B の方向に飛んでいってしまい，円運動を行うことができません。物体が円運動をしている時は，物体を円の外へ飛び出させようとする**遠心力**と，物体を回転中心に向かわせようとする**向心力**が作用します。**遠心力と向心力は，力の大きさが等しく，向きは反対**です。遠心力（向心力）の大きさは，次の式によって求めることができます。この式で分かる通り，遠心力は物体の質量が大きいほど大きくなります。また，遠心力は速度の2乗に比例するため，速度が2倍になれば遠心力は4倍になります。なお，以前の求心力という用語は改称され，現在は向心力と呼ばれています。

$$\text{遠心力（向心力）} = \frac{\text{質量} \times \text{速度}^2}{\text{円の半径}}$$

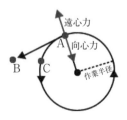

学科試験の実力を体感！　本試験によくでる問題

よくでる問題　165

　物体の運動に関する説明として，誤っているものはどれか。

(1)　運動の向きと速さを示す量を速度という。

(2)　ある物体が他の物体に対して，その位置を変えることを運動という。

(3)　物体に加速度が生じる時，次第に速度を増加させる場合を正の加速度，減少させる場合を負の加速度という。

(4)　外から力が作用しない限り，静止している物体は永遠に静止を続けようとするが，この性質を慣性という。

(5)　物体が円運動を行っている時，物体の速さが大きくなるほど遠心力は小さくなる。

　物体が円運動を行っている時，物体の速さが大きくなるほど遠心力は大きくなります。

よくでる問題　166

　物体の運動に関する説明として，誤っているものはどれか。

(1)　円運動は，物体を回転中心に向かわせようとする向心力が作用する。

(2)　等速運動は，速さが変わらず，どの時間を取っても同じ速度を示す。

(3)　運動の基本的な法則には，運動の法則，慣性の法則，作用反作用の法則がある。

(4)　運動している物体の方向を変えるために要する力は，物体が重いほど小さくなる。

(5)　物体が円運動を行っている時，遠心力と向心力の大きさは等しく，向きは反対である。

　運動している物体の方向を変えるために要する力は，物体の質量が重いほど大きな力を必要とします。

よくでる問題　167

90km/h で走る自動車にブレーキを掛けたら10秒後に停止した。この時の負の加速度として，正しいものはどれか。

(1)　-2.5m/s^2

(2)　-3.0m/s^2

(3)　-3.5m/s^2

(4)　-4.0m/s^2

(5)　-9.0m/s^2

 解説

90km ＝90000m により，自動車が1秒間に走る速度は

$$\text{自動車の秒速度} = \frac{90000}{60 \times 60} = \frac{90000}{3600} = 25\text{m/s}$$

自動車の10秒後の加速度はゼロです。自動車の秒速度25m/s を誤って時速の90m/s を用いて加速度を求めないようにしましょう。

$$\text{加速度} = \frac{0 - 25}{10} = \frac{-25}{10} = -2.5\text{m/s}^2$$

よくでる問題　168

物体に働く摩擦力に関する説明として，誤っているものはどれか。

(1)　静止している物体が他の物体との接触面に沿った力を受ける時，物体の接触面に働く抵抗を静止摩擦力という。

(2)　物体が他の物体に接触しながら運動している時，物体の接触面に働く摩擦力を運動摩擦力という。

(3)　物体の接触面に作用する最大静止摩擦力は，運動摩擦力よりも小さい。

(4)　静止摩擦係数を μ，物体の接触面に作用する垂直力を N とすると，最大静止摩擦力 F は，F ＝ μ × N で求めることができる。

(5)　物体の接触面に作用する垂直力と最大静止摩擦力との比を静止摩擦係数という。

 解説

最大静止摩擦力は，運動摩擦力よりも大きい値を示します。

よくでる問題　169

　物体に働く摩擦力に関する説明として，**誤っているもの**はどれか。

(1)　転がり摩擦力は，滑り摩擦力よりも小さい。

(2)　物体が転がる時に生じる摩擦力は，転がり摩擦力である。

(3)　最大静止摩擦力は，物体の質量や接触面の状態が影響する。

(4)　静止摩擦力や運動摩擦力の大きさは，物体に作用する垂直力の大きさと接触面積の大きさに比例する。

(5)　水平面に静止している物体は，力を加えて動き始めるまでは大きな力を要するが，一端動きだすと物体に加える力は小さくて済む。

　静止摩擦力及び運動摩擦力の大きさは，接触面に作用する垂直力に比例しますが，接触面積の大きさは関係ありません。

よくでる問題　170

　ジブ先端までの長さが30m のジブが2分間に1回転する時，このジブ先端の**速度**として，正しいものはどれか。

(1)　1.57 m/s

(2)　3.14 m/s

(3)　11.7 m/s

(4)　47.1 m/s

(5)　94.2 m/s

　ジブ先端の速度を求めるために，ジブ先端の円周を求めます。

　　ジブ先端の円周＝半径×2×円周率

　　　　　　　　　＝30×2×3.14＝188.4m

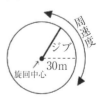

　ジブは2分間に1回転しています。つまり，1分間に半回転しているため，ジブ先端の1分間の周速度は

　　1分間の周速度＝188.4÷2＝94.2m/min

　ジブ先端の1分間の周速度を1秒間の周速度にすると

　　ジブ先端の1秒間の周速度＝94.2÷60＝1.57m/s

よくでる問題 171

図のような水平な床面に置かれた質量100kg の物体を床面に沿って引っ張る時，動き始める直前の力（F）として，正しいものはどれか。ただし，静止摩擦係数は0.4とする。

(1) 25 N

(2) 50 N

(3) 98 N

(4) 245 N

(5) 392 N

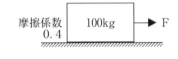

最大静止摩擦力（F）は，次の式で求めることができます。なお，質量を力の値に変換する定数を用いて垂直力を求めます。

　最大静止摩擦力＝垂直力×静止摩擦係数

　F ＝100×9.8×0.4＝392N

よくでる問題 172

図のように置かれた物体の質量によって生じる分力のうち，斜面に平行な力が49N，斜面に対し直角な力が98N の時，斜面の物体とつり合う荷 A の質量として，正しいものはどれか。ただし，物体と斜面との接触面の静止摩擦係数は0.5とし，ロープの質量及び滑車部分の摩擦は考えないものとする。

(1) 5 kg

(2) 10 kg

(3) 49 kg

(4) 73 kg

(5) 98 kg

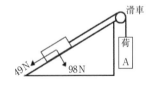

物体がつり合う状態＝斜面に平行な力＋（斜面に垂直な力×摩擦係数）

　　　　　　　　　＝49＋（98×0.5）＝98 N

選択肢には，質量の単位が用いられています。したがって，荷 A の質量は

　荷 A の質量＝98÷9.8＝10 kg

よくでる問題　173

　図のような巻上ドラムと一体のブレーキにおいて，１tのつり荷を落下させないためのブレーキシューを押す最小の力（F）として，正しいものはどれか。ただし，ドラムの直径を0.5m，静止摩擦係数を0.5とする。

(1)　　2.0 kN
(2)　　9.8 kN
(3)　 19.6 kN
(4)　 24.5 kN
(5)　 49.0 kN

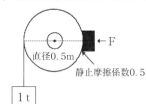

直径0.5m

←F

静止摩擦係数0.5

1 t

　つり荷のつり点からドラム中心までの長さと，ドラム中心からシュー（ドラムの端）までの長さは同じであるため，ドラムの径の長さを考慮する必要がありません。したがって，次の式によってFの値を求めることができます。

　F×静止摩擦係数＝つり荷の質量×9.8

　0.5F ＝ 1×9.8

　　　 ＝ 9.8

　　F ＝ $\dfrac{9.8}{0.5}$

　　　 ＝ 19.6 kN

5 荷重及び応力

チャレンジ問題

荷重に関する説明として，誤っているものはどれか。

(1)　静荷重は，力の大きさと向きが変わらないものである。
(2)　衝撃荷重は，極めて短時間に急激な力が加わるものである。
(3)　両振り荷重は，力の向きと大きさが時間と共に変わるものである。
(4)　片振り荷重は，力の大きさは同じだが，その向きが時間と共に変わるものである。
(5)　静荷重よりも小さい繰返し荷重であっても，クレーン本体や機械部分を破壊させることがあるが，このような現象を疲労破壊と呼ぶ。

■ 解答と解説 ■

　片振り荷重とは，力の向きは同じで，力の大きさが時間と共に変化するものをいいます。

正解　(4)

これだけ重要ポイント

内力，外力についての理解を深め，各荷重の働きや荷重が生じる箇所を具体的にイメージしましょう。また，応力の計算方法についてもマスターしましょう。

　荷重は，質量を表す用語として使用されていますが，材料力学における荷重は，物体に作用する外部の力（外力）をいうもので，その外力には自重が含まれています。物体に荷重が加わると，その反作用として物体内部には内力が生じます。移動式クレーンを構成する材料が簡単に壊れないのは，外力に抵抗する力が材料内部にあるためで，この力を内力といいます。ただし，内力には限界があります。このため，内力は設計における重要な要素となります。

5-1　荷　重

　力学においては，物体に作用する外部の力（外力）を荷重といい，次のように分類されています。

力の向きによる荷重の分類

○　引張荷重（物体を引き伸ばすように働く荷重）

　　　　　　　巻上用ワイヤロープの直線部分に働く荷重
　　　　　　　玉掛用ワイヤロープの直線部分に働く荷重

○　圧縮荷重（物体を押し縮めるように働く荷重）

　　　　　　　アウトリガに働く荷重
　　　　　　　車輪によって受ける地盤の荷重

○　せん断荷重（物体を横からハサミで切るように働く荷重）

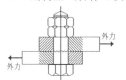

　　　　　　　シーブの軸に働く荷重
　　　　　　　2枚の鋼板を締付けているボルト，リベット，
　　　　　　　キー等を荷重方向に切断しようとする荷重

○　曲げ荷重（物体を曲げるように働く荷重）

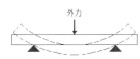

　　　　　　　ジブを曲げようとする荷重
　　　　　　　ドラム部分のワイヤロープ等
　　　　　　　※ドラム径が小さいほど曲げ荷重は大きくなる。

○　ねじり荷重（物体をねじるように働く荷重）

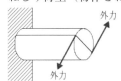

　　　　　　　巻上装置等の回転軸に働く荷重

○　組合せ荷重（複合的に働く荷重）
　　　動力軸………………………………………曲げ荷重とねじり荷重
　　　ジブ……………………………………………圧縮荷重と曲げ荷重
　　　ドラム…………………………………………圧縮荷重と曲げ荷重
　　　フック…………………………………………引張荷重と曲げ荷重
　　　ドラム部分のワイヤロープ………………引張荷重と曲げ荷重
　　　シーブ部分のワイヤロープ………………引張荷重と曲げ荷重

第4編　力学に関する知識

速度による荷重の分類

荷重（外力）は，力の掛かる速度によって分類することができます。

○　静荷重

静荷重は，**力の大きさと向きが変わらない荷重**で，死荷重ともいいます。力学において自重（材料そのものの重さ）を考える場合，重力は物体に働く外力として作用します。

静止している荷の荷重

移動式クレーンの自重

移動式クレーン本体の自重
静止している荷の荷重

○　動荷重

動荷重は，**力の大きさと方向が変化する荷重**で，活荷重ともいいます。動荷重は，衝撃荷重と繰返し荷重に分類することができます。

1．衝撃荷重

つり荷を巻下げている時の急制動や玉掛用ワイヤロープが緩んでいる状態から全速で巻上げる場合，つり荷よりも大きな荷重がロープに作用して切断することがあります。このような場合に働く荷重を衝撃荷重といいます。衝撃荷重は，ハンマーで物を叩くように**急激な力が極めて短時間に加わる荷重**で，**本来の荷重よりも大きな力が作用**します。

荷の巻上げ，巻下げ，停止等を急激に行った時に働く荷重

2．繰返し荷重

繰返し荷重には，荷重の向きは同じで，荷重の大きさが時間と共に変化する**片振り荷重**と，荷重の向きと大きさが時間と共に変化する**両振り荷重（交番荷重）**があります。繰返し荷重は，静荷重よりも小さな力で移動式クレーンの構造部分を疲労させて破壊させることがあり，このような破壊現象を**疲労破壊**といいます。

片振り荷重例：巻上用ワイヤロープや巻上装置
　　　　　　　等の軸受に働く荷重
両振り荷重例：歯車軸に働く荷重

速度による荷重の分類

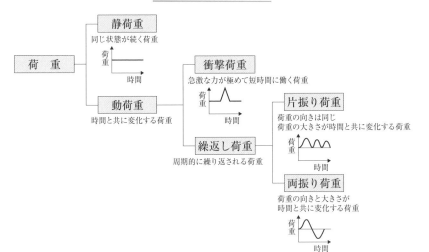

分布状態による荷重の分類

外力の作用を分布状態によって分類すると，狭い範囲に集中して作用する**集中荷重**と，広い範囲に広がって作用する**分布荷重**に分けることができます。

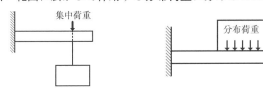

―**移動式クレーンのワイヤロープに働く荷重**―

移動式クレーンの巻上用ワイヤロープには，荷の質量によってロープを引っ張ろうとする引張荷重が働いています。ジブを起伏させても荷の質量は変わらないため，引張荷重は変わりません。起伏用ワイヤロープには，荷とジブの荷重が働いています。図のAのジブは，モーメントでいう腕の長さ（L_1）がBの腕の長さ（L_2）よりも短くなるため，起伏用ワイヤロープに働く荷重は小さくなります。

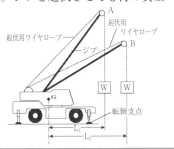

5-2　応力（内力）

　内力について考える場合，図のように物体を仮想的に切断して2つの面を作り，内力の方向と作用している面の両方について考える必要があります。物体に荷重（外力）が作用する時，物体内部にその荷重に抵抗してつり合いを保とうとする力が生じます。この力を内力といい，内力は荷重に等しく，向きは反対です。

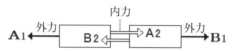

応　力

　応力とは，物体内部に生じる力の大きさを表す用語です。内力と応力は，同義語として扱われていますが，正確には**単位面積当たりの内力**を**応力**といいます。応力は，英語でストレス（stress）といい，引張荷重を受けた時に生じる引張応力，圧縮荷重を受けた時に生じる圧縮応力，せん断荷重を受けた時に生じるせん断応力等があります。

　応力は，**部材に作用する荷重を部材の断面積で除した単位面積当たりの力の大きさ**で求めることができ，単位には N/mm^2 が用いられています。曲げ応力は，板状の物体等を曲げた時の曲げ荷重によって物体内部に生じる力で，凸側には引張応力，凹側には圧縮応力が生じます。曲げ応力やねじり応力は，このように部材に荷重が均等に作用しないため，これらの応力を簡単に求めることはできません。

$$応力（N/mm^2）＝\frac{部材に作用する荷重（N）}{部材の断面積（mm^2）}$$

例　題

　7 cm ×10cm の長方形断面の鋼材に14kN の圧縮荷重が作用する時，この鋼材に生じる圧縮応力の求め方。

　鋼材の断面積 $=70×100＝7000mm^2$

　鋼材の圧縮応力 $=\dfrac{14000}{7000}＝2 \ N/mm^2$

※　応力を求める問題は，単位に注意しなければなりません。応力を N/mm^2 の単位で求めるため，断面積を平方ミリメートル（mm^2）の単位にし，圧縮荷重をニュートン（N）の単位にして応力を求めます。

5-3 材料の強さ

　物体に引張荷重や圧縮荷重等の外力が加わると，物体に変形が生じます。引張荷重はゴムを伸ばしたような変形を生じさせ，圧縮荷重は堅いボールを圧縮させたような変形を生じさせます。**物体の原型に対する変形の割合をひずみ**といい，引張荷重による引張ひずみや圧縮荷重による圧縮ひずみ等があります。物体の元の長さを L_1，変形量を L_2 とすると，ひずみ ε（エプシロン）は，次の式で求めることができます。

$$\text{ひずみ}（\varepsilon）= \frac{\text{物体の変形量 } L_2}{\text{物体の元の長さ } L_1} \qquad \text{力学では，ひずみを } \varepsilon \text{ で表します。}$$

　ひずみは，材料の断片である試験片を材料試験機に掛け，徐々に荷重を加えて調べることができます。次の図は，応力とひずみの一例をグラフで表したもので，「応力－ひずみ曲線」と呼ばれています。この図において，材料の試験片を静かに A 点まで荷重を掛けて引っ張ると，試験片は変形して伸びます。荷重を加えるのを止めると，試験片は元の長さに戻ります。このように変形した材料が元に戻る性質を**弾性**といいます。

　変形量の小さい弾性領域内においての応力とひずみは比例し，荷重を取除くとひずみは消失します。ただし，それ以上の荷重を加えて A 点の弾性限度を超えた場合には試験片は元に戻らず，変形が更に大きくなって荷重が B 点に達します。B 点の荷重は，この材料に掛けることができる最大の荷重で，この値を試験片の断面積で除した応力を**引張強さ**といい，元に戻らなくなったひずみを**永久ひずみ**といいます。B 点以降は，荷重を増加しなくても試験片の伸びは更に増大し，C 点に達して切断します。この試験片が切断するまでに掛けられる B 点の最大荷重を**切断荷重**（JIS では破断荷重という。）といい，材料によって決まった値を有しています。

弾性限度………荷重を取除くと元の状態に戻る限界
最大荷重点……加えることができる最大荷重
破断点…………材料が破断
降伏点…………塑性変形が発生
弾性変形………元の状態に戻る変形
塑性変形………元の状態に戻らない変形

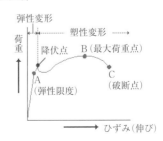

学科試験の実力を体感！　本試験によくでる問題

よくでる問題　174

荷重に関する説明として，誤っているものはどれか。

(1) 分布荷重は，非常に狭い範囲に作用する荷重である。

(2) 片振り荷重は，荷重の向きは同じだが，荷重の大きさが時間と共に変わるものである。

(3) 静荷重は，荷をつり上げて静止した状態のように，荷重の大きさと向きが変わらない荷重である。

(4) 荷重の大きさが変動する荷重を動荷重といい，衝撃荷重と繰返し荷重に分けることができる。

(5) 巻上ドラムに巻取られたワイヤロープに生じる曲げ荷重は，ドラム径が小さくなるほど大きくなる。

　非常に狭い範囲に作用する荷重を集中荷重といい，広い範囲に広がって作用する荷重を分布荷重といいます。

よくでる問題　175

荷重に関する説明として，誤っているものはどれか。

(1) 移動式クレーンのジブには，主に曲げ荷重が働く。

(2) 玉掛用ワイヤロープを掛けるフックには，主に圧縮荷重が働く。

(3) 巻上装置のドラムの軸には，曲げ荷重とねじり荷重が働く。

(4) 2枚の構造部材を締付けているボルトには，せん断荷重が働く。

(5) 移動式クレーンのシーブ部分の巻上用ワイヤロープには，引張荷重と曲げ荷重が働く。

　フックには，引張荷重と曲げ荷重が働きます。

よくでる問題 176

荷重の分類を示した図の A，B，C に当てはまる用語の組合せとして，正しいものはどれか。

	A	B	C
(1)	繰返し荷重	衝撃荷重	片振り荷重
(2)	繰返し荷重	衝撃荷重	交番荷重
(3)	衝撃荷重	繰返し荷重	交番荷重
(4)	繰返し荷重	交番荷重	片振り荷重
(5)	衝撃荷重	繰返し荷重	片振り荷重

荷　重 ─┬─ 静荷重
　　　　└─ 動荷重 ─┬─ A
　　　　　　　　　　└─ B ─┬─ C
　　　　　　　　　　　　　　└─ 両振り荷重

A には衝撃荷重，B には繰返し荷重，C には片振り荷重が該当します。

よくでる問題 177

移動式クレーンで荷をつり上げ，ジブを起こしていく場合のワイヤロープに働く荷重として，正しいものはどれか。

(1) 巻上用ワイヤロープに掛かる荷重が小さくなる。

(2) 巻上用ワイヤロープに掛かる荷重が大きくなる。

(3) 起伏用ワイヤロープに掛かる荷重が小さくなる。

(4) 起伏用ワイヤロープに掛かる荷重が大きくなる。

(5) 巻上用ワイヤロープ及び起伏用ワイヤロープに掛かる荷重は，共に変わらない。

荷をつり上げてジブを起こしても荷の質量は変わらないため，巻上用ワイヤロープに働く荷重は変わりません。移動式クレーンのジブを起こした場合は，起伏用ワイヤロープに働く荷重が小さくなります。

よくでる問題　178

　応力及び材料の強さに関する説明として，誤っているものはどれか。

(1)　弾性は，変形した材料が元に戻る性質である。

(2)　材料に荷重を掛けると，材料の内部に応力が生じる。

(3)　引張応力は，材料に作用する引張荷重を材料の表面積で除して求める。

(4)　材料に荷重を掛けると，荷重に応じて変形が生じるが，荷重がごく小さい間は荷重を取除くと元の形に戻る。

(5)　静荷重よりも小さい動荷重であっても，繰返し負荷されると疲労破壊によって材料が破壊されることがある。

　引張応力は，材料に作用する引張荷重を材料の断面積で除した単位面積当たりの力の大きさによって求めます。

よくでる問題　179

　応力及び材料の強さに関する説明として，誤っているものはどれか。

(1)　材料に圧縮荷重が作用すると，材料の内部に圧縮応力が生じる。

(2)　変形は，材料に引張荷重や圧縮荷重等が作用し，材料が伸びたり縮んだりして形が変わることである。

(3)　材料に力を加えて変形した場合，変形した量の元の量に対する割合をひずみという。

(4)　引張試験において，材料が切断するまでに掛けることができる最大の荷重を安全荷重という。

(5)　荷重をある程度以上大きくすると，荷重を取除いても材料は元の形に戻らなくなる。

　引張試験において，材料が切断するまでに掛けることができる最大の荷重を切断荷重（破断荷重）といいます。

よくでる問題　180

　直径 4 cm の丸棒に8.8 kN の引張荷重が作用する時，この丸棒に生じるおおよその引張応力として，正しいものはどれか。

(1)　3 N/mm^2

(2)　4 N/mm^2

(3)　5 N/mm^2

(4)　6 N/mm^2

(5)　7 N/mm^2

　直径 4 cm（40mm）の丸棒の断面積は，次の式によって求めることができます。

　　　丸棒の断面積 ＝（半径）^{2}×3.14

　　　　　　　　　　＝20^2×3.14 ＝ 1256 mm^2

　引張荷重をニュートン（N）の単位にし，次の式により引張応力を求めます。

$$引張応力 = \frac{引張荷重}{部材の断面積}$$

$$= \frac{8800}{1256}$$

$$= 7.0063$$

$$\fallingdotseq 7 \ \text{N/mm}^2$$

正　解

【問題174】　(1)　【問題175】　(2)　【問題176】　(5)　【問題177】　(3)　【問題178】　(3)

【問題179】　(4)　【問題180】　(5)

6 つり角度及び滑車装置

チャレンジ問題

荷重に関する説明として，誤っているものはどれか。

(1)　安全荷重は，切断荷重に安全係数を乗じた値である。
(2)　2本つりのロープには，内側に引き寄せようとする力が作用する。
(3)　垂直に荷をつった玉掛用ワイヤロープの切断荷重が12 t の場合，基本安全荷重は2 t 以上なければならない。
(4)　安全荷重は，つり具が破壊する荷重よりも小さい値の基準を設けて使用の限度とした荷重である。
(5)　モード係数表は，玉掛用具の掛け本数の区分に応じ，つり角度の範囲ごとにモード係数が分かるように作られている。

■ 解答と解説 ■

安全荷重は，切断荷重を安全係数で除した値です。

正解　(1)

これだけ重要ポイント

張力係数は，移動式クレーンの実務でも使用されているため，確実に脳細胞に刻み込みましょう。また，玉掛用ワイヤロープの選定方法や滑車装置と荷重の関係についても学習しましょう。

　ワイヤロープのような細長い物体において，その長さを伸ばす方向に加わる外力を張力といいます。複数のワイヤロープで荷をつる時，つり荷の質量が同じでも，ロープのつり角度が大きくなるほど，ワイヤロープを内側に引き寄せようとする張力が増大します。フックやつり荷から玉掛用ワイヤロープ等が外れたり，ロープ等が切断したりする災害を防止するためには，つり角度に注意する必要があります。

6-1　基本安全荷重

　安全係数を考慮し，玉掛用ワイヤロープ等の**1本のつり具で垂直につること
ができる最大の荷重（質量）を基本安全荷重**又は基本使用荷重といいます。ま
た，つり具を安全に使用するために設けられた係数を安全係数といい，**玉掛用
ワイヤロープの場合は6以上**とクレーン等安全規則に定められています。玉掛
用ワイヤロープの切断荷重を仮に6tとした場合，垂直な玉掛用ワイヤロープ
1本の基本安全荷重は1tです。玉掛用ワイヤロープ1本に働く張力の大きさ
は，つり角度によって変わるため，垂直につることができる最大の荷重という
文言が基本安全荷重に付されています。

6-2　張力と内向きの力

　図のように玉掛用ワイヤロープ2本で荷をつった時，荷の質量Wはロープ
に掛かる張力 F_1・F_2の合力はFになります。ロープのつり角度が0度以上の
場合の張力 F_1・F_2は，Fの1/2よりも大きい値になります。つり角度が大き
くなるに従い，張力 F_1・F_2は更に大きくなり，ワイヤロープを内側へ引き寄
せようとする力（P）が大きくなります。なお，水平分力Pは圧縮力としてつ
り荷に働きます。

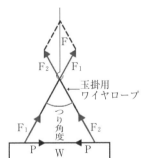

F_1：玉掛用ワイヤロープの張力
F_2：玉掛用ワイヤロープの張力
F　：F_1・F_2の合力
W　：つり荷の質量
P　：ワイヤロープを内側に引き寄せる力

―玉掛用ワイヤロープのつり角度―

　つり角度があまりにも大きい場合，フックから
玉掛用ワイヤロープが外れやすくなるため，つり
角度は原則として**60度以下**で使用する必要があり
ます。また，使用する玉掛用ワイヤロープの長さ
が異なる場合は，ロープの張力も異なるため，
ロープの長さに注意する必要があります。

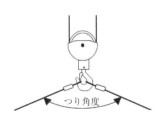

6-3　張力係数

　玉掛用ワイヤロープ1本に働く張力の大きさは，図のようにつり角度が0度の場合は変わりませんが，つり角度が120度の場合は2倍になります。たとえば，玉掛用ワイヤロープ2本を用いて200kgの質量の荷をつった場合，つり角度が0度の時のロープ1本に掛かる荷重は100kgですが，つり角度が120度の場合はロープ1本に200kgの荷重が掛かります。この玉掛用ワイヤロープの**つり角度と張力の比を張力係数**（張力増加係数）といいます。

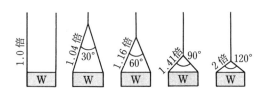

ワイヤロープ1本に掛かる張力

　つり角度と張力係数との関係は，次の表の通りです。ワイヤロープ1本に掛かる張力は，次の式で求めることができます。

$$張力 = \frac{つり荷の質量}{つり本数} \times 9.8 \times 張力係数$$

つり角度	張力係数
0	1.00
30	1.04
60	1.16
90	1.41
120	2.00

例　題

　4本の玉掛用ワイヤロープを用いて，質量8tの荷をつり角度90度でつる場合の玉掛用ワイヤロープ1本に必要な切断荷重の求め方。

　玉掛用ワイヤロープ1本に掛かる張力 $= \dfrac{8}{4} \times 9.8 \times 1.41 = 27.63\text{kN}$

　玉掛用ワイヤロープの安全係数6により，ロープ1本に必要な切断荷重

　ロープ1本に必要な切断荷重 $= 27.63 \times 6 = 165.78\text{kN}$

コサインで求める張力

本試験には，三角関数であるコサインを用いた問題が出題されることがあるため，コサインを用いた問題の解き方についてもよく理解しておく必要があります。

右図のFには，次の式が成り立ちます。

$$F = 2 \times f \times \cos\theta$$

点Oでは，つり合いによりF＝Wになるため

$$W = 2 \times f \times \cos\theta$$

これにより，1本のワイヤロープに掛かる張力fは次の式によって求めることができます。

$$f = \frac{W}{2 \times \cos\theta} \times 9.8$$

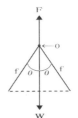

例　題

図のような4.6tの直方体の物体を2本の玉掛用ワイヤロープを用いて，つり角度70°でつる時，1本のワイヤロープに掛かる張力の値の求め方。ただし，重力加速度は9.8m/S²，cos35°＝0.82とし，ワイヤロープ及びつり金具等の質量は考えないものとする。

図のワイヤロープのつり角度は70°なので，cos θ の値はcos35°です。cos35°＝0.82により，1本のワイヤロープに掛かる張力fの値は，次の式で求めることがでます。

$$f = \frac{4.6}{2 \times 0.82} \times 9.8$$

$$\fallingdotseq 2.8 \times 9.8 \fallingdotseq 27.44$$

$$\fallingdotseq 27.5\text{kN}$$

6-4　モード係数

玉掛用ワイヤロープの掛け本数及びつり角度の影響を考慮し，その時の**掛け本数及びつり角度の時につることができる最大の質量と基本安全荷重の比を**モード係数といいます。玉掛用具の基本安全荷重は，次の式によって求めることができます。

$$\text{玉掛用具の基本安全荷重（質量）} = \frac{\text{つり荷の質量}}{\text{モード係数}}$$

6-5　滑車装置

滑車には，定滑車，動滑車及びこれらを組合せた滑車装置があります。

定滑車

定滑車は，**滑車が定位置に固定**されているため，ロープを引っ張っても滑車の位置は変わりません。ロープの一端に荷を結び，もう一方のロープを引っ張って荷をつり上げる場合，荷を 1 m つり上げるためには，ロープを 1 m 引っ張る必要があります。定滑車は，ロープを引っ張る力の方向を変えることができますが，力の大きさを変えることはできません。

定滑車＝力の方向を変えることはできるが，力の大きさは変えられない。

動滑車

動滑車の軸は固定されていないため，ロープを引っ張った時に滑車装置自体が上下します。動滑車のロープを引っ張る方向は，つり荷の移動する方向と同じで，ロープを引っ張る方向は変わりません。滑車やロープの重さを考えなければ，動滑車1個によって荷をつり上げるために必要な力は，つり荷の質量の2分の1になります。ただし，動滑車自体が上下するため，つり荷を 1 m つり上げるためには，ロープを 2 m 引っ張る必要があります。

動滑車＝力の方向は変えられないが，力の大きさを変えられる。

組合せ滑車

幾つかの動滑車と定滑車を組合せたものを組合せ滑車（滑車装置）といい，小さな力で質量のある荷をつるために用いられています。たとえば，定滑車3個と動滑車3個を組合せた滑車装置の場合，滑車の質量や摩擦を考えなければ，荷の質量の 1／6 の力で荷をつり上げることができます。ただし，荷が上がる長さは，引っ張ったワイヤロープの長さの 1／6 にしかなりません。

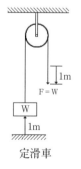

定滑車

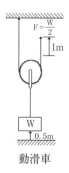

動滑車

組合せ滑車

滑車装置と荷重との関係（その１）

　滑車装置で荷をつり上げる時に必要な最小の力（F）は，次の式で求めることができます。なお，本来はつり荷の質量に動滑車の質量を加えます。

$$F = \frac{つり荷の質量}{動滑車に働く荷重を支えるロープ数} \times 9.8$$

　※　動滑車に働く荷重を支えるロープ数とは，左図の動滑車に掛かる①や②のロープ本数をいいます。

例　題

　右図のような滑車を用いて質量20t の荷をつり上げる時，これを支えるために必要な最小の力（F）の求め方。ただし，滑車の質量と摩擦は考えないものとする。

$$F = \frac{20}{4} \times 9.8 = 49\text{kN}$$

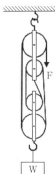

滑車装置と荷重との関係（その２）

　下図 A のようにロープの端が次々と別の動滑車につられている場合は，「滑車装置と荷重との関係（その１）」の式を用いることができません。この式を図 B の滑車装置に用いた場合は，荷を支えるために必要な最小の力は W/6 という誤った数値になります。しかしながら，図 B で分かる通り，ロープの端が次々と別の動滑車につられている場合の力は W/8 です。したがって，このような場合は，次の式によって F の値を求めなければなりません。

$$F = \frac{つり荷の質量}{2^n} \times 9.8 \quad (n＝動滑車の数)$$

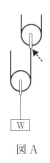

図 A

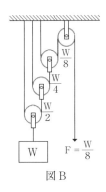

図 B

学科試験の実力を体感！　本試験によくでる問題

よくでる問題　181

つり角度と張力に関する説明として，誤っているものはどれか。

(1)　つり角度が30度のワイヤロープの張力係数は，1.04である。

(2)　2本のロープでつることができる最大の荷重が基本安全荷重である。

(3)　2本つりの掛け本数で，つり角度が0度のモード係数は2.0である。

(4)　つり角度が0度の場合，玉掛用ワイヤロープ1本に働く張力の大きさは変わらない。

(5)　玉掛用ワイヤロープで荷をつる場合，つり角度が小さいほどロープを内側に引き寄せようとする力は小さくなる。

 解説

　1本のワイヤロープを用いてつることができる最大の荷重を基本安全荷重といいます。

よくでる問題　182

　直径と高さが1mのコンクリート製の円柱を2本の玉掛用ワイヤロープを用いてつり角度80°でつる時，1本のワイヤロープに掛かる張力の値に最も近いものはどれか。ただし，コンクリートの1m³当たりの質量は2.3t，重力の加速度は9.8m/S²，cos40°＝0.77とし，ワイヤロープ及びつり金具の質量は考えないものとする。

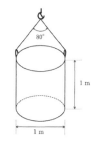

(1)　10.3KN　　　(2)　11.5KN

(3)　12.5KN　　　(4)　17.7KN

(5)　46.0KN

円柱の質量＝(半径)²×3.14×高さ×物体の単位体積当たりの質量

$$= 0.5 \times 0.5 \times 3.14 \times 1 \times 2.3 = 1.8055 \fallingdotseq 1.8 \text{ t}$$

1本のワイヤロープに掛かる張力 $= \dfrac{\text{円柱の質量}}{2 \times \cos 40°} \times 9.8 = \dfrac{1.8}{2 \times 0.77} \times 9.8$

$$\fallingdotseq 1.1688 \times 9.8 \fallingdotseq 11.5 \text{kN}$$

よくでる問題　183

　滑車装置に関する説明として，誤っているものはどれか。

(1)　定滑車は，力の方向を変えることができる。

(2)　動滑車で荷をつる場合，ロープ1本に働く力の大きさは小さくなる。

(3)　定滑車は，つり荷を1m上げるためにはロープを1m引っ張る。

(4)　動滑車は，つり荷を1m上げるためにはロープを2m引っ張る。

(5)　定滑車は，滑車の質量を考えなければ荷の質量の半分の力で荷をつり上げることができる。

　定滑車は，ロープを引っ張る力の方向を変えることはできますが，力の大きさを変えることはできません。

よくでる問題　184

　質量6tの荷を2本の玉掛用ワイヤロープを用いて，つり角度30度でつる時，使用することができる最小径のワイヤロープとして，正しいものはどれか。ただし，ワイヤロープの切断荷重は記載の通りとする。

ロープの直径（mm）	切断荷重（kN）
(1)　　16	126
(2)　　18	160
(3)　　20	197
(4)　　22	247
(5)　　25	312

　つり角度30度の張力係数は，1.04です。1本の玉掛用ワイヤロープに働く張力は，次の式によって求めることができます。

　　1本のワイヤロープに働く張力 $= \dfrac{6}{2} \times 9.8 \times 1.04 = 30.576\mathrm{kN}$

　玉掛用ワイヤロープの安全係数6以上により

　　切断荷重 $= 30.576 \times 6 = 183.456\mathrm{kN}$

この切断荷重以上の最小径のロープは，直径20mmのワイヤロープです。

よくでる問題　185

　質量30t の荷を 4 本の玉掛用ワイヤロープを用いて，つり角度60度でつる時，使用することができる最小径のワイヤロープとして，正しいものはどれか。ただし，ワイヤロープの切断荷重は記載の通りとする。

	ロープの直径（mm）	切断荷重（kN）
(1)	28	359
(2)	30	412
(3)	32	469
(4)	36	593
(5)	40	732

解説

つり角度60度の張力係数1.16により

$$1 本のワイヤロープに掛かる張力 = \frac{30}{4} \times 9.8 \times 1.16 = 85.26\,\text{kN}$$

$$切断荷重 = 85.26 \times 6 = 511.56\,\text{kN}$$

この切断荷重以上の最小径のロープは，直径36mm のワイヤロープです。

よくでる問題　186

　図のような組合せ滑車を用いて質量 8 t の荷をつり上げた時，この荷を支えるために必要な最小の力（F）として，正しいものはどれか。ただし，滑車及びワイヤロープの質量ならびに摩擦等は考えないものとする。

(1)　11.8 kN

(2)　15.7 kN

(3)　19.6 kN

(4)　26.1 kN

(5)　39.2 kN

解説

動滑車に働く荷重を支えるロープの本数は 4 本です。したがって，F の値は

$$F = \frac{8}{4} \times 9.8 = 19.6\,\text{kN}$$

よくでる問題　187

　図のような組合せ滑車を用いて質量40 t の荷をつり上げた時，この荷を支えるために必要な最小の力（F）として，正しいものはどれか。ただし，滑車及びワイヤロープの質量ならびに摩擦等は考えないものとする。

(1)　19.6 kN

(2)　29.4 kN

(3)　39.2 kN

(4)　43.5 kN

(5)　49.0 kN

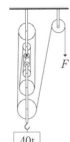

解説

$$F = \frac{\text{つり荷の質量}}{\text{動滑車に働く荷重を支えるロープ数}} \times 9.8 = \frac{40}{8} \times 9.8 = 49 \text{kN}$$

よくでる問題　188

　図のような組合せ滑車を用いて質量600kg の荷をつり上げた時，この荷を支えるために必要な最小の力（F）として，正しいものはどれか。ただし，滑車及びワイヤロープの質量ならびに摩擦等は考えないものとする。

(1)　280 N

(2)　350 N

(3)　420 N

(4)　735 N

(5)　980 N

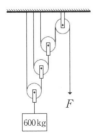

解説

$$F = \frac{\text{つり荷の質量}}{2^n} \times 9.8 = \frac{600}{2^3} \times 9.8 = \frac{600}{8} \times 9.8 = 735 \text{N}$$

よくでる問題　189

　図のような組合せ滑車を用いて質量 W の荷をつり上げて支える時，それぞれのワイヤロープに働く張力（F）として，誤っているものはどれか。ただし，g は重力加速度とし，滑車及びワイヤロープの質量ならびに摩擦等は考えないものとする。

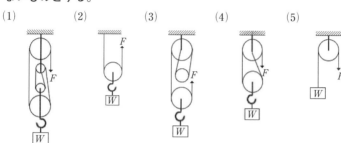

(1)　　　　　　　(2)　　　　　　(3)　　　　　　(4)　　　　　　(5)

$$F = \frac{W}{4}g \qquad F = \frac{W}{2}g \qquad F = \frac{W}{3}g \qquad F = \frac{W}{2}g \qquad F = Wg$$

　選択肢(3)の動滑車に働く荷重を支えるロープの本数は4本です。したがって，この滑車装置の張力 F は

$$F = \frac{W}{4}g$$

【問題181】　(2)　【問題182】　(2)　【問題183】　(5)　【問題184】　(3)　【問題185】　(4)

【問題186】　(3)　【問題187】　(5)　【問題188】　(4)　【問題189】　(3)

模擬試験問題

学科試験合格は目前！

第1回　模擬試験問題

〔移動式クレーンに関する知識〕

問題 1

クローラクレーンに関する説明として，誤っているものはどれか。

(1) クローラクレーンの台車には，油圧シリンダで左右の走行フレームを拡張してクローラ中心距離を変えることができるものが多い。

(2) クローラのシューには，幅の広いものと狭いものがあり，シューを取換えることによって接地圧を変えることができる。

(3) 平均接地圧は，クローラクレーンの全装備質量に働く重力をクローラが接地する面積で割って求める。

(4) クローラは，シューをリンクにボルトで取付ける一体式と，シューをピンで繋ぎ合せる組立式に分類される。

(5) クローラは，一般に鋳鋼又は鍛鋼製のシューをエンドレス状に繋ぎ合せたものであるが，ゴム製のものもある。

問題 2

移動式クレーンの用語に関する説明として，誤っているものはどれか。

(1) 地切りとは，つり荷を巻上げによって地上から離すことである。

(2) 旋回とは，上部旋回体が旋回中心を軸として回る運動である。

(3) 定格荷重とは，移動式クレーンの構造及び材料に応じて負荷させることができる最大の荷重をいい，フック等のつり具の質量が含まれる。

(4) ジブ長さは，ジブフートピンの中心からジブポイントまでの距離である。

(5) 揚程とは，ジブの傾斜角及び長さに応じてつり具を有効に上下させることができる上限と下限との間の垂直距離である。

問題 3

移動式クレーンの取扱いに関する説明として，誤っているものはどれか。

(1) 箱形構造ジブは，ジブの伸縮によってフックブロックが巻上げ又は巻下げの状態になるため，伸縮ではフックブロックの位置に注意する。

(2) 巻上操作による荷の横引きは，周囲に人がいない時に行う。

(3) 移動式クレーンの作業中は，機械本体各部の振動，異常音，異臭，熱等に

注意する。

(4) 移動式クレーンを用いて作業を行う場合，悪天候により転倒，荷振れ等の
危険がある時は作業を中止する。

(5) クローラクレーンをトレーラに積込む時は，原則として平坦で堅固な地盤
の場所で行う。

問題 4

次の文中の ［　］内の A 及び B に当てはまる用語の組合せとして，正し
いものはどれか。

「移動式クレーンの巻上装置のブレーキは，一般に ［　A　］の力で常時ブ
レーキバンドを締付ける自動ブレーキ方式が用いられ，ブレーキの開放は
［　A　］の力を ［　B　］で開放する機構になっている。」

	A	B
(1)	ガス圧	ジャッキ
(2)	油圧シリンダ	リリーフ弁
(3)	ジャッキ	スプリング
(4)	スプリング	油圧シリンダ
(5)	水圧	ガス圧

問題 5

ワイヤロープに関する説明として，誤っているものはどれか。

(1) ワイヤロープのよりの方向には，「S より」と「Z より」があり，一般に
「Z より」が使用されている。

(2) 同じ径のワイヤロープでも，素線が細く数の多いものほど柔軟性がある。

(3) フィラー形29本線 6 よりロープ心入りは，「IWRC6× Fi（29）」と表示さ
れる。

(4) 「普通より」のワイヤロープは，ロープのよりの方向とストランドのより
の方向が反対である。

(5) フィラー形のワイヤロープは，繊維心の代わりにフィラー線を心綱とした
ものである。

問題 6

移動式クレーンの種類，形式に関する説明として，誤っているものはどれ
か。

(1) オールテレーンクレーンは，大型タイヤを装備したキャリアを有しており，一般道路の高速走行はできないが，不整地走行は可能である。

(2) トラッククレーンのキャリアは，搭載される上部旋回体の質量によって前輪が1軸から3軸，後輪が1軸から4軸になっている。

(3) ラフテレーンクレーンは，不整地や比較的軟弱な地盤でも走行が可能であり，都市部の狭隘地での機動性にも優れている。

(4) レッカー形トラッククレーンは，ジブ長さが通常10m程度で，シャシ後部に事故車等の牽引用のピントルフック，ウインチ等を装備している。

(5) 浮きクレーンには，自航式と非自航式とがあり，港湾，河川，海上での工事やサルベージ作業等に使用される。

問題 7

次の文中の [ ] 内のAからCに当てはまる用語の組合せとして，正しいものはどれか。

「移動式クレーンの定格総荷重は，作業半径が [A] 場合は安定度により定められ，作業半径が [B] 場合は，ジブその他の強度により定められる。作業半径が [C] 時の過負荷は，移動式クレーンが転倒する前にジブが破損したり，クラッチ類が故障したりして危険である。」

	A	B	C
(1)	小さい	大きい	小さい
(2)	小さい	小さい	小さい
(3)	小さい	大きい	大きい
(4)	大きい	小さい	大きい
(5)	大きい	小さい	小さい

問題 8

移動式クレーンの上部旋回体に関する説明として，誤っているものはどれか。

(1) ボールベアリング式の旋回装置は，旋回モータの動力を減速機に伝え，旋回ベアリングの旋回ギヤに噛み合っているピニオンを回転させ，上部旋回体を旋回させる。

(2) カウンタウエイトは，移動式クレーンの作業中の安定を保つためのもので，規定の質量のものが旋回フレーム後部に取付けられている。

(3) 旋回フレームには，ジブ取付ブラケットがあり，ジブ下部はこのブラケッ

トに溶接で接合されている。

(4) クローラクレーンのジブを解体してクレーン本体をトレーラ等で輸送する場合は，Aフレームを低い位置にセットする。

(5) ラフテレーンクレーンの上部旋回体の運転室には，走行用操縦装置とクレーン操作装置が装備されている。

問題 9

移動式クレーンの安全装置に関する説明として，誤っているものはどれか。

(1) 傾斜角指示装置は，ジブの起伏の度合いを示すものである。

(2) 過負荷防止装置は，ワイヤロープに掛かる衝撃荷重を防止する装置である。

(3) 作業範囲制限装置は，ジブ上下限，作業半径，地上揚程，旋回位置等の作業可能範囲をあらかじめ設定し，範囲外への動作を自動的に停止させる装置である。

(4) ドラムロック装置は，ラチェットによって機械的にドラムをロックし，つり荷の自然落下を防止するものである。

(5) ジブ起伏停止装置は，ジブの起こし過ぎによるジブの折損や後方への転倒を防止する装置である。

問題 10

移動式クレーンのフロントアタッチメントに関する説明として，誤っているものはどれか。

(1) フックの代わりに，グラブバケットを装着する時は，バケットの開閉を行う開閉ロープが必要である。

(2) 補助ジブに取付けた補巻用フックによる定格総荷重は，ジブの傾斜角とオフセットによって定められる。

(3) ペンダントロープは，ジブ上端と上部ブライドルとを繋ぐワイヤロープである。

(4) 補助ジブとは，揚程を増すために最上段のジブの先端に取付ける小型のジブをいい，取付角が固定のものと可変のものがある。

(5) 箱形構造のジブの主要部材には，強度の確保及び軽量化のため一般に鋳鉄が使用されている。

〔原動機及び電気に関する知識〕

問題 11

　図のように油で満たされた2つのシリンダが連絡している装置において，直径1cmのピストンAに9Nの力を加えた時，直径3cmのピストンBに加わる力はどれか。

(1)　3 N
(2)　9 N
(3)　18 N
(4)　27 N
(5)　81 N

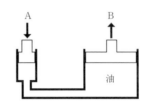

問題 12

　油圧装置の付属機器に関する説明として，誤っているものはどれか。

(1)　作動油タンクは，作動油を貯めておくもので，作動油を浄化する付属品を備えている。

(2)　圧力計は，油圧回路内の圧力を計る計器で，一般にブルドン管式圧力計が用いられている。

(3)　ポンプ吸込側に取付ける吸込用フィルタは，エレメントが金網式のものとノッチワイヤ式の他，マグネットを内蔵し鉄粉を吸引させる方式のものがある。

(4)　ラインフィルタは，圧力管路用のものと戻り管路用のものがあり，ノッチワイヤ，ろ過紙，焼結合金等のエレメントが用いられている。

(5)　クーラーは，発熱量の多い使用状況の時に作動油の油温を110～120℃以下に冷却するために用いられる。

問題 13

　電気に関する説明として，誤っているものはどれか。

(1)　交流は，常に一定方向に電流が流れる。
(2)　直流はDCで，交流はACで表される。
(3)　抵抗の単位はオーム（Ω）で，1,000,000Ωは1MΩと表す。
(4)　交流電力の周波数は，おおむね東日本では50Hz，西日本では60Hzである。
(5)　発電所から変電所には，特別高圧で送電される。

問題 14

ディーゼルエンジンに関する説明として，誤っているものはどれか。

(1) ディーゼルエンジンは，燃焼室に送った高圧の燃料を電気火花によって着火，燃焼させてピストンを往復運動させる。

(2) 4サイクルエンジンは，カム軸が1回転するごとに1回の動力を発生する。

(3) 4サイクルエンジンは，クランク軸が2回転するごとに1回の動力を発生する。

(4) 2サイクルエンジンは，吸入，圧縮，燃焼，排気の1循環をピストンの2行程で行う。

(5) 2サイクルエンジンは，ピストンが1往復するごとに1回の動力を発生するものである。

問題 15

プランジャポンプの機構，特徴として，誤っているものはどれか。

(1) プランジャポンプは，歯車ポンプに比べて大形で重い。

(2) プランジャポンプは，歯車ポンプに比べて構造が複雑で部品数が多い。

(3) プランジャポンプは，歯車ポンプに比べて大容量の脈動が少ない圧油が得られる。

(4) プランジャポンプは，歯車ポンプに比べて効率が悪い。

(5) 可変容量形のプランジャポンプは，吐出量を加減することができる。

問題 16

油圧装置の保守に関する説明として，誤っているものはどれか。

(1) 油圧ホースは，接触，ねじれ，変形，傷の有無，継手部の油漏れの有無について点検する。

(2) 油圧ポンプや油圧モータは，作動した状態で異常音，異常発熱の有無，速度低下，圧力上昇不良の有無，油漏れの有無について点検する。

(3) 油圧ポンプ，油圧駆動装置及び弁類は，工作精度の高い部品で構成されているため，安易に分解や組立を行ってはならない。

(4) フィルタは，一般に3か月に1回程度，エレメントを取外して洗浄するが，洗浄してもごみや汚れが除去できない場合は新品と交換する。

(5) フィルタエレメントの洗浄は，水に長時間浸した後，ブラシ洗いをしてエレメントの外側から内側に圧縮空気を吹く。

電気の絶縁体のみの組合せとして，正しいものはどれか。

(1) 黒鉛 シリコン樹脂

(2) 銀 フェノール樹脂

(3) 磁器 石英

(4) 塩水 アルミニウム

(5) ゴム 鉛

ディーゼルエンジンの装置として，使用されないものはどれか。

(1) オルタネータ

(2) グロープラグ

(3) バッテリ

(4) スパークプラグ

(5) スターティングモータ

油圧装置の油圧制御弁に関する説明として，誤っているものはどれか。

(1) リリーフ弁は，油圧回路の油圧が設定圧力以上にならないようにするために用いられる。

(2) 減圧弁は，油圧回路の一部を他よりも高い圧力で使用するために用いられている。

(3) シーケンス弁は，別々に作動する2つの油圧シリンダを順次に制御するために用いられる。

(4) カウンタバランス弁は，一方向の流れには設定された背圧を与えて流量を制限し，逆方向には自由に流れさせるものである。

(5) パイロットチェック弁は，ある条件の時に逆方向に流せるようにしたもので，アウトリガ回路破損時の垂直シリンダの縮小防止に用いられる。

作動油に関する説明として，誤っているものはどれか。

(1) 作動油の比重は，一般に0.85〜0.95程度である。

(2) 作動油は可燃性であり，油漏れを生じると火災の危険がある。

(3) 作動油の粘性とは，油が管路を流れるのを妨げようとする性質をいい，こ

の粘性の程度を表す値を粘度という。
(4) 粘度が高い油を使用すると，ポンプを始動する際に大きな力を要する。
(5) 正常な作動油は，通常0.5％程度の水分を含んでいるが，オイルクーラーの水漏れ等でこれ以上の水分が油タンクに入ると泡立ちするようになる。

〔移動式クレーンの関係法令〕

問題 21

つり上げ荷重 3 t 以上の移動式クレーンの検査に関する説明として，法令上，誤っているものはどれか。
(1) 製造検査は，所轄都道府県労働局長が行う。
(2) 移動式クレーンを輸入した者は，原則として，使用検査を受けなければならない。
(3) 性能検査は，原則として，登録性能検査機関が行う。
(4) 変更検査は，所轄都道府県労働局長が行う。
(5) 移動式クレーン検査証の有効期間を超えて使用を休止した移動式クレーンを再び使用しようとする者は，使用再開検査を受けなければならない。

問題 22

次の文中の [　] 内の A 及び B に当てはまる用語の組合せとして，法令上，正しいものはどれか。
「移動式クレーンについては，移動式クレーン [　A　] に記載されている [　B　]（つり上げ荷重が 3 t 未満の移動式クレーンにあっては，これを製造した者が指定した [　B　]）の範囲を超えて使用してはならない。」

	A	B
(1)	設置報告書	ジブの傾斜角
(2)	設置報告書	定格荷重
(3)	明細書	ジブの傾斜角
(4)	明細書	アウトリガ
(5)	検査証	定格荷重

問題 23

移動式クレーンの玉掛用具として，法令上，使用できるものはどれか。
(1) リンクの断面の直径の減少が製造された時の直径の11％のつりチェーン

(2) 直径の減少が公称径の8%のワイヤロープ

(3) 著しい形崩れがあるワイヤロープ

(4) 安全係数が5のつりチェーン

(5) ワイヤロープ1よりの間で素線（フィラー線を除く。）の数の11%の素線が切断しているワイヤロープ

問題 24

移動式クレーンの運転（道路上を走行させる運転を除く。）又は玉掛けの業務に関する説明として，法令上，誤っているものはどれか。

(1) 移動式クレーンの運転の業務に係る特別の教育を受けた者は，つり上げ荷重が1tの移動式クレーンの運転の業務に就くことができない。

(2) 小型移動式クレーン運転技能講習を修了した者は，つり上げ荷重が5tの移動式クレーンの運転の業務に就くことができない。

(3) 移動式クレーン運転士免許を受けた者は，すべての移動式クレーンの運転と玉掛けの業務に就くことができる。

(4) 玉掛技能講習を修了した者は，つり上げ荷重が3tの移動式クレーンの玉掛けの業務に就くことができる。

(5) 玉掛けの業務に係る特別の教育を受けた者は，つり上げ荷重が0.5tの移動式クレーンの玉掛けの業務に就くことができる。

問題 25

移動式クレーンを用いて作業を行う時の合図又は立入禁止の措置に関する説明として，法令上，誤っているものはどれか。

(1) 事業者は，移動式クレーン運転者と玉掛作業者に作業を行わせる時は，合図を行う者を指名しなければならない。

(2) 移動式クレーン運転者に単独で作業を行わせる時であっても，運転について一定の合図を定めなければならない。

(3) 動力下降以外の方法によって荷を下降させる時は，つり荷の下に労働者を立入らせてはならない。

(4) バキューム式つり具を用いて玉掛けをした荷がつり上げられている時は，つり荷の下に労働者を立入らせてはならない。

(5) 磁力により吸着させるつり具を用いて玉掛けをした荷がつり上げられている時は，つり荷の下に労働者を立入らせてはならない。

問題 26

　つり上げ荷重 5 t の移動式クレーンの次の部分を変更しようとする時，法令上，移動式クレーン変更届を提出する必要がないものはどれか。ただし，計画届の免除認定を受けていない場合とする。

(1)　ジブ
(2)　原動機
(3)　ブレーキ
(4)　過負荷防止装置
(5)　つり上げ機構

問題 27

　次の文中の [　　] のA～C に入る用語の組合せとして，法令上，正しいものはどれか。ただし，計画届の免除認定を受けていない場合とする。

　「移動式クレーンを設置している者が移動式クレーンの使用を休止しようとする場合において，その休止しようとする期間が [　A　] を経過した後に渡る時は，当該 [　A　] 中にその旨を所轄 [　B　] に [　C　] しなければならない。」

	A	B	C
(1)	移動式クレーン検査証の有効期間	労働基準監督署長	報告
(2)	移動式クレーン検査証の有効期間	都道府県労働局長	報告
(3)	移動式クレーン検査証の有効期間	都道府県労働局長	届出
(4)	1年間	労働基準監督署長	届出
(5)	1年間	都道府県労働局長	届出

問題 28

　移動式クレーン運転士免許に関する説明として，法令上，誤っているものはどれか。

(1)　満18歳に満たない者は，免許を受けることができない。
(2)　免許に係る業務に就こうとする者が免許証を損傷した時は，免許証の再交付を受けなければならない。
(3)　免許証を他人に譲渡又は貸与した時は，免許の取消し又は効力の一時停止の処分を受けることがある。
(4)　労働安全衛生法違反の事由により免許の取消しの処分を受けた者は，取消しの日から2年間は免許を受けることができない。

(5) 免許に係る業務に現に就いている者は，氏名を変更した時は，免許証の書替えを受けなければならない。

移動式クレーンの使用に関する説明として，**誤っているもの**はどれか。

(1) つり上げ荷重が 3 t 未満の移動式クレーンについては，厚生労働大臣が定める規格を具備したものでなくても使用することができる。

(2) 油圧を動力として用いる移動式クレーンの安全弁は，最大の定格荷重に相当する荷重を掛けた時の油圧に相当する圧力以下で作用するように調整しておかなければならない。

(3) 移動式クレーンを用いて作業を行う時は，移動式クレーンの運転者及び玉掛けを行う者が当該移動式クレーンの定格荷重を常時知ることができるよう，表示その他の措置を講じなければならない。

(4) 地盤が軟弱であるため移動式クレーンが転倒する恐れのある場所においては，原則として，移動式クレーンを用いて作業を行ってはならない。

(5) 原則として，移動式クレーンにより，労働者を運搬又は労働者をつり上げて作業させてはならない。

移動式クレーンの定期自主検査に関する説明として，法令上，**誤っているもの**はどれか。

(1) 1 年以内ごとに 1 回行う定期自主検査における荷重試験では，定格荷重に相当する荷重の荷をつって，つり上げ，旋回，走行等の作動を定格速度により行わなければならない。

(2) 1 か月以内ごとに 1 回行う定期自主検査においては，過負荷警報装置の異常の有無について検査を行わなければならない。

(3) 1 か月以内ごとに 1 回行う定期自主検査においては，つり具の損傷の有無について検査を行わなければならない。

(4) 定期自主検査の結果を記録し，これを 3 年間保存しなければならない。

(5) 定期自主検査を行う日後 3 ヶ月以内に移動式クレーン検査証の有効期間が満了する移動式クレーンについては，1 年以内ごとに 1 回行う定期自主検査を実施しなくてもよい。

〔力学に関する知識〕

問題 31
物体の重心に関する説明として，誤っているものはどれか。

(1) 直方体の物体の置き方を変える場合，物体の底面積が小さくなるほど安定性が悪くなる。

(2) 複雑な形状の物体は，重心が2つ以上になることがある。

(3) 物体の重心は，必ずしも物体内部にあるとは限らない。

(4) 物体を構成する各部分には，それぞれ重力が作用しており，それらの合力の作用点を重心という。

(5) 水平面上に置いた直方体の物体を手で傾けた場合，重心からの鉛直線がその物体の底面を通る時は，手を離すとその物体は元の位置に戻る。

問題 32
物体の運動に関する説明として，誤っているものはどれか。

(1) 物体が速さや向きを変えながら運動する場合，その変化の程度を示す量を速度という。

(2) 物体が円運動をしている時の遠心力は，物体の質量や回転速度が大きくなるほど大きくなる。

(3) 物体に加速度が生じる時，次第に速度が増加する場合を正の加速度，減少する場合を負の加速度という。

(4) 物体には，外から力が作用しない限り，静止している時は静止の状態を，運動している時は同一の運動の状態を続けようとする性質がある。

(5) 荷をつった状態でクレーンのジブを旋回させると，つり荷は旋回する前の作業半径より大きい半径で回るようになる。

問題 33
荷重に関する説明として，誤っているものはどれか。

(1) 巻上用ワイヤロープの直線部分には，引張荷重が掛かる。

(2) 移動式クレーンのフックには，主に圧縮荷重が掛かる。

(3) 移動式クレーンの箱形構造ジブには，圧縮荷重と曲げ荷重が掛かる。

(4) せん断荷重は，材料をはさみで切るように働く荷重である。

(5) 静荷重は，大きさと向きが変わらない荷重である。

材料の強さ，応力に関する説明として，誤っているものはどれか。

(1) 材料に荷重を掛けると，荷重に応じて変形が生じるが，荷重がごく小さい場合は荷重を取除くと元の形に戻る。

(2) 安全な静荷重より小さな荷重であっても，繰返し負荷すると材料が疲労破壊することがある。

(3) 材料に圧縮荷重を掛けると，材料の内部に圧縮応力が生じる。

(4) 引張応力は，材料に作用する引張荷重を材料の表面積で除して求める。

(5) 材料に力を加えて変形した場合，変形した量の元の量に対する割合をひずみという。

力に関する説明として，誤っているものはどれか。

(1) 一直線上に作用する 2 つの力の合力の大きさは，それらの和又は差で示される。

(2) 力の作用と反作用は，同じ直線上で作用し，大きさが等しく，向きが反対である。

(3) 力の大きさと向きが変わらなければ，力の作用点が変わっても物体に与える効果は変わらない。

(4) 物体の 1 点に 2 つ以上の力が働いている時，その 2 つ以上の力をそれと同じ効果を持つ 1 つの力にまとめることができる。

(5) てこを用いて重量物を持ち上げる場合，握りの位置を支点に近づけるほど大きな力が必要になる。

物体の質量又は比重に関する説明として，誤っているものはどれか。

(1) アルミニウム 1 m^3 の質量は，およそ2.7 t である。

(2) 物体の体積を V，その物体の単位体積当たりの質量を d とすれば，その物体の質量 W は，W = V/d で求める。

(3) 比重の大きい順に並べると，「鉛，鋼，アルミニウム，木材」になる。

(4) アルミニウムの丸棒の直径が 3 倍になると，質量は 9 倍になる。

(5) 鋳鉄 1 m^3 の質量と水7.2m^3 の質量は，ほぼ同じである。

問題 37

図のように水平な床面に置いた質量1tの物体を床面に沿って引っ張る時，動き始める直前の力（F）はどれか。ただし，静止摩擦係数は0.5とする。

(1) 4.9 kN

(2) 9.8 kN

(3) 14.7 kN

(4) 19.6 kN

(5) 24.5 kN

問題 38

図のような「てこ」のA点に力を加えて質量30kgの荷を持ち上げる時，これを支えるために必要な力Pとして，正しいものはどれか。ただし，「てこ」及びワイヤロープの質量は考えないものとする。

(1) 49 N

(2) 49 kN

(3) 118 N

(4) 118 kN

(5) 120 kN

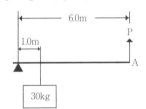

問題 39

図のような質量36tの荷を4本の玉掛用ワイヤロープを用いてつり角度90度でつる時，使用することができる最小径の玉掛用ワイヤロープはどれか。ただし，ワイヤロープの切断荷重は記載の通りとする。

	ワイヤロープの 直径（mm）	ワイヤロープの 切断荷重（kN）
(1)	32	544
(2)	36	688
(3)	40	850
(4)	44	1030
(5)	48	1220

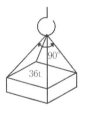

　図のような組合せ滑車を用いて質量35t の荷をつり上げた時，これを支えるために必要なおおよその力（F）として，正しいものはどれか。ただし，滑車及びワイヤロープの質量，摩擦等は考えないものとする。

(1)　30 kN

(2)　33 kN

(3)　39 kN

(4)　43 kN

(5)　50 kN

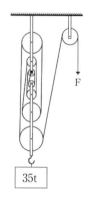

第1回 模擬試験問題の解答

問　題	解　答	参照ページ	問　題	解　答	参照ページ
移動式クレーンに関する知識					
問題　1	(4)	P54	問題　6	(1)	P42
問題　2	(3)	P33	問題　7	(5)	P105
問題　3	(2)	P119	問題　8	(3)	P61
問題　4	(4)	P64	問題　9	(2)	P96
問題　5	(5)	P86	問題　10	(5)	P73
原動機及び電気に関する知識					
問題　11	(5)	P147	問題　16	(5)	P180
問題　12	(5)	P169	問題　17	(3)	P192
問題　13	(1)	P187	問題　18	(4)	P129
問題　14	(1)	P127	問題　19	(2)	P158
問題　15	(4)	P150	問題　20	(5)	P179
移動式クレーンの関係法令					
問題　21	(4)	P234	問題　26	(4)	P233
問題　22	(3)	P221	問題　27	(1)	P235
問題　23	(4)	P252	問題　28	(4)	P264
問題　24	(3)	P266	問題　29	(1)	P219
問題　25	(2)	P249	問題　30	(5)	P243
力学に関する知識					
問題　31	(2)	P291	問題　36	(2)	P285
問題　32	(1)	P300	問題　37	(1)	P301
問題　33	(2)	P309	問題　38	(1)	P278
問題　34	(4)	P312	問題　39	(3)	P320
問題　35	(3)	P274	問題　40	(4)	P323

　この模擬試験問題は，本試験に出題された問題を基にしています。誤って解答した問題は，参照ページによって理解を深めてください。

第2回　模擬試験問題

〔移動式クレーンに関する知識〕

問題　1

移動式クレーンの用語に関する説明として，誤っているものはどれか。

(1)　ジブは，上部旋回体のジブ取付ブラケットを支点として荷をつる腕である。

(2)　主巻とは，通常，2セットの巻上装置のうち，巻上用ワイヤロープの巻き掛け数を複数にして荷をつるロープ側のことである。

(3)　ジブの傾斜角を大きくすることをジブの下げ，小さくすることをジブの上げという。

(4)　定格総荷重は，移動式クレーンの構造及び材料並びにジブの傾斜角及び長さに応じて負荷させることができる最大の荷重に，つり具の質量を含んだ荷重である。

(5)　移動式クレーンを設置した面から上の揚程を地上揚程，下の揚程を地下揚程といい，地上揚程と地下揚程の和を総揚程という。

問題　2

ワイヤロープに関する説明として，誤っているものはどれか。

(1)　「Zより」のワイヤロープは，ロープを縦にした時，右上から左下へストランドがよられている。

(2)　「ラングより」のワイヤロープは，ロープのよりの方向とストランドのよりの方向が同じである。

(3)　ワイヤロープの谷断線の目視点検において，ロープを小さな半径に曲げると，断線した素線がはみ出してくる。

(4)　同じ太さの素線を37本より合せて一つのストランドとし，これを6本よりにしたワイヤロープは6×37と表される。

(5)　ワイヤロープの径は，同一断面の長い方の径を3方向から測り，その最大値を取る。

問題　3

クローラクレーンを同一作業場内の他の場所に移動させる時の説明として，

誤っているものはどれか。

(1) 緩やかに方向転換を行う。
(2) 旋回装置をロックする。
(3) 起動輪を前方にして走行する。
(4) ジブを30～70°程度に保持する。
(5) フックブロックを上部に巻上げる。

問題 4

移動式クレーンの巻上装置に関する説明として，誤っているものはどれか。

(1) 巻上装置の減速機は，歯車を用いて油圧モータの回転を減速して必要なトルクを得るもので，一般に平歯車減速式と遊星減速式が使用される。
(2) 移動式クレーンには，主巻ドラム，補巻ドラムの巻上装置の他に第3ドラムを装備した機種がある。
(3) 巻上装置のクラッチは，巻上ドラムに回転を伝達又は遮断するもので，クラッチドラムの内部に設けられ，油圧シリンダによって外周方向に拡がる摩擦板がドラム軸に固定されている。
(4) 巻上ドラムのブレーキは，クラッチレバーの操作に係らず，常時，自動的にブレーキが作用している。
(5) 巻上ドラムの自動ブレーキの開放は，ブレーキバンドを締付けているスプリング力を油圧シリンダで開放する。

問題 5

移動式クレーンの種類，形式に関する説明として，誤っているものはどれか。

(1) オールテレーンクレーンの下部走行体には，前後輪駆動，前後輪操向が可能な専用キャリアが用いられ，道路上での高速走行性と不整地走行性を有している。
(2) レッカー形トラッククレーンは，トラックのシャーシをサブフレームで補強し，クレーン装置を架装してアウトリガを備えたものである。
(3) ラフテレーンクレーンは，走行用とクレーン作業用の原動機を別々に設置している。
(4) 車両積載形トラッククレーンの下部走行体は，一般に通常の貨物運搬トラックのシャーシを補強したものが使用されている。
(5) トラッククレーン用のキャリアは，搭載される上部旋回体の質量によって

前輪は1軸から3軸，後輪は1軸から4軸になっている。

問題　6

　移動式クレーンの上部旋回体に関する説明として，誤っているものはどれか。

(1) 旋回フレームは，上部旋回体の基礎となる溶接構造のフレームで，旋回支持体を介して下部機構に取付けられている。

(2) 旋回支持体は，ボールベアリング式の構造のものが多い。

(3) 旋回フレームには，ジブ取付ブラケットがあり，ジブ下部は，このブラケットにポイントピンで結合されている。

(4) ラフテレーンクレーンの上部旋回体には，巻上装置，運転室等が設置され，旋回フレームの後方にはカウンタウエイトが取付けられている。

(5) Aフレームは，ジブの起伏をワイヤロープで行うクローラクレーンに装備されている。

問題　7

　次の図は，移動式クレーンの性能曲線を表したものである。図の直線又は曲線①，②，③が示す組合せとして，正しいものはどれか。ただし，A，B，Cは記載の通りとする。

A：巻上装置の能力により許容できる荷重
B：ジブ等の強度により許容できる荷重
C：機体の安定により許容できる荷重

	曲線①	直線②	曲線③
(1)	A	B	C
(2)	A	C	B
(3)	B	A	C
(4)	C	A	B
(5)	C	B	A

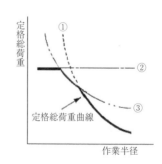

問題　8

　移動式クレーンのフロントアタッチメントに関する説明として，誤っているものはどれか。

(1) タグラインは，起伏や旋回によってグラブバケット等が振れたりしないよ

348

うにワイヤロープでバケット等を軽く引っ張っておく装置である。

(2) 箱形構造ジブの伸縮方法には，２段目以降のジブが順番に伸縮する順次伸縮方式と，同時に伸縮する同時伸縮方式がある。

(3) ペンダントロープは，上部スプレッダと下部スプレッダの滑車を通して両スプレッダを接続し，ジブを支えるワイヤロープである。

(4) トラス（ラチス）構造のジブを継ぎ合せる方法には，一般にピンで継ぐ方法が採用されている。

(5) ジブの傾斜角を変える方式には，起伏シリンダの伸縮によるものと，起伏用ワイヤロープの巻取り巻戻しによるものがある。

問題 9

次の文中の ［ ］ 内のＡとＢに当てはまる用語及び数値の組合せとして，正しいものはどれか。

「アウトリガのフロート４点で支える移動式クレーンで，荷をつり上げてジブを旋回すると，ジブの向いた側のフロートに掛かる ［ Ａ ］ は，全装備質量と実際につり上げた荷の質量の合計の ［ Ｂ ］ ％に相当する力になるといわれている。」

	Ａ	Ｂ
(1)	つり上げ荷重	30～40
(2)	最大の荷重	70～80
(3)	平均の荷重	100
(4)	定格総荷重	100
(5)	定格荷重	40～50

問題 10

移動式クレーンの安全装置に関する説明として，誤っているものはどれか。

(1) 玉掛用ワイヤロープの外れ止め装置は，シーブから玉掛用ワイヤロープが外れないように防止する装置である。

(2) 過負荷防止装置は，つり荷の巻上げ，ジブの下げ又は伸ばしの作動を行う場合，つり荷の荷重が定格荷重を超えようとした時に警報を発し，定格荷重を超えた時に作動を停止させる装置である。

(3) ジブ起伏停止装置は，ジブの起こし過ぎによるジブの折損や後方への転倒を防止する装置である。

(4) 巻過防止装置は，巻上げやジブ伸ばし時にフックブロックが上限の高さま

349

で巻上がると，自動的に巻上げの作動を停止させる装置である。

(5) 油圧式の移動式クレーンには，過負荷や衝撃荷重による油圧回路内の異常に高い圧力の発生を防止する安全弁が油圧回路に取付けられている。

〔原動機及び電気に関する知識〕

問題 11

ディーゼルエンジンの作動に関する説明として，正しいものはどれか。

(1) 2サイクルエンジンは，吸入，燃焼，圧縮，排気の順序で作動する。

(2) 2サイクルエンジンは，ピストンが2往復するごとに動力を発生する。

(3) 4サイクルエンジンの排気行程では，吸気と排気バルブは，ほぼ同時に開閉する。

(4) 4サイクルエンジンは，クランク軸が4回転するごとに動力を発生する。

(5) ディーゼルエンジンは，高温高圧の空気の中に軽油等を噴射させて燃焼させる。

問題 12

ディーゼルエンジンの補機，装置に関する説明として，誤っているものはどれか。

(1) タイミングギヤは，カム軸とクランク軸の間に組込み，各工程が必要とする時に吸，排気バルブの開閉を行わせる歯車装置である。

(2) ガバナは，エンジンの出力を増加又は排気を行うため，シリンダ内に強制的に空気を送り込む装置である。

(3) 燃料噴射ノズルは，噴射ポンプから送られた高圧の燃料を燃焼室内へ霧状に噴射させるものである。

(4) フライホイールは，ピストンの4行程のうち，エネルギーを発する燃焼行程のエネルギーを一時蓄えてクランク軸の回転を円滑にする装置である。

(5) 冷却装置は，燃焼が行われて高温になったシリンダを冷却するもので，空冷式と水冷式がある。

問題 13

油圧装置の特徴として，誤っているものはどれか。

(1) 油圧装置は，機械式や電気式に比べて装置が大型で機構が複雑になる。

(2) 作動油は可燃性で，油漏れが生じやすく，ごみに弱い。

(3) 力の向き，大きさ等の力の制御が小さな力で容易に操作できる。

(4) 油圧ポンプからの油を分流するだけで動力の分配が容易にできる。

(5) 作動油の温度によって機械効率が変わる。

問題 14

油圧装置の保守に関する説明として，不適切なものはどれか。

(1) 油圧配管系統は，接続部を重点に圧油の漏れを毎日点検する。

(2) 作動油に金属粉が混入すると，速度低下，圧力上昇不良，油漏れ等の原因となる。

(3) 配管を取外した後，配管内に空気が残ったまま高速回転し全負荷運転すると，ポンプの油漏れの原因となる。

(4) 作動油の汚れが著しい場合は，劣化した作動油の交換又はクリーニングを行う。

(5) 油圧ポンプの吸入条件が悪いと油中に空洞が発生し，ポンプに異常音が発生するが，これをキャビテーションという。

問題 15

プランジャポンプの機構，特徴として，誤っているものはどれか。

(1) ピストンの往復運動により，油の吸込みや吐出しを行う機構である。

(2) 歯車ポンプに比べて高圧，大容量の脈動の少ない圧油が得られる。

(3) シリンダとプランジャの摺動部が長いため，油漏れが多い。

(4) 可変容量形のものは，流量調整弁がなくても流量の加減ができる。

(5) 歯車ポンプに比べて構造が複雑で部品数が多い。

問題 16

次の文中の [ ] 内のAからCに当てはまる用語の組合せとして，正しいものはどれか。

「移動式クレーンに使用される油圧制御弁を機能別に分類すると，圧力制御弁，流量制御弁，方向切換弁の3種がある。圧力制御弁には [A] があり，流量制御弁には [B] があり，方向制御弁には [C] がある。」

	A	B	C
(1)	シーケンス弁	絞り弁	逆止め弁
(2)	アンロード弁	減圧弁	方向切換弁
(3)	減圧弁	絞り弁	リリーフ弁

351

第2編 模擬試験問題

(4)　逆止め弁　　　リリーフ弁　　　シーケンス弁
(5)　リリーフ弁　　　逆止め弁　　　アンロード弁

問題 17

油圧装置の付属機器に関する説明として，誤っているものはどれか。

(1)　作動油タンクは，作動油を貯めておくもので，作動油を浄化する付属品を備えている。
(2)　圧力計は，油圧回路内の圧力を計る計器で，一般にブルドン管式圧力計が用いられている。
(3)　アキュムレータは，シェル内をブラダにより油室とガス室に分け，ガス室に窒素ガスを封入することによって圧油を貯蔵する機能を有している。
(4)　クーラーは，発熱量の多い使用状況の時，作動油の油温を110〜120℃以下に冷却するために用いられている。
(5)　ラインフィルタは，油圧回路を流れる作動油をろ過し，ごみを取り除くもので，圧力管路用のものと戻り管路用のものとがある。

問題 18

作動油タンクから採った試料の作動油が乳白色に変化していた。この変化の原因として考えられるものはどれか。

(1)　水分の混入
(2)　異物の混入
(3)　金属粉混入による劣化
(4)　異種油の混入
(5)　グリースの混入

問題 19

電気抵抗が2500Ωの回路に100V の電圧を掛けた時に流れる電流として，正しいものはどれか。

(1)　20 mA
(2)　30 mA
(3)　40 mA
(4)　50 mA
(5)　60 mA

問題 20

送電，配電等に関する説明として，誤っているものはどれか。

(1) 家庭の電灯や家電製品には，単相交流が使用されている。

(2) 変電所や開閉所等から家庭や工場等に電力を送ることを配電という。

(3) 工場の動力電源には，主に200Vや400Vの三相交流が使用されている。

(4) 交流電力の周波数は，おおむね東日本が50Hz，西日本が60Hzである。

(5) 発電所から変電所や開閉所等には，一般的に高圧（6600V）で電力が送られている。

〔移動式クレーンの関係法令〕

問題 21

下文中の［　］のA及びBに当てはまる数値として，正しいものはどれか。

「移動式クレーンの巻過防止装置については，フック，グラブバケット等のつり具の上面又は当該つり具の巻上用シーブの上面とジブ先端のシーブその他当該上面が接触する恐れがある物（傾斜したジブを除く）の下面との間隔が［　A　］m以上（直動式の巻過防止装置にあっては［　B　］m以上）となるように調整しておかなければならない。」

```
      A       B
(1)  0.05    0.15
(2)  0.05    0.25
(3)  0.15    0.05
(4)  0.15    0.25
(5)  0.25    0.05
```

問題 22

移動式クレーン検査証に関する説明として，誤っているものはどれか。

(1) 移動式クレーンを設置している者は，検査証を損傷した時は再交付を受けなければならない。

(2) 移動式クレーン検査証の有効期間は，原則として2年である。

(3) 変更検査に合格した時は，検査証の有効期間が更新される。

(4) 移動式クレーンを用いて作業を行う時は，当該移動式クレーンにその検査証を備え付けておかなければならない。

(5) 移動式クレーンを設置している者が当該移動式クレーンの使用を廃止した

時は，検査証を返還しなければならない。

下文中の ［ ］ の A～C に当てはまる用語として，正しいものはどれか。

「事業者は，移動式クレーンにより，労働者を運搬し，又は労働者をつり上げて作業させてはならない。ただし，作業の性質上やむを得ない場合又は安全な作業の遂行上必要な場合は，移動式クレーンの ［ A ］ に専用の搭乗設備を設けて当該搭乗設備に労働者を乗せることができる。この場合，当該搭乗設備については，［ B ］ による労働者の危険を防止するため，搭乗設備の転位及び脱落の防止措置を講ずること，労働者に ［ C ］ を使用させること等の事項を行わなければならない。」

	A	B	C
(1)	つり具	墜落	安全帯等
(2)	つり具	転倒	安全帯等
(3)	つり具	墜落	保護帽
(4)	ジ ブ	墜落	保護帽
(5)	ジ ブ	転倒	安全帯等

移動式クレーンを用いて作業を行う場合，移動式クレーンの転倒等による危険を防止するため，法令上，事業者があらかじめ定めなければならない事項に該当しないものはどれか。

(1) 移動式クレーンによる作業の方法
(2) 移動式クレーンの転倒を防止するための方法
(3) 移動式クレーンの作業に係る労働者の配置
(4) 移動式クレーンの作業に係る指揮の系統
(5) 移動式クレーンの安全弁の機能の確認の方法

移動式クレーンの自主検査又は点検に関する説明として，法令上，誤っているものはどれか。

(1) 1年以内ごとに1回行う自主検査においては，移動式クレーンにつり上げ荷重に相当する荷重の荷をつって荷重試験を行わなければならない。
(2) 1月以内ごとに1回行う自主検査においては，ブレーキの異常の有無につ

いて検査を行わなければならない。

(3) 作業開始前の点検においては，コントローラの機能について点検を行わなければならない。

(4) 1年を超える期間，使用しない移動式クレーンの当該使用しない期間は，定期自主検査を行わなくてもよい。

(5) 定期自主検査又は作業開始前の点検を行って異常を認めた時は，直ちに補修しなければならない。

問題 26

移動式クレーンの玉掛用具として，法令上，使用が禁止されていないものはどれか。

(1) キンクしたワイヤロープ

(2) 公称径が28mm のワイヤロープの直径が26mm に減少しているもの

(3) 亀裂があるつりチェーン

(4) 著しい損傷がある繊維ベルト

(5) 構成 6 ×24のワイヤロープ 1 よりの間に12本の素線が切断しているもの

問題 27

玉掛用具と安全係数の組合せとして，法令上，誤っているものはどれか。

(1) ワイヤロープ……………………6 以上

(2) つりチェーン……………………4 以上（一定の要件を満たすものは 3 以上）

(3) 玉掛用具のフック…………………5 以上

(4) 玉掛用具のシャックル………5 以上

(5) 繊維ロープ……………………特に定められていない

問題 28

つり上げ荷重が10 t の移動式クレーンの検査に関する説明として，法令上，誤っているものはどれか。

(1) 移動式クレーンを製造した者は，製造検査を受けなければならない。

(2) 使用を廃止した移動式クレーンを再び設置しようとする者は，使用検査を受けなければならない。

(3) 使用を休止した移動式クレーンを再び使用しようとする者は，使用再開検査を受けなければならない。

(4) 移動式クレーンの性能検査は，所轄都道府県労働局長が行う。

(5) 移動式クレーンの変更検査は，所轄労働基準監督署長が行う。

問題 29

移動式クレーン運転士免許に関する説明として，法令上，誤っているものは
どれか。
(1) つり上げ荷重が40ｔのラフテレーンクレーンの運転の業務に従事する時
は，免許証を携帯しなければならない。
(2) 免許証を他人に譲渡又は貸与した時は，免許の取消し又は6月以下の免許
の停止の処分を受けることがある。
(3) 満18歳に満たない者は，免許を受けることができない。
(4) 重大な過失により，移動式クレーンの運転に関して重大な事故を起こした
時は，免許を取り消されることがある。
(5) 免許証の交付を受けた者が本籍を変更した時は，免許証の書替えを所轄労
働基準監督署長から受けなければならない。

問題 30

移動式クレーンの運転（道路上を走行させる運転を除く。）又は玉掛けの業
務に関する説明として，法令上，誤っているものはどれか。
(1) 移動式クレーン運転士免許を受けた者は，つり上げ荷重が15tの移動式ク
レーンの運転の業務に就くことができる。
(2) 小型移動式クレーン運転技能講習を修了した者は，つり上げ荷重が3tの
移動式クレーンの運転の業務に就くことができる。
(3) 移動式クレーンの運転の業務に係る特別の教育を受けた者は，つり上げ荷
重が1tの移動式クレーンの運転の業務に就くことができる。
(4) 玉掛技能講習を修了した者は，つり上げ荷重が5tの移動式クレーンの玉
掛けの業務に就くことができる。
(5) 玉掛けの業務に係る特別の教育を受けた者は，つり上げ荷重が0.6tの移
動式クレーンの玉掛けの業務に就くことができる。

〔力学に関する知識〕

問題 31

物体の運動に関する説明として，誤っているものはどれか。
(1) 等速運動を行う物体が10秒間に80m移動した時の速さは，8 m/sである。

(2) 静止している物体は，外から力が作用しない限り永久に静止を続けようとする性質がある。

(3) 速度は，物体が運動する時の速さの程度を示す量である。

(4) 運動の基本的な法則には，慣性の法則，運動の法則，作用反作用の法則がある。

(5) 等速直線運動を続けている物体に負（－）の加速度を与えても，停止させることができない。

問題 32

　長さが 2 m，幅が50cm，厚さが10mm の鋼板20枚の質量として，正しいものはどれか。

(1)　0.52 t

(2)　0.78 t

(3)　1.25 t

(4)　1.56 t

(5)　1.78 t

問題 33

　図のような天秤が点 O を支点としてつり合っている時，B 点にあるおもり P の質量として正しいものはどれか。ただし，天秤棒及びワイヤロープの質量は考えないものとする。

(1)　20 kg

(2)　30 kg

(3)　40 kg

(4)　50 kg

(5)　60 kg

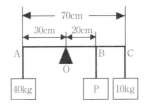

問題 34

　作業半径21m のジブが 1 分間に 1 回転する時のジブ先端のおおよその速度として，正しいものはどれか。

(1)　1.8m/s

(2)　1.9m/s

(3)　2.2m/s

(4)　2.4m/s

(5)　2.6m/s

問題 35

　物体に働く摩擦力に関する説明として，誤っているものはどれか。

(1)　物体に働く最大静止摩擦力は，運動摩擦力より小さい。

(2)　同一の物体を動かす場合，転がり摩擦力は滑り摩擦力に比べて小さい。

(3)　運動摩擦力は，物体が他の物体に接触しながら運動している時に働く摩擦力である。

(4)　他の物体に接触して静止している物体に接触面に沿う方向の力が作用する時，接触面に働く摩擦力を静止摩擦力という。

(5)　静止摩擦係数を μ，物体の接触面に作用する垂直力を N とすれば，最大静止摩擦力 F は F = μ × N で求められる。

問題 36

　物体の重心に関する説明として，誤っているものはどれか。

(1)　物体の底面の形状が同じ場合は，一般に重心が低い位置になるほど安定性が良い。

(2)　物体の重心の位置は，どのような形状でも必ず物体内部にある。

(3)　物体を一点でつると，その重心は必ずつった点を通る鉛直線上にある。

(4)　物体を構成する各部分には，それぞれ重力が作用しており，それらの合力の作用点を重心という。

(5)　直方体の物体の重心を通る鉛直線が底面の外側にある時は，物体は元に戻らずに転倒する。

問題 37

　4 cm × 5 cm の長方形断面の角材に 6 kN の引張荷重が作用する時の引張応力として，正しいものはどれか。

(1)　1 Nmm^2

(2)　2 Nmm^2

(3)　3 Nmm^2

(4)　4 Nmm^2

(5)　5 Nmm^2

問題 38

荷重に関する説明として，誤っているものはどれか。

(1) 一箇所又は非常に狭い面積に作用する荷重を分布荷重という。

(2) 巻上ドラムの軸には，曲げ荷重とねじり荷重が働く。

(3) つり荷を急激につり上げると，ワイヤロープには衝撃荷重が働く。

(4) 玉掛用ワイヤロープを掛けるフックには，引張荷重と曲げ荷重が働く。

(5) 静荷重は，荷をつり上げて静止した状態のように力の大きさと向きが変わらない荷重である。

問題 39

図のブレーキドラムにおいて，質量3tの荷が落下しないようにするためのブレーキシューを押す最小の力（F）として，正しいものはどれか。ただし，接触面の静止摩擦係数は0.6とする。

(1) 9.8 kN

(2) 19.6 kN

(3) 29.4 kN

(4) 39.2 kN

(5) 49.0 kN

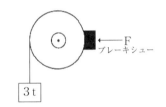

問題 40

図のような組合せ滑車を用いて質量18tの荷をつり上げた時，この荷を支えるために必要な最小の力（F）として，正しいものはどれか。ただし，滑車及びワイヤロープの質量ならびに摩擦は考えないものとする。

(1) 14.70 kN

(2) 22.05 kN

(3) 29.40 kN

(4) 36.75 kN

(5) 44.10 kN

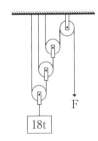

第2回 模擬試験問題の解答

問　題	解　答	参照ページ	問　題	解　答	参照ページ
移動式クレーンに関する知識					
問題　1	(3)	P36	問題　6	(3)	P61
問題　2	(5)	P86	問題　7	(4)	P105
問題　3	(3)	P121	問題　8	(3)	P77
問題　4	(4)	P64	問題　9	(2)	P116
問題　5	(3)	P44	問題　10	(1)	P99
原動機及び電気に関する知識					
問題　11	(5)	P128	問題　16	(1)	P157
問題　12	(2)	P135	問題　17	(4)	P169
問題　13	(1)	P147	問題　18	(1)	P176
問題　14	(3)	P180	問題　19	(3)	P189
問題　15	(3)	P150	問題　20	(5)	P199
移動式クレーンの関係法令					
問題　21	(5)	P220	問題　26	(5)	P253
問題　22	(3)	P234	問題　27	(2)	P252
問題　23	(1)	P222	問題　28	(4)	P236
問題　24	(5)	P224	問題　29	(5)	P263
問題　25	(1)	P243	問題　30	(3)	P261
力学に関する知識					
問題　31	(5)	P299	問題　36	(2)	P291
問題　32	(4)	P285	問題　37	(3)	P312
問題　33	(3)	P278	問題　38	(1)	P311
問題　34	(3)	P299	問題　39	(5)	P301
問題　35	(1)	P300	問題　40	(2)	P323

　この模擬試験問題は，本試験に出題された問題を基にしています。誤って解答した問題は，参照ページによって理解を深めてください。

索　引

著　者
山本　誠一　（やまもと　せいいち）
1954年3月生　長崎県出身
クレーン等関係法令研究会　代表者
ホームページ「CRANE CLUB」http://www.crane-club.com
メールアドレス　webmaster@crane-club.com

　　移動式クレーン運転士試験についてのご質問や疑問は，メールでお問い合せ
ください。また，本書で学習された感想や受験でのエピソード等をお知らせ願
えれば幸いです。

弊社ホームページでは，書籍に関する様々な情報（法改正や正誤表等）を随時更新
しております。ご利用できる方はどうぞご覧下さい。http://www.kobunsha.org

本試験に合格できる問題集！
　移動式クレーン学科試験

著　　　者	山　本　誠　一	
印刷・製本	亜細亜印刷株式会社	

発 行 所	株式会社 **弘 文 社**	〒546-0012 大阪市東住吉区 中野2丁目1番27号 ☎　(06) 6797 - 7 4 4 1 FAX (06) 6702 - 4 7 3 2 振替口座 00940 - 2 - 43630 東住吉郵便局私書箱1号
代 表 者	岡　﨑　　達	

落丁・乱丁本はお取り替えいたします。